工信学术出版基金
Industry and Information Technology
Academic Publishing Fund

网络空间安全系列丛书

物联网安全技术与实践

Security Technology and Practice for Internet of Things

◆ [澳] Chuan-Kun Wu（武传坤）　郭　锋　编著

U0178364

电子工业出版社
Publishing House of Electronics Industry
北京·BEIJING

内 容 简 介

本书介绍物联网安全基本架构、基本技术和行业应用中的物联网安全技术。本书介绍的行业应用中的物联网安全技术，不是现有系统中已经使用的安全技术，而是不同行业的物联网系统中可能使用的安全技术。

本书共 11 章。第 1～3 章介绍物联网概念与架构、物联网安全架构、密码学基础知识，第 4～10 章介绍典型物联网安全技术、智能家居物联网安全技术、智慧医疗物联网安全技术、智慧物流物联网安全技术、智慧交通物联网安全技术、智慧城市物联网安全技术、工业物联网安全技术，第 11 章介绍物联网安全标准及部分安全指标的测评技术。

本书既可作为高等院校物联网相关专业物联网安全课程的参考书，也可作为物联网安全研究人员的参考用书。

版权贸易合同登记号　图字：01-2022-5364

图书在版编目（CIP）数据

物联网安全技术与实践/（澳）武传坤（Chuan-Kun Wu），郭锋编著. —北京：电子工业出版社，2023.1
ISBN 978-7-121-44662-7

I. ①物…　II. ①武…　②郭…　III. ①物联网–网络安全–高等学校–教材　IV. ①TP393.48

中国版本图书馆 CIP 数据核字(2022)第 236075 号

责任编辑：戴晨辰　特约编辑：张燕虹
印　　刷：北京七彩京通数码快印有限公司
装　　订：北京七彩京通数码快印有限公司
出版发行：电子工业出版社
　　　　　北京市海淀区万寿路 173 信箱　　邮编：100036
开　　本：787×1092　1/16　　印张：15　　字数：384 千字
版　　次：2023 年 1 月第 1 版
印　　次：2024 年 3 月第 3 次印刷
定　　价：59.00 元

FOREWORD

自 21 世纪以来，信息技术的快速发展和深度应用使虚拟世界与物理世界加速融合，网络资源与数据资源进一步集中，人与设备通过各种无线或有线手段接入整个网络，各种网络应用、设备与人逐渐融为一体，网络空间的概念逐渐形成。人们认为，网络空间是继海、陆、空、天之后的第五维空间，也可以理解为物理世界之外的虚拟世界，是人类生存的"第二类空间"。信息网络不仅渗透到人们日常生活的方方面面，同时也控制了国家的交通、能源、金融等各类基础设施，还是军事指挥的重要基础平台，承载了巨大的社会价值和国家利益。因此，无论是技术实力雄厚的黑客组织，还是技术发达的国家机构，都在试图通过对信息网络的渗透、控制和破坏，获取相应的价值。网络空间安全问题已经成为关乎百姓生命财产安全、关系战争输赢和国家安全的重大战略问题。

要解决网络空间安全问题，必须掌握其科学发展规律。但科学发展规律的掌握非一朝一夕之功，治水、驯火、利用核能都曾经历了漫长的岁月。无数事实证明，人类是有能力发现规律和认识真理的。国内外学者已出版了大量网络空间安全方面的著作，当然，相关著作还在像雨后春笋一样不断涌现。我相信有了这些基础和积累，一定能够推出更高质量、更高水平的网络空间安全著作，以进一步推动网络空间安全创新发展和进步，促进网络空间安全高水平创新人才培养，展现网络空间安全最新创新研究成果。

"网络空间安全系列丛书"出版的目标是推出体系化、独具特色的网络空间安全系列著作。该丛书主要包括五大类：基础类、密码类、系统类、网络类、应用类。在其部署上可动态调整，坚持"宁缺毋滥，成熟一本，出版一本"的原则，希望每本书都能提升读者的认识水平，也希望每本书都能成为经典范本。

非常感谢电子工业出版社为我们搭建了这样一个高端平台，能够使英雄有用武之地，也特别感谢编委会和作者们的大力支持与鼎力相助。

限于作者的水平，本丛书难免存在不足之处，敬请读者批评指正。

中国科学院院士

2022 年 5 月于北京

本书是由电子工业出版社组织编写的"网络空间安全系列丛书"中的一本。自从网络空间安全成为国家一级学科以来，学术领域、教育领域及产业领域对网络安全的重视程度都明显提升；特别是网络空间安全领域的高等教育，从课程建设到教材撰写等各方面都得到高度重视，同时也投入了大量人力、物力。该系列丛书就是在这样背景下的一种成果汇聚，其目标是为网络空间安全领域的高等教育提供优秀教材，以及一些重要的参考书。

本书是该系列丛书中的一篇"命题作文"。理想的目标是写成一本教材，因为教材的读者比参考书更多，对该系列丛书的意义也更大。本书在撰写草稿时，也想写成一本教材。本书名为《物联网安全技术与实践》，但物联网安全技术在行业中的实际应用非常有限。在实际应用中，多数物联网系统没考虑对数据的安全保护，少有的相关安全保护技术也不是为了物联网系统设计的，比如使用移动通信网络传输数据时，移动通信网络本身提供的数据安全保护机制与应用系统是否为物联网无关。这就导致在"实践"方面的物联网安全技术很难写。

仔细考虑之后，我们决定以物联网应用中有应用价值的信息安全技术作为"实践"方面的技术内容来写。但是，"实践"仅可以作为参考，与实际应用中物联网系统的数据安全保护不完全一致。为此，我们将本书定位为专业参考书，希望读者能斟酌对错、去粗取精、掌握原理、琢石成器。在本书的写作过程中参考了大量公开文献，而本书后面的参考文献是在书稿基本完成后统一整理的，因此一些重要文献有可能被遗漏，包括那些与本书有部分相同文字描述的文献，或有相同结论的文献。若存在这种情况，我们在此诚心道歉。本书的主要工作是将这些材料系统地整理归纳，其中也融入了我们部分不成熟的观点、认识和研究成果，按照一定章节顺序整理，以方便学界和业界读者参考。

物联网是多种现代信息技术和电子技术的综合应用，与云计算、大数据、移动互联网、人工智能等前沿信息技术有着密切的联系。物联网技术已经被应用到许多行业领域，包括智能家居、智慧农业、智慧交通、智慧物流、智慧医疗等。物联网技术连同其他前沿信息技术的应用，给许多传统行业贴上了"智慧"的标签。传统行业通过使用"智慧"的信息处理手段进行武装，提高了工作效率和服务质量。这种"智慧"元素已经被扩展到城市的信息系统建设中，许多城市都在建设"智慧城市"，其本质是将多个物联网行业和传统的信息系统融合到一个更大的信息处理平台，实现一定规则下的数据共享和数据协同，避免数据的重复获取与分散处理造成的资源浪费和效率低下，从而在整体上提高数据分析的效率。

物联网安全技术，就是为物联网技术的应用保驾护航的一种辅助技术。没有物联网安全技术的保护，物联网行业的发展会有很大的局限性，而且随着物联网应用规模的发展，网络安全隐患和网络安全问题导致的损失将高于物联网技术带来的效率提高。但是，在实际应用中，行业领域对物联网技术的应用首先关注功能的实现，对网络安全保护的重视程度还不够高。事实上，与物联网技术相关的网络安全事件已经显现出来了。例如，2016 年美国东部大面积网络瘫痪的事件中就包括大量物联网设备，这些设备受到黑客的 DDoS 攻击。因此，物联网安全技术在行业应用中的重要性应该引起行业领域有关人员的高度重视。

物联网安全不是简单的"物联网 + 信息安全"或"物联网 + 网络安全"。我们在研究中逐步认识到，物联网安全与传统的信息系统安全有许多不同之处，可以说这是物联网安全的特征。本书用简短的文字明确指出，物联网安全技术除传统的信息安全（IT 安全）外，还包括操作安全（OT 安全）。IT 安全技术主要针对信息系统和数据，保护数据安全和确保数据处理系统能正常提供服务；而 OT 安全则防范物联网设备被非法控制。除此之外，物联网系统中还要考虑行为安全，即物联网设备是否存在危害其他网络设备和网络平台的可能。虽然行为安全不需要高深的安全防护技术，但这一安全意识很重要。可喜的是，在更新的网络安全等级保护国家标准中已对物联网的行为安全提出了明确的要求。

既然物联网安全是一种以信息为主要目标的安全技术，传统的信息安全技术也必不可少，包括与信息安全技术密切相关的密码学基础知识。在这套系列丛书中，可能有许多书都以不同的方式介绍这些基础知识。本书也不例外，其目的是让本书具有一定的自我完整性，使读者在阅读本书中那些涉及密码学相关内容，需要了解相关概念和基本技术原理时，不需要查阅其他书籍资料。本书在描述密码学相关概念和技术时，力图简洁，尽量避免深奥的技术描述，其目的是希望那些具有少量密码学知识的读者也能理解。

本书包含配套资源，读者可登录华信教育资源网（www.hxedu.com.cn）注册后免费下载。

由于时间有限，精力有限，能力更有限，本书一定存在不少错误。对此，我们深表歉意，同时希望读者能通过出版社将书中的错误反馈给我们，也可以直接将意见发送到电子邮箱（13520965063@163.com）。

最后，衷心感谢冯登国院士对本书的指导，感谢电子工业出版社的编辑们（特别是戴晨辰编辑）的协助，使本书能在计划时间内完成，并得以与读者见面。本书的撰写还得到山东省重大科技创新工程项目（2019JZZY010134）的资助。

武传坤，郭锋
临沂大学信息科学与工程学院

CONTENTS

目录

第 1 章

物联网概念与架构

物联网概念已提出很长时间了，但一直没有被广泛接受的是关于物联网的定义。物联网概念是对物联网内涵的描述，很难以严格的定义去刻画。随着物联网应用的发展，物联网概念也在发展，因此，物联网概念不是一成不变的。虽然物联网概念很难被具体定义，但可以通过物联网架构进行描述，而物联网架构则是描述物联网构成，或物联网运作模式的概要性描述。

1.1 物联网概念的提出

公开资料显示，比较早的物联网概念由麻省理工学院的 Kevin Ashton 在 1998 年的演讲中提出。Kevin Ashton 提出：将射频识别标签与其他传感器应用于日常物品形成一个物联网。最初，Kevin Ashton 建议在供应链中给物品贴上射频识别标签，以掌握物品被扫描、记录、运输等状态信息，并将其称为"物之网"（Network of Things）。之后，Kevin Ashton 将此概念修改为物联网（Internet of Things），其主要用途还是面向供应链领域的。

2005 年，国际电信联盟（International Telecommunication Union，ITU）发布了针对物联网的年度报告。该年度报告的题目为 *Internet of Things*，对物联网概念进行了强化，对物联网内涵进行了扩展。该报告指出，信息与通信技术的发展已经从任何时间、任何地点连接任何人，发展到连接任何物的阶段，而万物的连接则形成物联网。

物联网不是一个纯粹的学术概念，而是针对具体行业应用提出的，并在不同的行业应用中进行扩展。物联网结合电子信息等多个领域的技术，将物品和设备融入网络中，并逐渐应用到社会、生产、生活的多个领域，如共享单车、车联网等都是典型的物联网应用。美国 IBM 公司在 2008 年底提出了"智慧地球"的概念 [26]，其核心是将新一代信息技术融合到基础设施建设中，将传感器嵌入和装备到全球每个角落的电网、铁路、桥梁、隧道、公路等各种基础设施中，普遍连接形成物联网，其目的是利用新一代信息网络技术来改变政府、企业和个人的交互方式，有助于政府和企业制定正确的决策。从某种意义上看，"智慧地球"也是一种物联网，是物联网在基础设施中的应用。

物联网被认为是第三次信息技术浪潮，是因为物联网与互联网有着本质的区别，从互联网到物联网有着质的飞跃。第一次信息技术浪潮是计算机的问世，为人们的脑力劳动提供了助手，而且计算机的计算速度和精准度都远超人脑；第二次信息技术浪潮是互联网的诞生，互联网改变了人们获取信息的方式，甚至改变了人们的生活方式。今天，人们的生活离不开互联网，许多工业生产离不开互联网。但无论如何，互联网处理的是信息，是那些可以表示为数据的东西。而物联网，则是将信息与物理实体结合起来，将数字化的虚拟世界与现实物理世界结合起来。在物联网系统中，虽然支撑长距离传输数据的仍然是互联网，但物联网系统的边界已经超越互联网，延伸到物理世界，因此被认为是信息技术的第三次浪潮。

对物联网这一概念，没有标准定义，也不容易进行严格定义。无论是物联网的内涵还是应用范围，都在不断变化中。但是，从架构上来看，物联网具有几个关键性组成部分，即信息的获取、数据的传输、数据的处理。基于这种理解，物联网的基本架构包括感知层、传输层和处理层。

1.2 物联网架构

定义是对某个概念的描述，但不是唯一的描述方式。对物联网这一概念，尽管没有严格的定义，但可以通过物联网架构进行描述，人们可以通过了解物联网架构及其内涵，理解物联网是什么。

从不同的角度理解物联网，会得到不同的物联网架构。因此，物联网有多种不同的架构。

1.2.1 根据数据流程定义的物联网架构

按照物联网系统对数据的处理流程，物联网可为三个逻辑层：感知层、传输层和处理层，如图 1.1所示。

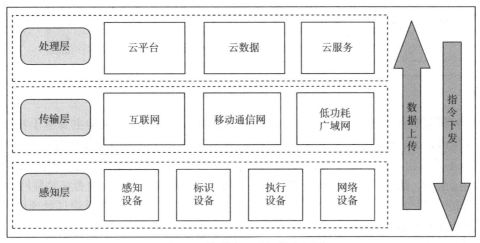

图 1.1 物联网三层架构示意图

在如图 1.1所示的物联网架构中，感知层的感知设备获取环境信息及设备运行状态信息，标识设备获取射频识别标签（Radio Frequency Identification，RFID）的身份信息，这些信息都作为感知层数据进行上传。需要上传的数据通过传输层到达处理层，然后处理层以预先约定好的方式进行处理。当需要对感知层的设备进行操作、控制、干预时，控制和操作指令将从处理层通过传输层发送到感知层，由感知层的执行设备执行。

传输层主要基于广域网，因此也称为网络层或网络传输层。处理层的功能是集中处理数据，而处理后的数据用于不同的行业应用，处理层也包括行业应用的功能，因此也称为处理应用层。

由于处理层处理后的数据用于行业应用，而且处理层还给行业应用提供计算服务，因此处理层不是数据的终点，而是数据的暂存。处理层将计算处理结果提供给行业用户，或者直接将原始数据（如监控视频）提供给用户。因此，物联网架构也可以将处理层进一步分为两层：处理层和应用层，形成物联网四层架构，如图 1.2所示。

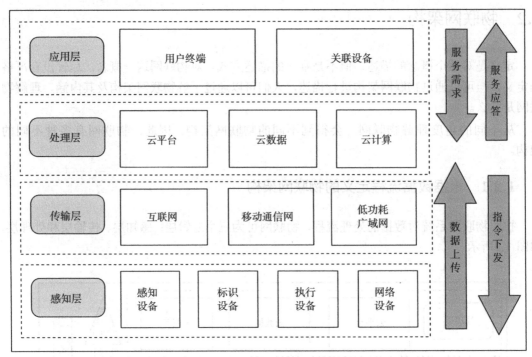

图 1.2　物联网四层架构示意图

物联网四层架构与物联网三层架构没有本质区别。物联网三层架构主要基于物联网系统的物理构成，而物联网四层架构包括物联网的应用服务，这个应用服务称为应用层。从图 1.2的架构不难看出，物联网应用层的主要功能是数据的应用。无论是物联网三层架构还是物联网四层架构，都包括两种类型的物理设备：用户终端和感知设备。前者在物联网应用层，后者在物联网感知层。因此，从处理层到应用层的"服务应答"，主要是通过处理层发送到感知层某个感知设备的控制指令。

除三层架构和四层架构外，Wu 等人给出了物联网五层架构 [40]（包括感知层、网络层、中间件层、应用层、企业层，如图 1.3所示）。

从图 1.3不难看出，该五层架构中的感知层与三层架构的感知层相当；该五层架构中的网络层与三层架构中的传输层基本相当，其区别是将所有网络放到了网络层，不是严格意义上按照信息处理流程来划分的；该五层架构中的"中间件层"相当于三层架构中的处理层；该五层架构中的应用层等同于四层架构中的应用层。因此，该五层架构基本相当于在四层架构基础上添加了企业层，是一种构成物联网硬件、物联网应用物联网行业生态的混合架构。

除上述五层架构外，在公开文献中还有多种分层的物联网架构。但是，考虑到物联网架构的意义在于指导物联网系统的建设和运行，因此从物联网系统建设的基础设施方面看，物联网三层架构基本可以满足要求；关于物联网的运行和管理方面，后面将介绍一种基于功能域的物联网架构。

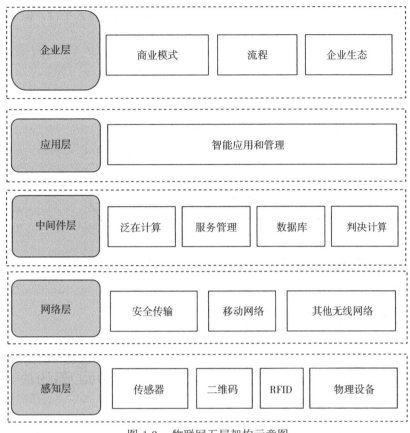

图 1.3　物联网五层架构示意图

1.2.2　根据设备形态定义的物联网架构

对物联网系统还有以另外一种方式描述的架构，即以物联网系统中设备的形态进行逻辑划分的架构。这样划分的物联网架构有两种：一是"海网云"架构 [54]（简称"海–云"架构），二是"云管端"架构。事实上，这两种架构是一致的，只是名称不同。"海网云"架构中的"海"等价于"云管端"架构中的"端"，是海量终端的意思；"海网云"架构中的"网"等价于"云管端"架构中的"管"，都是网络通信管道的意思；"海网云"架构中的"云"等价于"云管端"架构中的"云"，都是云计算的意思。这两种架构的关系如图 1.4所示。

需要说明的是，这两种架构适合对大规模物联网系统的描述，但作为统一架构还不够严谨，因此也没成为主流的物联网架构。首先，"海"指物联网设备多，但有些物联网系统（如工业物联网）的设备数量可能并不多，用"海量"来形容显得不恰当；而"端"指终端设备，但物联网系统中许多设备不在网络末端，如家庭网关设备、路由器设备、RFID 读写器等，这些设备不适合用"端"来描述，但如果不包括这些设备，则"云管端"物联网架构是不完善的。其次，"网"和"管"没有明确说明是否包括短距离网络，如局域网、体域网等。蓝牙、Wi-Fi、ZigBee 等都是物联网设备连接网络的方式，但不是将数据传输到云端的通信途径。最后，"云"是物联网数据处理的形象描述，不一定是云计算处理平台。有些小规模的物联网系统的处理平台可能不使用云计算架构，因此没有严格意义上的云平台，但仍然可以描述为"海网云"架构或"云管端"架构。

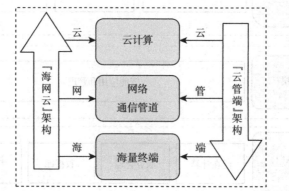

图 1.4   物联网的"海网云"架构和"云管端"架构示意图

1.2.3   根据功能定义的物联网架构

考虑到物联网是一个应用系统，而不是一些设备的堆积，在已发布的国家标准 GB/T 33474—2016《物联网参考体系结构》[59] 中，给出了按照物联网功能域划分的一种新型架构（称为"六域架构"），如图 1.5所示。

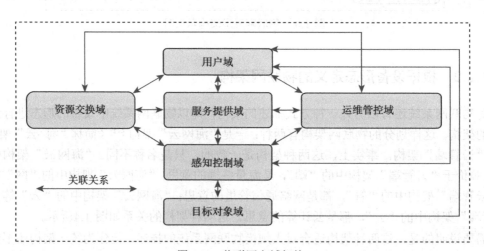

图 1.5   物联网六域架构

在物联网六域架构模型中，六个功能域的意义如下。

1. 用户域

用户域是不同类型物联网用户系统实体的集合，按用户类型可划分为公众用户、企业用户、政府用户等。

2. 目标对象域

目标对象域是物联网应用或用户期望获取相关信息或执行相关操控的对象集合，主要包括感知对象和控制对象，如环境、RFID 标签、控制执行器所控制的设备等。

3. 感知控制域

感知控制域是各类获取目标对象信息的感知系统与操控目标对象的控制系统的集合，包括传感器、RFID 读写器、GPS 模块、北斗定位模块、控制执行器、PLC 等。感知控制域与目标对象域的关联实现了现实物理空间和虚拟信息空间融合。

4. 服务提供域

服务提供域是实现物联网业务服务和基础服务的实体集合，满足用户对目标对象域中实体感知和操控的服务需求。例如，云计算平台和服务、雾计算[34]、边缘计算等[42]。服务提供域具有可扩展性和多元性，随着物联网及各类应用的发展，可不断扩充服务功能，扩展服务范围。

5. 运维管控域

运维管控域是物联网系统运行维护和法规监管等实体的集合，例如行业协会、国家检测机构、国家认证机构等。运维管控域从系统运行技术性管理和法律法规符合性管理两方面保证物联网稳定、可靠、安全运行。

6. 资源交换域

资源交换域是根据系统内和系统外相关应用服务需求，实现资源交换与共享功能的实体集合。系统内的相关资源主要包括由感知控制域或服务提供域提供的各类数据资源。系统外的相关资源主要包括政府、企业、个人等相关信息资源，以及金融支付等市场资源。

1.2.4 物联网不同架构之间的关系

物联网三层架构是一个静态架构，主要包括组成物联网系统的物理设备和网络设备等；物联网四层架构是物联网三层架构的自然延伸，其应用层的内涵不容易具体化；物联网的海–云架构与三层架构基本一致；物联网六域架构是一个动态架构，主要包括物联网应用中的各项功能及其相互之间的联系，这与其他架构有着本质的区别。

不难看出，因三层架构描述的是物联网的物理构成，故是一个静态物联网；因六域架构描述的是物联网的功能划分，故是一个工作状态中的动态物联网。尽管如此，物联网六域架构与物联网三层架构有着密不可分的联系。

（1）从六域架构对应三层架构。

六域架构中的目标对象域所描述的设备就是三层架构中感知层的设备，属于感知层的组成部分；六域架构中的感知控制域就是目标对象域的功能控制，属于三层架构中感知层设备的功能；六域架构中的服务提供域涉及所有服务领域，对应三层架构中感知层的部分功能、传输层的部分功能和处理层的部分功能；六域架构中的资源交换域的功能是在不同的物联网系统之间交换和共享部分资源，包括数据资源、服务资源等，相应的技术功能一般可在三层架构中的处理层实现。除此之外，六域架构中的用户域和运维管控域侧重管理功能；虽然在三层架构的处理层需要对用户进行管理，但三层架构对管理方面的考虑不多。

（2）从三层架构对应六域架构。

三层架构中的感知层设备对应六域架构中的目标对象域和感知控制域的功能，以及服务提供域的部分功能；三层架构中的网络传输层对应六域架构中服务提供域的部分功能；三层架构中的处理应用层对应六域架构中用户域的功能、服务提供域的部分功能以及资源交换域的部分技术功能。

这样，基于三层架构搭建的物联网系统完全可以满足六域架构所要求的功能，这需要所搭建的物联网系统在实际运行中具有必要的管理要求，例如运维管控域就是管理要求。

1.3 物联网系统及设备的特点

物联网是传统信息系统和网络系统的延伸，因此从广义上来说，传统信息系统和网络系统的特点都是物联网的特点。但这里所强调的是物联网区别于传统信息系统和网络系统的那些特点，以便对物联网的建设和应用提供更全面的考虑。物联网系统涉及设备、网络、数据和应用，其特点也从这些方面反映出来。

物联网设备的特点之一是资源受限。虽然资源受限的设备不是物联网设备的全部，甚至不一定是主流设备，但有些物联网系统需要使用大量资源受限的设备，如传感器，特别是低成本大数量的传感器。资源受限意味着计算能力和通信能力受限，特别是在需要对这类设备的传感数据进行安全保护时，传统信息安全保护技术所占用的资源（硬件、软件）可能超出这类设备有限资源的承受能力。

物联网设备的另一特点是无人监管。虽然大量物联网设备在严格的监管之下，但一些低成本的物联网设备，特别是放置在公开环境（如环境温湿度监测）和野外（如对供电线路和供电设施的检测）中，人工监管的成本都太高，即使使用视频监控，其监控设备的成本也可能高于这些传感器本身的成本。对这类设备，一般无须人力监管，它们的工作状态可以通过应用系统对数据的分析来获知。在这种情况下，攻击者若想物理捕获这类设备则是比较容易的。

物联网的特点是多样化的。从局域网到广域网，从有线网络到无线网络，都可以应用于物联网系统。例如，物联网终端设备和网关设备之间可以使用 315MHz/433MHz 的无线通信技术，这种技术的成本较低，适合点对点通信，稳定可靠。也可以使用 ZigBee/Wi-Fi 无线通信技术，这种技术具有成熟的通信协议和产品，适合一对多星状网络通信，在物联网中也普遍使用。从物联网网关（或称为汇聚节点）到数据处理中心的通信，位于物联网的传输层，其主要网络设施是互联网和移动通信网络。随着移动通信网络对数据传输速率的提高，越来越多的物联网数据传输使用移动通信网络，因为移动通信网络可以为物联网应用定制服务，弱化移动功能，弱化实时性，增大服务数量，降低单个物联网设备的使用成本。当然，在工业物联网中，对数据的实时性有很高的要求，移动通信网络也能提供所需要的服务，特别是5G 移动通信网络 [23] 具有高速率、低时延等特点，可满足工业物联网对数据传输的高标准要求。

物联网数据形态也具有多样性，从小数据、稀疏、时延不敏感（如电表抄表数据），到大数据、不间断、实时性（如监控视频），其特点差异非常大。但从整体上说，物联网应用系统所产生的数据是海量的，因此人们习惯描述物联网数据为海量数据。这些物联网数据的一小部分看上去可能没有多大的价值，但放在一起成为海量数据后就产生了价值，这是数据整体所体现的价值。

物联网应用的特点是适应性强，可以应用于多种行业中。在物流行业中使用物联网技术，可以形成智慧物流系统；在医疗中使用物联网技术，可以形成智慧医疗；在工业生产中使用物联网技术，可以形成智慧工业；在城市办公管理中使用物联网技术，可以形成智慧城市。在不同行业应用中使用的物联网技术，对设备、数据、通信等方面都有不同的需求，有些需求还存在很大的差异。因此，物联网的一些技术方案，包括信息安全保护方案，需要针对具体的物联网应用来制定，一般的技术方法不具有普适性的应用。

1.4 物联网相关行业

物联网相关技术已经应用于许多行业，包括物流、医疗、家电、工业生产、交通管理、城市管理等，形成智慧物流、智慧医疗、智慧交通、智慧城市等这些典型的物联网应用。物联网的应用范围很难穷尽列举，而且物联网的应用还在动态发展和扩展中。

如前所述，不同行业的物联网系统有着不同的特点。即使是一种物联网行业应用，通常也涉及多种技术，有些行业应用对某种技术的依赖尤其突出，因此可以把这种技术依赖称为物联网行业应用的特点。这样，可以大概描述几个典型物联网行业的特点。

智慧物流，其典型的特点是使用大量 RFID 标签，以及导航定位系统。RFID 标签用于标识标签的附着物品，包括该物品的来源（生产商、销售商或运营商）、状态（运输状态、销售状态、售出商品的消费状态等）、位置（物流阶段确定位置和运动轨迹）等。定位系统主要用于确定物品在运输过程中处于什么位置，以及物品所经过的路线轨迹。

智慧医疗，从发展的角度看，会使用大量医疗传感器，用于获取患者的身体健康参数，如心率、血压等。智慧医疗还使用远程医疗，患者在本地的医学影像可以被远程医学影像分析专家查看和初步诊断。但是，医疗数据与患者的关联是一种个人隐私，因此智慧医疗的典型特点是对个人隐私数据进行安全保护的处理。

智慧交通，除使用车辆定位服务外，还需要使用大量传统信息处理技术，包括车牌识别和防伪、无人驾驶车辆间的信息交互、路况汇报和反馈、停车场智能管理等。其中，从技术上避免车牌"克隆"是智慧交通安全技术的典型特点之一。

工业物联网的特点是工业生产网和工业（信息）管理网之间的网络边界管理，以及对数据的实时性要求。

智慧城市不是一种物联网的行业应用，而是为不同物联网行业应用提供的统一数据处理平台，以便更好地实现不同应用领域之间的数据共享和数据关联分析。数据集中分析的优势是从历史数据中发现数据规律，从而及早发现异常情况，制止网络攻击行为的发生，减少攻击行为带来的危害。

1.5 小结

物联网从概念的提出到行业应用经历了数十年时间。然而，从物联网这一概念被广泛关注，到物联网技术的应用示范，以及物联网技术的行业应用，这一过程只有几年时间。近年来，物联网作为重要的前沿信息技术，已经得到世界上多个国家的重视，许多国家都制定了物联网发展战略。例如，欧洲于 2009 年制定了物联网战略研究路线图，指出物联网是具有标识的物理或虚拟实体，基于标准的、可互操作的通信协议，通过无缝接入的信息网络，能够感知物理世界的事件并做出反应，实现物理世界与信息网络系统的紧密连接。

物联网的应用也逐步覆盖更多的行业。但应该注意到，当一种技术给工业生产和日常生活带来便利的同时，也会带来潜在的危害。物联网也一样。物联网技术的应用给不同行业带来许多便利和效率提升，同时也带来潜在的物联网安全问题。这需要行业部门提前部署安全保护措施，以降低安全风险，减少安全事件的发生；同时应增强在安全事件发生后能快速恢复系统、数据和服务的能力。

第 2 章

物联网安全架构

安全和隐私保护是网络环境下的两个重要方面，也是物联网应用系统健康发展的前提。物联网安全不是传统信息安全技术在物联网中的简单应用，而是有着许多不同于传统信息系统安全的特性。因此，需要针对物联网系统特有的安全需求和技术要求进行研究，有针对性地设计、运维和管理，才能为物联网系统提供有效的安全保护。

2.1 物联网的安全威胁

根据中国信息通信研究院的 2018 年《物联网安全白皮书》（简称《白皮书》）给出的数据，全球范围内被发现暴露在网络上的路由器超过 3000 万台，暴露的视频监控设备超过 1700 万台。这些暴露在互联网上的设备很容易遭受黑客入侵。

《白皮书》数据表明，全球范围内采用 CoAP(Constrained Application Protocol，受限应用协议)、XMPP (eXtensible Messaging and Presence Protocol，可扩展消息处理现场协议) 的云计算服务端暴露数量较大，暴露最多数量的是 CoAP 服务，其服务数量近 45 万个。这些暴露在网络上的物联网设备，很容易成为攻击者的目标。

既然物联网是互联网的延伸，那么互联网的一些安全威胁自然会成为物联网的威胁。对物联网设备来说，网络入侵是网络攻击的重要途径。对传统信息系统的安全保护主要包括入侵防御、入侵检测、系统恢复。入侵防御是网络入侵攻击事件的事前防护；入侵检测是网络入侵攻击事件正在进行的安全防护，即攻击者入侵后的防护手段；系统恢复则是网络攻击事件发生并造成破坏后所采取的补救措施。对物联网设备的安全防护，同样需要考虑这些方面的安全保护技术。

但是，与传统信息系统不同的是，许多物联网设备资源有限，这类物联网设备在入侵防御方面的能力不够，很容易被黑客入侵。因此，不能依赖入侵防御技术将网络攻击抵挡在物联网设备之外，而应做好黑客入侵后的响应准备。

无论采取怎样的安全保护措施，都不可能完全避免网络入侵。对物联网设备来说，防止网络入侵更困难，特别是那些资源受限的物联网设备。为了更有效地采取安全保护措施，需要了解攻击者入侵物联网系统后可能采取的攻击破坏行为。网络攻击者入侵物联网设备的攻击目的如下。

1. 窃取信息

攻击者没有把物联网设备当作一种特殊设备进行攻击，而是像对传统信息系统的入侵攻击一样窃取信息。特别是针对个人手机进行的攻击，主要目的是窃取手机中的敏感信息，如社交平台账户信息、银行卡信息、口令信息，以及某些应用的账户信息（如家庭监控软件）。这种攻击除对手机这类特殊物联网设备的影响较大外，对其他物联网设备的影响不大，特别是传感器设备，因为个别感知设备对攻击者来说价值不大。

2. 破坏系统

攻击者入侵物联网设备后进行破坏活动，包括对软件、硬件和数据的破坏。入侵一个信息系统并破坏其硬件设备是困难的，但篡改软件是可能的。由于物联网设备多采用嵌入式软件，篡改这类软件比传统信息系统环境更困难，因此入侵物联网设备的破坏性攻击以篡改数据为主。攻击者篡改数据能得到什么好处呢？早期的破坏性入侵来源于恶作剧，近年来，勒索病毒作为一种新型破坏性病毒非常猖獗，入侵者要求受害系统的主人交付赎金，以换取可能的解锁和数据恢复。典型的这类攻击是 2017 年 5 月在全球爆发的 WannaCry 勒索蠕虫病毒，其影响范围涉及交通、金融、公安、工业等众多领域。这类攻击主要针对信息系统，也包括物联网系统中具有一定规模数据处理能力的设备，但对一些物联网终端设备的威胁性不大，因为这类病毒的入侵方法利用了操作系统的安全漏洞，因此一般只针对某种特定操作系统进行入侵。一旦安全漏洞被封堵，则基于之前那个漏洞的入侵不再可行。

3. 伪造数据

攻击者一旦入侵物联网设备，就可以以被入侵设备的身份伪造数据。这种伪造的数据具有很高的欺骗性，因为数据来源于一个合法物联网设备，即使数据传输使用了加密等安全保护措施，也不影响入侵者伪造的数据被成功接受。这种攻击具有较高的欺骗性，很难识别其真伪。

4. 控制设备

攻击者的入侵目的是控制终端设备。在工业控制领域，终端设备一般通过上位机进行控制。攻击者很难通过互联网直接入侵终端设备，但入侵上位机是比较容易的。攻击者入侵上位机后，一般不对上位机造成破坏，否则容易被使用者发现并采取措施，从而使攻击者达不到非法控制设备的目的。攻击者入侵上位机后，试图发送恶意控制指令，达到破坏终端设备的目的。这种攻击就是操作攻击（OT 攻击）。震网病毒对伊朗核电站离心机的破坏，就是这类典型的 OT 攻击。

5. 用作攻击武器

攻击者可能入侵一些物联网设备，但攻击者对这些设备本身的数据不感兴趣（如传感器数据），对控制这类设备也不感兴趣，因为这类设备很容易被替换掉。但攻击者可以利用这些数量庞大的设备组成一个僵尸网络，从而发动对某个服务平台的 DDoS（Distributed Denial of Service，分布式拒绝服务）攻击。2016 年 10 月 21 日，为大批知名网站提供技术服务的美国 Dyn 公司遭遇了一次大规模的 DDoS 攻击，从而导致许多网站失去正常服务能力。亚马逊、HBO Now、星巴克、Yelp 等诸多网站也在一段时间内不能被正常访问。调查研究发现，在该次攻击中，攻击者调用了大批网络设备，包括大量物联网设备参与攻击，这为物联网安全的紧迫性敲响了警钟。同时，这种攻击对物联网安全提出了新的需求，即保护自己不成为参与攻击其他设备的帮凶。

针对不同的安全需求，应该制定相应的安全机制，设计安全体系和和安全保护方案，实现对物联网系统的全面安全保护。

2.2 物联网的"4+2"安全架构

为了设计物联网安全保护技术和体系，首先需要从全局观点认识物联网安全。物联网安全架构是一种概要性了解物联网安全的有效方法。

从第 1 章中可以看到，物联网有多种不同的架构。理论上，基于任何一种物联网架构，都可以建立一种对应的物联网安全架构。第 1 章也讨论了不同架构之间的主要区别是表达和角度上的不同，因此不同的物联网安全架构不会有本质的不同。无论是哪种安全架构，都应该考虑如下方面的问题。

（1）**必要性**，即架构中的组成部分是必要的不可或缺的吗？如果缺少会怎么样？

（2）**可行性**，即架构中的安全功能或安全服务能满足安全需求吗？

（3）**完备性**，即架构还有什么不完善的地方？还缺少哪些必要成分？

为此，基于物联网三层架构或等价的四层架构，这里给出一种四个逻辑层和两个支撑层的"4+2"架构 [53]，如图 2.1 所示。其中，向上的粗箭头表示逻辑层之间的支撑关系，向左、向右的细箭头表示服务支撑关系。

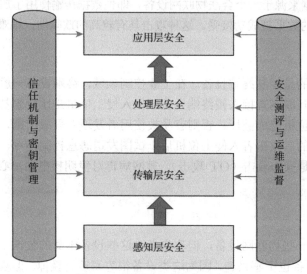

图 2.1   物联网安全架构示意图

在图 2.1 中，各逻辑层的内容如下。

（1）感知层安全是为物联网感知层提供的安全保护，包括物理安全（防解剖、防克隆、防电磁泄漏、防硬件攻击等）、运行安全（系统安全、软件安全、入侵检测等）、通信安全（身份鉴别、安全协议漏洞等）、数据安全（机密性、完整性）、控制安全（防非法控制）等。

（2）传输层安全是为物联网传输层提供的安全保护，主要包括传统的网络安全技术、协议，以及移动通信网络的安全机制（如身份鉴别与密钥协商）。

（3）处理层安全包括所有处理物联网数据的计算平台的信息安全，但物联网的处理层主要关注云计算。因此，处理层安全主要是云计算安全，包括云平台安全、云数据安全、云计算（服务）安全等。

（4）应用层安全是对不同行业应用的动态安全机制，包括一些行业对身份隐私保护的需求（如电子病历用于公用数据时对隐私信息的处理）、对位置隐私保护的需求（如物流过程中避免攻击者通过非法阅读 RFID 标签，掌握物品的运动轨迹）、对数据关联的要求（如智慧农业检测到土壤湿度不够，需要开启灌溉阀门等）、对行为安全的要求（避免成为黑客掌控的僵尸网络节点）等。

注意到图 2.1 描述的物联网安全架构中，除四个逻辑层分别具有的安全保护需求外，还有两个纵向的支撑。对这两个支撑的必要性说明如下。

即使物联网的各个逻辑层都有完善的安全保护，也不等于为物联网应用系统提供了可靠的安全保护。例如，使用移动通信网络传输数据时，无线通信过程中的安全保护是基于 3GPP 行业标准（也是国际标准）制定的数据安全保护技术，攻击者很难破解。但是，移动通信系统对数据安全的保护仅限于无线通信部分，当数据进入运营商内部网络后，数据基本以明文形式进行存储和处理。因此，对移动通信运营商的内部人员来说，行业用户的数据不再具有保密性。虽然移动运营商根据行业行为要求不能泄露秘密，但对物联网系统的用户来说，就等于数据的机密性得到破坏，因为移动运营商的内部员工不是行业用户的内部员工。造成这种问题的根源在于物联网不同逻辑层之间有一个边界，而物联网安全架构中的各个逻辑层的安全机制仅限于逻辑层内部，没有考虑边界问题。因此，需要有一种机制来贯穿物联网逻辑层之间的边界，以消除由边界所造成的安全隐患。这就是"信任机制与密钥管理"这个支撑层的服务目标。该支撑层贯穿物联网系统的各个逻辑层，使得物联网安全能够穿越逻辑层之间的边界，实现物联网应用系统可控的安全目标。

如果不考虑物联网系统在实际运行中的安全问题，则在一个贯穿各个逻辑层的支撑下，物联网安全架构基本完善了，因为所有阶段的安全需求及系统整体的安全目标都可以实现。但是，物联网是一个行业应用系统，需要考虑实际系统在运行过程中可能存在的安全问题。特别是物联网安全产品的实际性能与设计性能之间可能存在差异，物联网安全产品生产商所宣传的功能、性能与实际产品的功能、性能之间的差别。在物联网安全架构中需要有另一个支撑层，即"安全测评与运维监督"。一般来说，"信任机制与密钥管理"需要在物联网安全方案实现之前进行部署，而"安全测评与运维监督"则在物联网系统运行之后才能执行。

2.3 物联网安全架构的合理性分析

2.2 节给出了一个物联网安全架构，下面分析该安全架构的合理性。根据前面的讨论，需要考虑架构中每个组成部分的必要性、可行性，以及整个架构的完备性。

2.3.1 必要性

既然物联网包括感知层、传输层、处理层和应用层，物联网安全就应该包括感知层安全、传输层安全、处理层安全和应用层安全。另外，"信任机制与密钥管理"作为物联网安全系统建立的基础是必不可少的，否则身份鉴别便无法区分真伪，密钥共享也不知与谁共享；"安全测评与运维监督"这一支撑层是系统运行后的管理服务，实际操作中也是这样执行的。例如，一些国家安全测评标准就属于"安全测评与运维监督"这一支撑层所提供的管理和服务内容。

下面分析如果安全架构中的某项缺失了会怎么样。如果缺少感知层安全，则会带来严重的问题。因为感知层是基于数字的虚拟网络世界与现实物理世界相结合的关键，缺少感知层安全，无论其他各层的安全保护如何，都无法解决控制安全（OT安全）问题。例如，在智能家居系统中，一个智能家居的网关节点可能与邻居的智能家居系统的家电设备连接，这样显然会导致严重的安全问题，这不仅是信息安全问题，也是家电设备的物理安全问题。

如果缺少传输层安全，即数据在网络传输过程中没有采取加密等措施，则容易泄露数据内容，遭受恶意篡改等攻击。但是，数据在被送入传输层之前可能已经在感知层被加密和实施完整性保护了，因此传输层安全只是额外的一层保护。就数据本身的安全性而言，的确如此。但是，数据在传输过程中的发送方和接收方地址（或身份）不能加密，否则可能不能正常路由，接收方收到数据后也不知怎么处理。这种对数据来源和目的地的保护是一类网络数据流量方面的安全问题，一般需要网络通信协议来提供安全服务，例如TCP/IP网络中的安全协议SSL和IPSec，可以提供虚拟私有网络（Virtual Private Networks，VPN）。移动通信网络中的AKA过程，也是网络传输阶段特有的安全服务，这些都是必不可少的。

如果缺少处理层安全，则会导致整个系统的安全保护完全丧失。数据无论在传输中采用什么样的安全机制和保护，到处理层后一般都要恢复到明文状态。处理层安全包括平台安全、数据安全和计算服务安全，任何一种安全服务的缺少都将引发明显的安全问题。

如果缺少应用层安全，则不能针对行业应用的特殊安全需求设计安全策略和技术，导致物联网技术在这些行业中应用的局限性。显然，应用层安全更是不可或缺的。

物联网安全架构中两个支撑层的必要性在前面介绍安全架构时已经论述了，此处不再重复。

2.3.2 可行性

物联网安全架构没有限制所使用的技术，只概括说明物联网系统的安全应该包括哪些方面。例如，感知层安全的目标是保护感知层的设备和数据的安全，包括OT安全；传输层安全的目标是保护数据传输过程中的安全，包括数据内容和数据格式的安全、数据行为（如流量分析）的安全等；处理层安全包括处理平台安全、数据访问安全和服务安全；应用层安全针对行业应用对物联网系统的特殊安全需求提供安全保护；两个支撑层分别提供物联网安全系统搭建前和运行后的安全服务。根据现有的安全技术，这些安全服务都可行，能够实现安全目标，满足物联网对信息安全、控制安全和行为安全的需求。

2.3.3 完备性

物联网安全架构的可行性只说明提供的安全服务能达到设计的目标，但对整个物联网系统来说，不能说明达到设计目标就是安全的。而且，物联网架构本身不能证明自己是完备的，因为物联网安全架构不涉及具体技术、方法，也没有明确安全保护的内容，因此很难说一种安全需求是否包含在物联网安全架构之内。例如，系统漏洞发现、利用和补漏，是否属于安全架构的某个部分？从广义上说，物联网感知层安全包括设备安全和系统安全，系统漏洞，软件漏洞都属于系统安全范畴，因此可以说已经包括在安全架构之内。

一些特殊的安全需求几乎都可以在物联网安全架构中找到对应的位置。例如，版权保护属于应用层安全，软件安全属于系统安全（对感知层设备来说）或平台安全（对处理层来说），隐私保护属于应用层安全，OT安全属于感知层安全，行为安全属于应用层安全，等等。但是，这种对应是反向对应，即将某种安全对应到物联网安全架构中的某个组成模块。从物联网安全架构来说，安全架构本身并不明确包括哪些安全服务。因此，物联网安全架构的完备性是一个很难自证的问题。因为实际上，物联网安全架构不可能提供包罗万象，特别是不能包括动态发展的安全服务。虽然在物联网安全架构的设计中要考虑其完备性，但这种考虑也仅局限于一些常见的安全服务能在安全架构中找到对应的位置，这是一种反向对应，不说明安全架构本身的完备性。

2.4 物联网安全相关技术

与传统信息系统和网络系统比较，物联网有不同的安全需求，因此需要有相应的安全技术。这些安全技术可以分别从不同逻辑层的安全需求进行描述。

2.4.1 感知层安全技术

根据信息安全等级保护国家标准对信息系统安全性的划分，可以从物理安全、运行安全、通信安全和数据安全几个方面进行描述。物联网感知层主要包括物联网设备及设备之间形成的局域网，因此适合这种划分方式。另外，物联网感知层还包括对设备的控制，这是传统信息系统中不能涵盖的，因此物联网感知层安全还应考虑控制安全，或更广泛意义上的操作安全（OT 安全）。

针对物理安全需求，需要提供对物联网设备本身的安全保护、对设备的正确安装等。物联网设备由于成本低廉，设备所处的工作环境可能在野外或公共场所，因此很容易被攻击者获取并在实验室环境下进行分析，包括物理解剖。针对物联网设备本身的攻击，可以采取如下保护措施。

（1）采用可靠的芯片封装技术，使物理解剖很困难。

（2）使用抗侧信道攻击技术，使侧信道攻击困难。

（3）避免让大批量物联网设备使用同一密钥，最好每个物联网设备使用独立密钥。这样，攻击者即使通过解剖等手段获得设备的密钥，也只能伪造该设备的数据。数据处理中心可以根据设备的行为模式，判断该设备的数据是否为伪造数据。实验室分析需要时间，因此被分析的设备在一段时间内处于失联状态，而攻击者伪造的数据往往与其他同类设备的数据差异较大，这样很容易被检测出来。

（4）在环境安全方面，只需要正确安装和通过安全检测即可。

在运行安全方面，需要使用安全的操作系统（多数感知节点处理器使用嵌入式操作系统），及时修补已知漏洞；使用安全、正版的应用软件，及时修补已知漏洞；使用相应的密码技术保护数据安全性，特别是当使用数据进行分析或计算时，可以使用密码算法的白盒实现技术来抵抗内存访问攻击；使用会话密钥，避免长期密钥信息被泄露；使用休眠机制，避免在设备不需要网络连接时暴露在网络上。

在通信安全方面，需要根据数据重要程度选择安全技术。感知层内部的数据通信通常使用短距离无线通信方式，如 ZigBee 网络和 Wi-Fi 网络等。在这些网络中，网络本身提供有限的数据安全保护，但一些应用系统有着较高的安全要求，因此需要通信节点之间（如感知节点和汇聚节点之间）使用身份鉴别技术，以有效避免攻击者的多种攻击。

在数据安全方面，需要适合物联网设备资源能力的数据安全保护技术，包括机密性、完整性、新鲜性等。数据的机密性一般通过加密算法保护，数据完整性可以通过多种方式保护，其中使用消息认证码（Message Authentication Code，MAC）是现代密码学提供的一种方法。数据新鲜性是用于抵抗重放攻击的一种方法。常用的数据新鲜性保护技术是使用时间戳（如果通信设备都有系统时钟且容易同步）或计数器。在实际物联网应用系统中，感知数据（如传感器数据、读表数据、RFID 身份数据等）通常需要机密性保护，避免数据内容被攻击者非法获取；控制指令通常需要完整性保护，避免攻击者的恶意指令或对合法指令进行恶意篡改；两种数据都需要数据新鲜性保护，因为如果在错误时间接收过时的历史数据（特别是控制指令）而不能识别其是否有效，则会产生严重的问题。

在控制安全方面，主要是在工业控制系统或工业物联网系统中，需要入侵容忍技术 [44]，即使计算机系统（如工控系统上位机）遭受入侵，入侵容忍技术也可以维持系统正常运转，而入侵者不能让伪造的非法控制指令被终端设备执行。但是，物联网的入侵容忍技术仍然不够成熟，需要加强这方面的研究和方案部署。

2.4.2　传输层安全技术

物联网传输层主要是广域网、移动通信网和针对物联网应用设计的 LPWAN（Low Power Wide Area Network，低功耗广域网）。这些网络环境都有规范的安全机制和内嵌的安全技术。如果使用的是传统的 TCP/IP 网络，则有标准网络安全协议，如 SSL 和 IPSec，这些标准网络安全协议可以直接被应用程序调用。如果使用移动通信网络，也有行业标准组织 3GPP 规范的标准密码算法和身份鉴别与密钥协商（Authentication and Key Agreement，AKA）。如果使用 LPWAN，则各种具体的 LPWAN 都有自己的安全技术，无须用户开发。

2.4.3　处理层安全技术

物联网处理层有多种类型，但具有代表性且能支持大规模物联网应用的处理层是云计算。云计算一般使用虚拟技术，使不同用户在不同的虚拟环境中进行操作，减少不同用户之间非法访问的机会。云计算的发展趋势是提供资源服务，如基础设施即服务（Infrastructure-as-a-Service，IaaS）、平台即服务（Platform-as-a-Service，PaaS）、软件即服务（Software-as-a-Service，SaaS）、计算即服务（Computation-as-a-Service，CaaS）、数据即服务（Data-as-a-Service，DaaS）、安全即服务（Security-as-a-Service，SecaaS）、测试即服务（Testing-as-a-Service，TaaS）等。在信息安全方面，云计算安全技术包括平台安全、数据安全和服务安全。

云计算平台安全包括硬件安全、软件安全、数据安全和服务安全。

1. 硬件安全

云计算平台的硬件安全主要是指硬件的可靠性、稳定性、兼容性、可扩展性。

2. 软件安全

云计算的软件安全主要包括操作系统安全、虚拟环境安全、应用软件安全等。事实上，在云计算平台中，应用软件可以作为服务的方式提供，称为软件即服务。不管叫什么，都属于云平台的安全范畴。

3. 数据安全

云计算环境下的数据安全包括静态数据安全和动态数据安全。静态数据安全是指数据存储阶段的安全保护，包括数据的内容安全，例如通过加密敏感数据，防止数据内容被非法窃取；数据的格式安全，即对数据进行完整性保护，防止数据被篡改或破坏；数据的访问控制，防止非法用户访问；数据的可用性安全，即通过数据备份和数据恢复等技术，通过对数据进行备份（多种备份方案，如本地备份、异地备份、实时备份、定时备份等）和数据恢复技术，在数据遭受破坏时能从备份数据中恢复到最近时刻的数据。上述这些数据安全保护技术都是比较成熟的技术。

4. 服务安全

云计算的服务安全包括服务可用性和服务安全性。服务可用性是指云平台确保正常提供服务的安全度量，包括应对计算峰值和网络通信峰值的能力、对抗分布式拒绝服务攻击（DDoS 攻击）的能力等。云计算的服务安全技术主要包括对密文数据的计算服务（如密文检索）、基于密文的计算服务（如秘密计算外包、隐私多方计算等）、大数据分析服务（如态势感知、隐私保护下的数据挖掘）等。

云计算安全涉及许多前沿技术，人工智能会成为云计算的有利工具。

2.4.4 应用层安全技术

物联网应用层针对不同的安全需求有不同的安全技术。典型的应用层安全需求包括隐私保护、物品溯源、行程轨迹、匿名身份鉴别等。

1. 隐私保护技术

隐私保护包括身份隐私保护[4]、位置隐私保护[18]、行为隐私保护等。在物联网的应用方面，主要考虑身份隐私保护和位置隐私保护。

身份隐私关系到个人隐私信息，主要是一些在行业应用过程中采集的数据（如智慧医疗系统中的电子病历、医学影像等），有时需要用于公众分析和科学研究（如流行病分析、疫情监测与态势分析等）的数据，但在这些数据作为研究数据之前，有必要去掉病例中的隐私信息。因此，简单的隐私保护技术就是把拟公开的数据中与个人身份相关的隐私信息去除，这一过程称为隐私保护（Privacy Preserving）。与之对应的相反过程称为隐私挖掘（Privacy Mining），即试图从去掉隐私信息的数据中挖掘出隐私信息。

在实际物联网应用系统中，主要的身份隐私保护技术包括如下方面。

（1）删除数据中的身份信息，如身份证号码、个人手机号码，以及与个人身份紧密相关的信息，如家庭住址等。对隐私挖掘者来说，其他一些信息也可能缩小查找范围，如年龄，但只要缩小后的范围还足够大，这类信息一般不作为身份隐私信息对待，因为过度的隐私保护会降低数据的可用性。

（2）加密个人身份相关信息。这种处理可避免数据仍然被使用的情况。授权的人（如医生）可以获得解密密钥，恢复数据中的隐私信息，而一般人无法获得。

（3）切断隐私数据关联。为了避免隐私保护过程的遗漏和疏忽，一种更有效且可行的方法是在数据建立初期就直接将敏感的个人隐私信息与其他数据（如医疗相关数据）分别存放，然后通过一个安全管理中心建立不同数据之间的关联来实现数据的可用性。例如，在智慧医疗系统中，将用户信息创建一个患者数据库，记录患者的个人信息，然后产生一个病历号。当创建患者的病历时，病历信息在另一个数据库。医生可以通过安全管理中心提供的病历号分别获得电子病历和患者信息。在这种管理模式下，患者信息可以进一步分为不同的隐私等级，从而可以为不同类别的医护人员提供涉及不同隐私程度的患者信息。

位置隐私的主要目标是保护某个人或物品的位置不被非法获取，行动轨迹不被非法获知。注意，身份隐私一般是对人来说的，而位置隐私更多地针对物。例如，贴有 RFID 标签的物品在移动中的位置和运动轨迹，就是位置隐私信息。当这种标签用于人名标签时，位置隐私则是一种特殊的身份隐私问题；当这种标签用于物品或运载车辆时，位置隐私就是关于位置信息与标签身份标识的关联问题。

位置隐私保护技术与身份隐私保护技术有所不同。对于身份隐私保护，可以直接使用加密算法加密那些与个人身份信息相关的数据。但对于位置隐私来说，加密标签的身份标识起不到位置隐私保护的作用，因为攻击者关心的不是标签身份是什么样的字符串，而是与标签关联的物品在不同时间段的位置。因此，即使标签的身份标识被加密，攻击者仍然可以使用加密后的身份标识作为某个标签的身份标识，这样仍然能获知物品的位置和运动轨迹。位置隐私保护的一种常用技术是动态匿名技术。对身份标识的加密也等同于一种匿名，如果这种匿名能够动态变化，如使用概率加密算法，则可以用于位置隐私保护。在位置隐私保护方面，还有 k-匿名技术，这是学术界研究较多的位置隐私保护技术。

2. 物品溯源技术

物品溯源就是追溯物品最初的来源，以及物品运输的中间过程。所有这些信息都基于之前对这些数据的采集，包括使用某种设备获取数据或人工输入数据。当同一物品在不同阶段的数据能够关联到一起时，就形成了物品溯源。为了把数据和物品进行关联，常使用 RFID 技术来标识物品。例如，对于一个贴有 RFID 标签的物品，通过对该 RFID 标签的识别，在数据库中查询有关数据，就可以知道该物品的相关信息。当然，根据 RFID 标签所能获得的有关物品的信息只能基于之前采集的相关信息和数据。

使用 RFID 标签来标识物品也存在安全问题。普通的 RFID 标签容易被克隆，因此使用克隆 RFID 标签的物品会被误判为可以溯源的特殊物品，这对物品溯源的真实性造成严重影响。因此，物品溯源技术应该包括物品生命周期内相关信息的采集、传输、存储的可靠性和真实性，以及标识物品的 RFID 标签具有防伪造功能；同时，管理物品相关信息的数据库也要有安全保障。

当然，RFID 技术不是实现物品溯源的必要条件，使用二维码同样可实现物品溯源。但很明显，二维码在网络环境中的安全问题比 RFID 更严重，而且安全措施有限。理论上，可以使用二维码加密技术，但二维码加密技术需要专门的读码器才能解读，而且使用加密技术处理的二维码最后是动态的，而不像传统的静态二维码那样容易被复制。使用加密技术和动态二维码技术，对二维码读码器也带来一定的技术挑战。

3. 行程轨迹技术

行程轨迹由不同的位置信息和时间组成。当一个物品在不同时间点的位置信息被采集到后，其行程轨迹就可以大概描绘出来。因此，行程轨迹问题基本可归结为位置隐私问题。

如前所述，位置隐私不是简单的隐藏位置信息，因为在位置隐私保护中需要提供位置信息。位置信息本身不具有隐私性，只有当位置信息和身份信息进行关联、与时间进行关联时，才构成位置隐私。事实上，在采集位置信息时，一定有一个身份信息与之关联，否则无法确定被采集者的目标。位置隐私保护的目标是位置信息与真实身份的关联关系。因此，而行程轨迹安全问题，就是位置信息（连同时间信息）是否与某个身份信息保持关联，无论这个身份信息是真实身份还是假名（包括身份信息的密文）。这说明，即使使用假的身份信息，如果这一身份信息保持不变，则其行程轨迹仍然可以被获知。当敌手对目标物品掌握大量信息时，使用假身份来标识物品（例如假的 RFID 标签）对被非法追踪不具有保护作用。

位置隐私常用的保护技术之一是，当需要采集物品位置时，物品提供一个动态变化的临时身份信息，这一临时身份可以被合法数据库识别并对应到真实身份标识，但攻击者无法获得不同的临时身份之间的关联，从而无法确定某一物品的行程轨迹。

4. 匿名身份鉴别技术

匿名身份鉴别是网络环境中经常用到的技术，在物联网应用中也很重要。例如，当用户使用车载终端（或手机终端）对位置进行定位并反馈给某个数据平台时，需要提供位置信息，并要证明该位置信息来源于一个合法用户，同时又要保护用户的真实身份，从而可以实时动态传递交通路况信息。

理论上，k-匿名是一种提供匿名保护的技术。当 k-匿名技术用于身份鉴别时，一般是通过证明用户属于某个授权组来证明其合法性。除 k-匿名技术外，基于群组方式的匿名身份鉴别技术还包括群签名[6]、环签名[30-31] 和其他相关技术[5]。

2.4.5 信任机制与密钥管理技术

在云计算环境中，信任问题是一个重要的安全问题。学术界对云计算环境下的信任机制做了大量研究[11,13,14]。但公开文献中研究的信任机制主要是对人的信任问题。

网络环境下的信任不是人对人的信任，而是用户对所掌握的信息的确定性，是一种能鉴别与之通信的对方是否合法的数据。所谓合法，也不是法律意义上的合法，而是真实的或确定已被授权的。

信任的目的是确定对方身份是否真实，即身份鉴别。如果无法验证对方身份是否真实，则在网络环境下建立可靠的安全通信是困难的。最初版本的 Diffie-Hellman 秘密协商协议[9] 存在中间人攻击。中间人攻击之所以成功，是因为中间人假冒用户 B 与用户 A 进行通信时，用户 A 不能确定与之通信的是否为真正的 B；同样，当中间人假冒用户 A 与用户 B 进行通信时，用户 B 也不能确定与之通信的是否为真正的 A。当在 Diffie-Hellman 秘密协商协议中增加身份鉴别功能时，中间人攻击失败了，因为中间人假冒某个用户的行为被识破。

那么，什么是身份鉴别？身份鉴别就是确定通信对方身份的真实性。也就是说，当通信对方声称自己是 A 时，身份鉴别提供一种技术，使得 B 能鉴别与之通信的对方是否为真正的 A。实际上，身份鉴别的结果是判断对方是否掌握只有用户 A 才能掌握的秘密信息，如某个密钥或用户私钥，而是否为真实的用户 A 的则不被关心，也不能确定。事实上，用户不一定是人，因为通信的主体可能不是人而是设备，特别是在物联网环境中，设备作为通信主体的情况普遍存在。

那么，如何确认对方的真实身份？如何验证对方是否掌握某个秘密信息？首先需要验证者掌握某种信息，这种信息可以用于验证对方身份的真实性。验证者掌握的这种信息及对这种信息真实性的确认就是网络环境下的信任问题。

信任是身份鉴别的前提。有了信任，身份鉴别可以通过一种协议来完成。通常的身份鉴别协议需要经过几轮的信息交互，典型的这类协议是挑战-应答协议。身份鉴别的目的不只是确定对方身份的真实性，而是同时协商某个密钥，用于接下来的保密通信。在移动通信系统中，这一身份鉴别过程称为鉴别和密钥协商。密钥协商是密钥管理的一种方式，除此之外还有多种密钥管理方式。

信任和密钥协商是实现保密通信的前提，也是物联网安全体系建立的基础。信任可以传递，但不可以无中生有。因此，初始信任的建立是信任的基础，是物联网系统安全保护技术建立的前提，是物联网系统安全保护的基础。

2.4.6　安全测评与运维监督相关技术

无论是商业活动还是工业生产，都有行业主管部门和国家相关管理部门。上层管理的目的是维护整个行业的健康发展，对行业及整个生态进行监督和管理，使其达到最佳发展状态。

管理部门对物联网系统的运维监督就是这样一种管理服务。对安全防护技术的运维监督一般通过安全测评这一技术手段来辅助，也是许多物联网产品进入政府采购或行业应用的前提。

很明显，安全测评与运维监督是物联网系统运行之后的技术和管理手段。"安全测评与运维监督"这一支撑层与"信任机制与密钥管理"这一支撑层对物联网安全架构形成前后呼应，并且都能支撑物联网架构中的各个逻辑层。

2.5　物联网安全技术的特点

物联网有许多自身特点，因此对安全需求也有许多特殊的要求，这就导致物联网安全技术有其特点。所谓物联网安全技术的特点，是指那些不能将传统网络安全技术直接拿来用的特点，以及那些传统网络安全不重视甚至不考虑的安全保护技术。

物联网安全技术的特点包括信息安全方面的特点、操作安全方面的特点，以及行为安全方面的特点，一些特点与传统信息系统的安全技术有着重大区别，甚至存在本质区别。

2.5.1 物联网信息安全技术的特点

传统信息系统处理的是信息或数据，其基本安全需求包括数据机密性、数据完整性和可用性，其中可用性包括数据可用性和服务可用性，这关系到数据和提供数据的信息系统或服务平台的可用性。

物联网系统也需要同样的信息安全服务。但是，物联网的特殊性导致其对信息安全技术有特殊要求。事实上，物联网对传统信息系统中几乎所有的信息安全技术都有特殊要求。下面介绍物联网信息安全技术的两个特点，以说明物联网与传统信息系统的不同。

1. 轻量级

有些物联网设备资源有限，典型的这类设备包括低成本传感器设备和 RFID 标签等。这类资源受限的设备在实施信息安全保护时，需要考虑安全保护技术所需要的硬件和软件资源。一旦所需资源超出设备的能力，则无法实施安全保护技术。但是，低成本设备所处理的数据可能具有高价值。例如，用于探测室内温度的传感器的成本不高，但如果传感器数据被伪造，则可能导致对火灾的误判，造成消防资源（车辆、人员）的浪费；RFID 标签的成本一般不高，但如果用于关键部门的门禁系统，则非法克隆的 RFID 标签会给非法进入者提供方便。因此，即使低成本资源受限的物联网设备，根据使用环境的不同，其对安全保护的需求同样可以很高，但需要的具体安全技术一定要在这些物联网设备的能力范围内。

对此，密码学界早已在轻量级密码算法方面做了不少工作，多种轻量级密码算法被设计出来，如 PRESENT [3]、LBLOCK [41]、RECTANGLE [43] 等都是轻量级密码算法。有些轻量级密码算法已经得到广泛的商业应用。

但是，在物联网应用系统中，影响资源受限物联网设备的另一个重要因素是功耗问题。因为这类设备大多由电池供电，而且许多低成本物联网设备的电池是固定的，更换设备电池的人工成本可能很高（如一些安装在野外或危险地带的传感器），因此电池的生命周期就是这些设备的生命周期。对这类设备来说，安全保护技术的实施对功耗的需求直接影响其生命周期的长度。通过实验不难发现，使用无线网络进行数据传输时，传输同样大小的数据（如 1KB）比使用密码算法（如 AES [8]）处理同样大小的数据所消耗的能量高出一个数量级。因此，要尽量减少资源受限物联网设备的通信量，包括通信次数和通信数据的大小。在安全保护技术中，身份鉴别通常需要由安全协议 [32] 来完成，挑战–应答三轮通信协议是传统信息系统中常用的实现身份鉴别的方式，但对资源受限的物联网系统，需要改用更为轻量和低功耗的身份鉴别协议。在这方面，需要根据具体应用场景进行设计，因此公开的研究成果不多，但其重要程度不亚于轻量级密码算法。

2. 抗重放

重放攻击对物联网系统可以形成严重威胁。重放攻击对互联网环境的威胁很小。互联网上传输的消息，经过不同的协议层时可能需要分割成小的消息块并添加字头，最终在接收端再将各个消息块重新组合起来，形成完整的消息。在消息传输过程中，某个消息块可能会出于路由原因被从两个不同的路径传送到目的地，接收方根据每个消息块的序列号可以识别该消息块是否为重复的，重复的消息块被丢弃。因此，重放消息块不造成影响。而重放整个消息很困难，除非攻击者紧邻发送方或接收方，即使如此，重放消息造成的影响也有限，因为接收方收到两个完全相同的消息，一般情况下不会造成什么影响。

但在物联网环境中，情况就大不相同。一方面，物联网数据量可以很小，比如某些传感器数据只需要几个字节，通过一个数据包就可以传输，而且常通过无线网络进行数据传输。另一方面，对攻击者来说，捕获无线传输的消息很容易，重放消息也容易，因此重放攻击相对容易实施。但实施攻击并不等于攻击有效。物联网环境在重放攻击方面的脆弱性表现在如下两个方面。

（1）如果是业务数据，如传感器数据，即使一模一样的数据，其代表的意义也不同，因为在不同时间发送的数据意味着是在那个时间点采集的环境数据，因此容易被误读，从而达到重放攻击的目的。

（2）如果是控制指令，即使是与之前的某个指令一模一样的指令数据，在错误的时间重新发送指令（实施重放攻击），则可能造成严重后果。举例说明一个控制水闸开启和关闭的指令，因为要泄洪曾经发送开启水闸指令，后来又发送了关闭指令。但开启水闸的指令被攻击者截获，过段时间后进行重放，水闸收到指令后进行合法性验证，发现指令是真实的，于是执行指令，开启水闸。显然，在错误的时间执行之前的指令来控制水闸可能造成严重问题，不仅会造成经济损失，还可能危及生命安全。因此，在物联网环境中，抗重放攻击是非常重要的和基本的安全目标之一。

2.5.2 物联网控制安全技术的特点

物联网是连接虚拟数字世界和现实物理世界的有效技术。因此，物联网安全问题还涉及对物理设备的非法控制，即控制安全问题。针对信息和数据的防护技术称为信息安全（Information Security，事实上是 Information Technology Security，简称 IT 安全）技术；而针对控制操作的防护技术称为控制安全技术，也称为操作安全（Operational Technology Security，简称 OT 安全）技术。

物联网的 OT 安全问题主要发生在工业物联网领域，或对设备的操作重要性与工业控制系统类似的物联网系统，例如通过网络监控系统控制一个水闸的提升和下降，或操作一个大型机械设备。针对工业控制系统的 OT 安全问题，攻击者的目的是通过可以入侵的控制主机对那些与控制主机连接的终端设备进行非法控制。因此，攻击行为的特点是隐蔽性强、针对性强。

为了保护系统免遭 OT 攻击威胁，保护措施需要考虑如下三个方面的问题。

（1）**数据的合规性（Compliance）**，即控制指令必须符合一定的格式，否则终端设备不接收或不执行。专门针对特定工业控制系统或工业物联网系统设计的网络攻击，会考虑伪造的控制指令符合数据合规性要求。一般性的网络攻击，很难符合这一要求。因此，在物联网的 OT 安全性方面，一般网络攻击的 OT 安全威胁不大。

（2）**数据的合法性（Validity）**，即通信数据是否来自授权的来源，是否仍然是合法状态。如果控制指令来自非授权的地址或身份，则不符合合法性要求，应该拒绝执行。但是，为了防止攻击者伪造数据来源，接收终端应该对数据（如控制指令）的真实来源进行检验。检验的有效技术方法是身份鉴别，通过身份鉴别技术，攻击者无论是从真正的控制主机发送指令，还是从攻击者自己掌握的设备发送指令，只要不能通过身份鉴别的检验，则都能被识破。除数据来源真实合法外，数据本身是否新鲜，即数据的新鲜性是否符合要求，也属于数据合法性的范畴。

（3）**数据的真实性（Genuineness）**，即数据是否来自授权的控制。如果数据来自攻击者，虽然通过合法的控制主机，使得数据看上去合规合法，但不是真实的，这类数据应该被丢弃。但终端设备如何辨认收到的数据是来自控制主机的合法指令还是入侵者发送的呢？要想避免已经入侵控制主机的攻击者成功伪造网络攻击，则应使用入侵容忍技术，即允许黑客入侵，但黑客不能成功发送伪造的指令。

在传统工业控制系统中，工业设备一般都能检验指令数据的合规性。但由于控制主机与终端受控设备通过工业网络直接连接，一般不需要身份鉴别技术，不认为数据来源有什么问题，因此也不怀疑数据的正确来源。如果涉及与外网连接，则数据的合法性需要一定技术方法予以保证。现代密码学中的身份鉴别方法，就是数据来源合法性的有效鉴别技术。但是，工业终端设备一般没有能力检验数据的真实性，这也是当前工业控制系统对 OT 安全的脆弱性现状。

相比其他信息安全技术，入侵容忍是抗 OT 攻击的最有力工具，是保护物联网系统中控制设备"带漏工作"、"带毒工作"和"带病工作"的关键技术。但是，物联网 OT 安全技术方面的发展相对比较缓慢，实际应用中使用 OT 安全防护的系统更少。这是物联网安全领域需要加强研究的重要课题。

2.5.3 物联网行为安全技术的特点

传统的网络安全技术主要用于保护目标系统和设备免于遭受网络攻击，保护目标设备和系统不成为网络攻击的受害者。但物联网安全还应该考虑得更多，包括保护目标设备和系统不参与网络攻击、不由自主地成为网络攻击的施害者。虽然物联网设备一般不会主动发起网络攻击，但在遭受攻击者入侵后可成为攻击者发起 DDoS 攻击的僵尸网络的一个设备。原因是：网络攻击者对获取物联网设备内部的数据不感兴趣，因为这类数据通常是环境感知数据或 RFID 身份数据，直接从物联网设备获取数据的价值不大。对攻击者来说，非法控制物联网设备是最有效的利用方式，而且物联网设备的数量庞大、仍然在快速增长。入侵数据库的行为是传统信息安全问题，而控制物联网设备则是典型的物联网安全问题。控制物联网设备不仅是 OT 安全问题，如果控制入侵的物联网设备本身，并将大批入侵的物联网设备组成僵尸网络，发动大规模 DDoS 攻击，对遭受入侵的物联网设备来说则是一种行为安全问题。虽然行为安全问题对物联网设备本身造成的损害有时并不明显，但作为物联网设备的生产商和运营商，应该对其设备的行为负责。因此，物联网设备的行为安全，就成为物联网安全的典型特征之一，而且该特征明显区别于传统的网络安全技术内容。

值得注意的是，在 2019 年发布的国家标准《GB/T 22239—2019 信息安全技术 网络安全等级保护基本要求》中，已经将信息安全技术纳入标准的具体条款要求中。例如，在条款"7.4.2.2 入侵防范"中明确要求，"应能够限制与感知节点通信的目标地址，以避免对陌生地址的攻击行为；应能够限制与网关节点通信的目标地址，以避免对陌生地址的攻击行为。"这种在国家标准中明确规定的安全要求条款，可有效减少物联网行为安全造成的问题。

除对通信地址的限制外，物联网行为安全还应该包括如下内容。

（1）物联网设备发送和接收的数据规模应符合应用场景要求。具体要求内容应根据具体应用场景来确定。

（2）物联网设备的行为（如网络连接、服务请求、发送数据或报警等）应符合要求。

同样地，如何规定这类要求，如何识别物联网设备的行为是否正常，都是有待进一步研究的问题。

保证物联网的行为安全并非只是解决技术问题，还应该依靠有关法律法规。如果没有法律法规的约束，解决技术方面的问题有时动力不足，特别是在物联网行业应用中，任何额外的信息安全技术都涉及成本投入，某些厂商在不影响自己的经济利益前提下，总是选择最小的投入。据报道，近年来，产业领域在网络安全方面的投资在信息技术领域中的占比不断提高，这也意味着产业界对网络安全问题的重视。

2.5.4 物联网安全技术的合规性问题

如前所述，物联网安全技术有许多独有的特点。根据物联网安全技术的特点，实现相应的安全保护是可能的，无论是轻量级要求，还是 OT 安全的入侵容忍要求或行为安全要求，都可以在不同程度上得到满足。随着物联网安全技术的发展，新技术会逐步取代旧技术。但无论使用哪种技术，在物联网产品中使用的安全保护技术，特别是在使用密码算法相关的技术时，除应解决技术本身的问题外，还应考虑相关的法律法规。2016 年 11 月，中华人民共和国第十二届全国人民代表大会常务委员会第二十四次会议通过了《中华人民共和国网络安全法》（于 2017 年 6 月 1 日起施行）；2019 年 10 月，中华人民共和国第十三届全国人民代表大会常务委员会第十四次会议通过了《中华人民共和国密码法》（于 2020 年 1 月 1 日起施行）；《中华人民共和国个人信息保护法》于 2021 年 11 月 1 日起正式施行。近年来，国家还发布了一系列与物联网安全相关的国家标准。这些法律法规和标准，对物联网安全技术方案的设计和实施，是需要优先考虑的因素。

2.6 物联网安全技术与产业之间的差距

从事网络安全研究的科技人员认为，物联网安全非常重要。没有安全技术保护的物联网应用是危险的，虽然短期内看上去能获得技术带来的便利，但从长期来看，一旦出现网络安全事件，往往会造成不可估量的损失，因此在初始就应投入资金和技术保证合适的安全保护水平。

但是，在实际建设中，某些物联网设备生产厂商和行业应用对物联网安全的重视程度不够。一方面，设备厂商考虑的重点是成本因素，而且安全防护的效果又不可测量。即使出于安全防护的原因未遭网络攻击，但设备厂商可能不认为那是安全防护的结果。一些设备厂商认为，只有在设备遭受攻击后不得不替换时，才采用安全保护措施。另一方面，物联网系统的用户对安全保护技术一般也不重视。对物联网设备的普通用户来说，安全问题不是他们考虑的重点，设备厂商和运营商应该对此负责。但是，如果运营商因为安全保护的增值服务而收取更高费用，用户可能不接受或选择其他服务商，这就导致物联网安全技术落地受阻。即使技术有着很好的创新性，也没有受到产业界欢迎。

政府部门对网络安全（特别是物联网安全）技术非常重视，这从国家制定的相关政策法规和标准规范就可以看出。据有关研究表明，自 2020 年以来，网络安全方面的投资占信息技术领域的投资比重不断增加，说明产业界从整体上对网络安全保护的重视程度不断提高。其中，物联网安全方面的投入占大多数，而工业物联网（或工业互联网）的安全保护则更是重中之重。因为没有良好的物联网安全技术的保护，工业物联网可能面临严重的甚至灾难性的网络安全风险。

2.7 物联网安全技术和策略

针对物联网技术的特点，物联网技术与行业应用之间的差距，以及物联网技术与政策之间的联系等方面的问题，本章提出一些策略方面的观点。这些观点仅代表作者的主观认识，不具有充分的调研分析基础，更没有理论依据，仅供读者参考。

2.7.1 针对物联网安全特点建立相应的安全保护机制

如前所述，物联网的安全要求与传统信息系统的安全要求有许多不同之处，包括信息安全要求、操作安全要求、行为安全要求等。这些安全要求是否都需要满足，应视具体应用场景而定。

通常，物联网安全保护机制的建立应考虑如下因素。

（1）物联网设备是否资源受限。如果是，则需要轻量级安全技术，包括算法实现所需资源的轻量级和协议执行所需通信资源的轻量级，同时应考虑轻量到什么程度可以接受。

（2）物联网通信数据需要哪些安全保护。一般来说，从物联网设备到数据处理中心的数据是业务数据，通常需要数据机密性保护和数据来源鉴别；是否需要数据完整性保护和数据新鲜性保护，视具体应用领域、应用场景等而定。从数据处理中心到物联网终端设备的下发指令通常需要数据完整性保护和数据来源鉴别，以防止假冒攻击；同时也需要数据新鲜性保护，以防止重放攻击。是否需要数据机密性保护，则根据具体情况确定。

（3）物联网系统是否需要 OT 安全保护。如果物联网系统不涉及操作控制，一般不需要 OT 安全保护。但在工业控制系统、工业物联网系统和相关系统中，OT 安全保护几乎是不可或缺的组成部分。

（4）物联网系统是否需要行为安全保护。一般地，有能力连接到互联网上的设备都应该有行为安全保护。对于那些只有通过网关节点或数据中心才能连接到互联网的物联网设备，行为安全保护不是必需的，因为其网络通信行为可以通过它们的网关节点或数据中心进行过滤和阻拦。

2.7.2 制定合理的技术策略

物联网安全不仅是技术实现问题，也是技术管理和技术策略问题。在物联网系统的安全保护中，技术和管理一样重要。因此，制定合理的管理策略，可以有效提高安全防护效率。典型的物联网安全策略如下。

1. 避免使用通用密钥

在一批物联网设备中使用同一个密钥是危险的。虽然这似乎节约了管理成本，但这种安全策略存在较高的安全隐患，只有在少数情况（如小规模和可控环境）下才可以放心使用。

在多个设备使用同一个密钥的情况下，更需要控制在极小范围内，因为一旦攻击者通过入侵系统获得密钥信息，所有的安全保护对攻击者来说将失去意义，攻击者也可以发送"合法"的数据，接收者无论是对数据保密性的检测还是完整性的检测都能顺利通过，因为攻击者入侵系统后就控制了一个合法设备。

2. 建立多层安全防护

安全防护的目的是增加网络攻击难度，而不是完全避免。防火墙可以被穿透，系统有可能遭入侵，口令有可能遭泄露或被猜到，任何一种安全缺失都可能导致系统遭受入侵。因此，多维度的安全保护是必要的，包括物联网设备的资源受限的情况。

3. 安全设计要有冗余

如果假设物联网设备的成本低、数据价值小，黑客对其不感兴趣，则这种假设是安全设计的障碍。安全设计目标不能仅局限于应对当前发生过的安全事件，而是要设计更高的安全目标，包括为设备遭受入侵制定应对和弥补方案。例如，物联网设备的安全机制应该考虑如下功能：安全参数应允许在线更新，以应对安全参数泄露；设置一键恢复功能或群体化重置功能，以应对意外情况。

4. 非必要不联网

物联网设备应关闭不使用的网络端口；应在不需要连接网络进行通信时及时断开网络。当然，对于断开网络连接后如何处理应急信息，需要有相应的技术方案。

5. 应符合国家标准和相关政策与规范

这是最重要的，因为物联网产品必须符合相关管理规定，包括国家标准、行业标准等，在物联网的运维和使用过程中还应符合国家的相关法律法规。

2.7.3 应鼓励物联网设备的安全保护技术个性化

多项有关物联网安全的国家标准已经施行，相关标准还会不断补充、更新和完善。物联网具有许多特有的性质，对安全目标、测评方法、测评指标等可以按照有关标准的要求统一执行，但对于安全防护，标准统一的防护技术不一定是最好的方法。尽管操作系统发展了多年，功能也非常完善了，但安全漏洞却仍然不断出现。到目前为止，还没有哪个操作系统被证明不存在安全漏洞。对系统的防护体系也一样，一旦一个高危安全漏洞被攻击者发现并利用，就有可能被用来入侵系统。网络通信安全协议、数据安全保护方案也存在类似的问题，除方案本身可能存在的漏洞或缺陷外，在具体实现时也可能带来新的安全漏洞。在使用过程中，管理和运维过程都可能带来新的安全问题。另外，一个系统遭受攻击者入侵的风险，不仅取决于该系统的安全防护程度，同时也取决于该系统受攻击者关注的程度。如果物联网设备的安全技术被标准化，势必造成大量物联网设备具有相同的安全工作机制。攻击者更愿意针对规模化应用的安全方案投入更多精力实施入侵攻击。因此，从技术上看，安全程度高但应用范围广的安全技术，与某些技术上一般但具有个性化的小规模应用的安全保护技术相比，在实际中遭受攻击的可能性更高，因此风险也更大。

如果物联网设备所采取的安全保护技术千差万别，甚至一些设备使用了私有安全协议，单从某个产品来说，使用私有安全协议，其安全强度一般要低于标准安全协议，特别是在资源受限条件下设计的安全协议，其本身的安全性可能会很低。但是，如果攻击者没有对此进行专门研究，攻击者针对标准安全协议的攻击方式在私有协议下可能无法发挥作用，因此在这种情况下仍然是安全的。这种情况适合"小众"产品。一旦某款产品逐步走向主流产品，其安全保护技术不一定使用标准算法，但一定要有专业化水平，因为这些产品更能引起攻击者的关注。

低成本物联网设备中使用个性化的安全保护技术，在消耗同等资源情况下，可以具有更高的安全性。标准化的安全技术，可更好地在不同平台互联互通。但对许多物联网产品来说，不需要互联互通，这些产品与后台数据处理中心之间能进行数据传输和处理即可。因此，使用私有安全技术更容易达到安全目标。另外，在资源受限的物联网设备中，实现标准安全技术可能有困难，在这种情况下，个性化安全保护技术就显得非常重要。

2.8 小结

根据物联网三层架构，本章描述了一种物联网安全架构。该安全架构包括四个逻辑层和两个支撑层，简称为"物联网 4+2 安全架构"。与物联网架构一样，物联网安全架构是认识物联网安全的一种角度、一种划分安全层次的方法，因此也有多种不同的物联网安全架构。不同的物联网安全架构之间的主要区别是认识角度不同，没有本质的正确与错误之分。

本章给出的物联网安全架构包括感知层安全、传输层安全、处理层安全和应用层安全四个横向逻辑层，以及两个纵向支撑层（"信任机制与密钥管理"和"安全测评与运维监督"）。前者是物联网安全建设的基础，后者是物联网运营阶段的管理支撑，是一种对物联网系统和设备的安全功能的监督管理，是物联网相关行业对物联网安全要求的管理。

基于给出的物联网安全架构，本章简要分析了各个逻辑层的安全需求和安全目标，介绍了物联网安全的特点，包括对信息安全（IT 安全）的要求、对操作安全（OT 安全）的要求、对行为安全的要求。

第 3 章

密码学基础知识

3.1 引言

早期，人们对信息的保密需求是在通信中产生的。当需要将某个秘密消息从 A 地发送到 B 地时，传递消息的人或通道不是发信人和收信人所共同信任的。即使信任传递消息的人，在消息传递过程中也可能遭受敌方的攻击。因此，需要通过一定手段将原始消息变成很难被识别的文本或符号，即使敌方获取了这样的消息，也不能理解消息的本来意思。这就是早期的信息保密技术或密码术。在电报通信中，保密技术在第二次世界大战中被普遍使用。

由于军事需要和商业需要，保密技术得到了科学、系统的研究，从古典密码术发展到现代密码学，从传统的加密算法设计到网络通信安全协议，密码学这一体系在不断成熟和完善。自 Shannon 在 1949 年发表了奠基性论文《保密通信的信息理论》后，对保密技术的研究更加科学，密码理论和技术的研究与应用也进入现代密码学阶段。

密码学是保密通信的基础，也是物联网安全必不可少的技术。密码学的内容丰富，本章仅论述密码学的基本原理和基本概念，涉及少量技术方法，目的是使读者了解密码学的相关概念和基本方法，以及不同的密码学技术可以提供哪些安全服务。

3.1.1 数据、消息与信息

密码学最早服务于数据通信。随着通信网络和计算机技术的发展，一些数据可以存储于第三方，并为许多用户提供服务，于是，数据存储过程中也需要安全保密。描述数据传输时通常使用通信领域的术语，描述数据处理时通常使用计算机领域的术语，于是同一概念可能使用了不同的术语。为了熟悉不同术语所对应的概念，首先需要明确不同概念术语所代表的内涵，以及不同概念术语之间的关系。

（1）**数据（Data）**是计算机领域中最常见的术语之一。简单地说，计算机所能存储的由 0 和 1 组成的数字化的东西称为数据。数据可以被计算机程序软件读、写和传输。从这个意义上说，计算机程序也是数据，包括程序源代码和执行代码，因为一个程序的代码可以作为另外一个程序的输入被读，或作为输出被写入某个存储单元，或被传输到另一个计算机系统。

（2）**消息（Message）**的最原始的意义是指用于表达某种意义的字符串，如某个新闻报道、某个指令、某个事件的描述等。消息可以以语言的形式在人们之间传递。随着现代通信技术的发展，消息的意义被推广为可以通过通信技术进行传输的东西。这种现代通信中的消息实际是数字化的消息。通信领域中还有一个概念是信号，可以简单理解为信号是消息的载体，消息是信号的内容。随着计算机通信技术的发展，通信设备与计算机设备的功能逐步融合，因此，消息与数据的区别越来越小。计算机数据如果用于通信环境，则可以称为消息；通信的消息如果用于计算机处理，则通常称为数据。但在实际应用中，数据的内容一般比消息的内容更丰富。数据除包括对消息本身的记录外，通常还包括消息的其他一些属性和特征，如时间（什么时候更新的）、属性（数字还是字符串）、所属（谁的数据或对应哪个特定标识的数据）等，以便把数据以合适的格式存放在合适的位置。

（3）**信息（Information）**是消息和数据所承载的内容。例如，由 0 和 1 组成的字符串"1000001"既可以作为计算机数据被存储，也可以作为通信的消息被传输，但它的内容需要用特定的规则去解读。当确定该数据是某个特定编码的结果时，很容易发现这是英文字符"A"的 ASCII 编码。这个有意义的"A"是信息，承载信息的字符串"1000001"是数据或消息。如果知道编码规则，则由消息或数据很容易获得对应的内容，即信息。但是，如果编码规则比较复杂，例如一个密文消息虽然承载了与明文消息一样的信息，但由明文消息获得信息很容易，而由密文消息获得信息则需要掌握正确的密钥和解密算法。

需要说明的是，上述内容是对这几个容易混淆的概念的解释，而不是对它们的定义。有时，这些概念也经常混用，但根据上下文关系不难理解概念所表达的意义。例如，消息常用来表示信息的含义，因为从明文消息确实可以直接解读信息。

3.1.2　信息安全的构成要素

当需要传输消息时，传输过程可能被他人窃听，因此要进行安全保护。早期保密通信的安全目标是保护消息的内容，即保护信息不被非法获取，因此习惯上人们称为信息安全。

随着通信技术的发展和商业化应用，信息安全的内容也得到扩展。信息安全不仅保护信息不被非法获取，还有更多内容。信息安全有三个基本要素，分别是机密性、完整性和可用性。

（1）**机密性（Confidentiality）**是指保护消息内容不被非法获取，非授权的人员即使窃取了被保护的消息，也不能获得消息所承载的内容（信息）。需要说明的是，机密性不是保护消息不被窃取，而是保护消息所承载的内容不被非法获取。

（2）**完整性（Integrity）**是指保护消息的格式不被非法篡改。非授权人员如果非法篡改消息，则收信方可以检测到消息被篡改。通信中使用的消息校验也是一种消息完整性检测机制，但仅适合检测由于信道原因造成的偶发性小规模的错误。人为制造的篡改一般需要使用密码学的方法才能提供有效检测。因此，消息完整性不是防止消息被非法篡改，因为非法篡改这一行为很难避免，但可以检测消息是否被篡改。如果非法篡改者达不到欺骗的目的，就说明非法篡改这一攻击是失败的。

（3）**可用性（Availability）**是指服务提供行为，即用户能得到权力范围内的服务，而不能得到超越权力范围的服务。可用性包括多方面的内容，如服务平台的可用性（如不因DDoS 攻击导致平台长时间瘫痪）、应用软件的可用性（如软件安全、正确并能及时更新）、数据的可用性（如通过数据备份和恢复保障数据不会突然消失）、用户权限可控性（如通过用户身份鉴别区分合法和非法用户，通过访问控制机制控制访问权限），等等。

信息安全的构成要素还可以扩展到更多内容。常见的扩展安全要素包括如下内容。

（1）**非否认性（Non-Repudiation）**，即用户对自己的行为不能否认。这种技术不是改变用户的行为，而是能提供用户某些行为的可靠证据。这样，一旦用户对自己的行为进行否认，主张权利的一方可以提供证据，由第三方权力机构进行裁决。例如，某个用户对某个消息进行了数字签名，就不能对消息内容予以否认，因为数字签名具有不可伪造性，可公开验证性，这些性质为非否认性服务提供技术支持。

（2）**可信性 (Trust)**，即在信息安全意义下，对产品、技术或数据的信任。

① **对产品的信任**，即一些硬件产品或软件产品在可控状态下赋予安全功能，如可信密码模块（Trusted Cryptography Module，TCM）、可信平台模块（Trusted Platform Module，TPM）、可信计算平台（Trusted Computing Platform，TCP），以及操作系统中的可信计算基（Trusted Computing Base，TCB）等。

② **对技术的信任**，即用户信任其所使用的技术不存在恶意危害。当技术提供者与用户在某种程度上具有共同利益，或具有紧密的法律关联时，这种技术基本上是可信的。例如，某企业所属机构或联合机构研发的技术是可信的，因为研发机构与企业在技术应用上具有共同的利益，因此不存在主观恶意。可信是一种主观性概念，可信的技术不一定比不可信的技术更可靠，但在相同的技术水平下，可信是对安全技术的额外保障。

③ **对数据的信任**，即使用者相信某些数据是真实的，如加密机预置的密钥、通信设备预置的公钥证书等。对数据的信任是通信环境下的信任模式，也是物联网安全中的信任需求。

（3）**可控性（Controllability）**，即用户对其所使用的安全技术具有掌控权。操作系统的访问控制是可控性在具体应用中的一种体现。一些密码技术，如指定验证者的数字签名技术，也具有可控性，设计者可以选择让谁成为有能力验证签名真伪的人。

在信息系统安全领域中，可控性一般指信息安全的技术、方案和产品都是自主研发的，是一种基于对技术信任、产品信任和管理信任的综合概念。

（4）**数据隐私性（Data Privacy）**，主要指数据在被使用的过程中泄露了隐私信息，包括数据中包含的个人隐私数据、数据属主的身份信息（身份隐私）、数据使用者的位置信息（位置隐私）等。

（5）**数据新鲜性（Data Freshness）**，是指确保数据为最初的原始数据，而不是被攻击者截获后重新发送的数据，其目的是防止数据重放攻击（攻击者截获数据，经过一段时间后再将截获的数据发送给数据接收方）。根据所使用的技术不同，对数据新鲜性的描述也不完全相同。如果使用基于时间戳的数据新鲜性保护，则无论数据是被攻击者截获后重放的，还是原始数据，只要满足时间戳要求，都被认为符合数据新鲜性要求；如果使用基于计数器的数据新鲜性保护，则无论数据从发送到接收经过了多长时间，当最终到达接收方时，只要在此之前接收方没收到同一来源的其他数据，则仍然认为数据满足新鲜性要求。

3.2 密码算法的分类

信息安全具有多种不同的要素，但最核心的是数据机密性保护。虽然身份鉴别和数据的完整性等安全需求有其独特的实现方法，但在一定情况下，特别是在物联网资源受限数据量小等限制条件下，这些安全需求可以适当使用数据机密性技术实现。

实现数据机密性保护的有效方法是加密算法。加密算法就是一种数学变换，输入一个密钥和一个明文消息（简称明文），这种数学变换将原始的明文消息和密钥进行充分混淆（Confusion），并将该消息的各个位上的数字的冗余信息充分扩散（Diffusion），然后输出密文消息（简称密文）。混淆和扩散是 Shannon 提出的加密算法应具有的两条基本性质。消息加密算法过程如图 3.1所示。

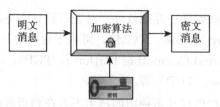

图 3.1 消息加密过程

由密文消息恢复为原始的明文消息的过程是解密过程,这是与加密相反的过程,或称为加密过程的逆过程。一个加密算法对应一个具体的解密算法。给解密算法输入密钥和密文消息,则解密算法输出原始的明文消息。如果掌握解密密钥,则恢复原始的明文消息的过程就是执行解密算法。对许多密码算法来说,其解密算法与加密算法基本上有着相同的计算量。如果不掌握解密密钥,由密文消息恢复明文消息在计算上是不可行的,也就是说,依照当前的计算能力和计算机性能的发展速度,在消息所需要的保密期内不能破解密文消息。

根据加密过程和解密过程所使用的密钥是否一致,密码算法分为对称密码算法和非对称密码算法。对称密码算法的加密过程和解密过程使用同样的密钥,而非对称密码算法的加密过程和解密过程使用不同的密钥。

3.2.1 对称密码算法

对称密码算法的加密密钥与解密密钥是相同的。为了使收信方有能力从密文恢复明文,加密使用的密钥需要传送给收信方。因此,在保密通信中使用对称密码时,还应包括密钥传递过程,如图 3.2所示。

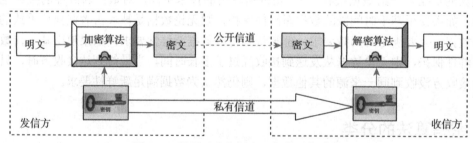

图 3.2 使用对称密码实现保密通信过程

1. 对称密码的密钥管理问题

在如图 3.2所示的保密通信模型中,加密算法与解密算法都使用相同的密钥。因此,解密密钥需要从发送方传送给收信方,否则收信方将无法从接收到的密文恢复出原始明文。密文传输可以使用公开信道,而密钥的传输则需要通过私有信道。所谓私有信道是指只有发送方和收信方知道的信道。

既然存在从发送方到收信方的私有信道,为什么不直接用该信道传递消息,而要使用加密算法,然后通过公开信道进行传输呢?

一方面，私有信道的成本高，通常情况下的实时性也差，而且不一定可靠。例如，在早期的战争中，密码本需要人工传递。人工传递的方式就是一种私有信道。但人工传递的密码本可能会被截获。即使密码本被截获，敌方也不一定能掌握秘密信息，因为这个被截获的密码本只有在使用时才使敌方具有破解信息的能力，否则，一旦密码本被截获的消息被密码本使用方知道，密码本会被丢弃，因此密码本本身并不泄露秘密消息。

另一方面，通过私有信道传递密钥可以在需要以保密通信方式传递消息之前完成，这样，可以随时使用保密通信方式来传递消息。另外，私有信道一般成本昂贵，不适合传递大量消息。自从 Diffie-Hellman 提出可以通过公开信道协商秘密消息的密钥协商方案后，这种用来传递密钥的私有信道可以建立在公开信道上，而且不是一种传统意义的单向消息传递，而是通过数据交互来完成对密钥的协商。因此，Diffie-Hellman 密钥协商是一种安全通信协议。

2. 对称密码的分类

根据加密方式的不同，对称密码又可以进一步分为流密码和分组密码。如果一个密码算法对消息的加密是每次加密 1 比特，则称为流密码。考虑到计算机的基本存储单元是字节，因此许多流密码算法的加密方式是每次加密 1 字节。流密码的加密原理是，由种子密钥产生伪随机序列作为密钥流，密钥流的每个比特或字节与对应的明文比特或字节进行异或逻辑运算，就得到密文。当把相同的密钥流与密文对应位进行异或运算时，就得到原始明文。因此，流密码的加密算法和解密算法都是消息序列与密钥流的异或运算，其中加密算法的输入为明文消息序列，解密算法的输入为密文消息序列，如图3.3所示。

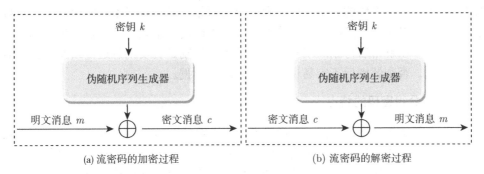

(a) 流密码的加密过程　　　　　　　　　　(b) 流密码的解密过程

图 3.3　流密码加密解密过程

流密码是一类适合无线通信环境的加密算法，在实际中经常被用到。第二代移动通信 GSM 系统中使用的 A5 算法[1] 就是一种流密码加密算法。由国内设计的 ZUC 密码算法[47] 是一种流密码算法，已成为 LTE（Long Term Evolution，长期演进）移动通信系统（包括 4G）的国际加密标准，也是国内密码行业标准（GM/T 0001—2012）。

如果一个密码算法对消息的加密是一段一段地完成的，即每次加密过程输入一个消息段，则称为分组密码，其中消息段的长度称为分组长度。分组密码的加密原理是 Shannon 提出的混淆和扩散，其加密过程通常需要通过多轮的混淆和扩散处理，最后输出加密结果。分组密码的解密过程是加密过程的逆过程。分组密码的加密与解密的工作原理如图3.4所示。

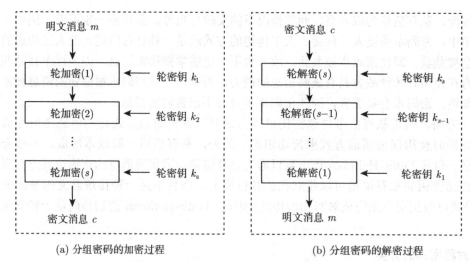

(a) 分组密码的加密过程   (b) 分组密码的解密过程

图 3.4　分组密码的加密与解密的工作原理

基于对称密钥的分组密码算法是一类商业应用广泛的密码算法。典型的对称分组密码算法包括已经启用的美国的数据加密标准（Data Encryption Standard，DES [45]）、美国的高级加密标准（Advanced Encryption Standard，AES [8]）、国际数据加密算法（International Data Encryption Algorithm，IDEA [20]）等。国内也有相应的标准算法，如 SM4 国家密码算法标准 [48] 就是一种已经被商业应用的分组密码标准算法。

需要注意的是，由于分组密码加密时每次处理一个大小为分组长度的消息组，因此，如果消息的长度大于分组密码的分组长度，则需要将原始消息分割成不同的消息组，对每个消息组进行加密。如果某个消息组的长度达不到分组密码的分组长度，则需要进行填充，使其达到规定的长度，在解密后再删除填充即可。为了能识别是真实消息还是填充数据，需要有正确的填充方式，否则解密后不容易识别哪些是填充数据。

3. 流密码与分组密码的特点

流密码与分组密码各有其特点，不能简单地划分成优点或缺点，因为不同的特点适合不同的应用场景。流密码的加密过程是消息流与密钥流对应位的异或运算，没有错误扩散、没有数据扩张，适合无线通信环境。因此移动通信系统中通过无线传输的数据使用流密码算法进行加密。虽然基础密码算法可能是分组密码，但加密过程是消息流和伪随机数据流的异或运算。

在加密速度上，当需要加密的数据规模较大时，流密码的效率一般比分组密码的效率更高。流密码在开始加密前需要将输入的密钥进行几轮的初始化，然后输出密钥流用于数据加密，产生密钥流的速度也很快。分组密码的加密过程也包括多轮变换，与流密码的区别是针对每个消息组的加密，都要重复多轮变换，在加密大量消息的情况下，其效率比不上流密码。但是，在物联网应用中，许多物联网数据（如抄表、环境监测、定位、医疗传感器等数据）规模较小，这样，流密码的效率优势发挥不出来，因为完成初始化后很快就完成了加密过程，下次加密时需要重新启动初始化过程。因此，在数据规模小且不连续的物联网应用中，即使使用无线通信，采用分组密码和适当的加密模式也是最佳选择。

在安全性方面，相比分组密码来说，到目前为止，没有哪种流密码算法的安全性达到分组密码的同等水平。因此，有些无线通信应用也使用了分组密码，通过一定的加密模式（例如 CTR 模式）使其达到与流密码相同的效果。

流密码的缺点是对数据完整性的检测能力很差。例如，假设某个数据 m 使用流密码算法加密后变成密文 $c = m \oplus k$。如果攻击者已知 m 的内容，则对与 m 长度相同的任意消息 m_1，攻击者容易直接将密文 c 变为消息 m_1 的密文 c_1。事实上，令

$$c_1 = c \oplus m \oplus m_1$$

由于 $c = m \oplus k$，对应的解密算法为 $m = c \oplus k$。对 c_1 的解密算法为

$$\begin{aligned}
c_1 \oplus k &= c \oplus m \oplus m_1 \oplus k \\
&= (c \oplus k) \oplus m \oplus m_1 \\
&= m \oplus m \oplus m_1 \\
&= m_1
\end{aligned}$$

即对 c_1 的解密结果为 m_1。注意上述对密文的修改无须知道密钥 k，而且这种对完整性的破坏很难从解密过程检测到。即使攻击者不知道具体的 m，在某些情况下也可以成功实施完整性破坏。例如，当 m 为某个整数时，完整性破坏攻击的结果是解密后得到另外一个整数，而仅从解密结果不能觉察到有什么问题。分组密码在数据完整性方面要好得多，因为分组密码的密文遭受破坏后，解密结果变成一个随机数，很容易因为某些有意义的字段变得没意义（例如身份标识）而检测到异常。

3.2.2　非对称密码算法

相比对称密码算法来说，非对称密码算法的加密和解密分别使用不同的密钥。非对称密码算法的设计理念是由加密密钥不能求得解密密钥。这种性质使得非对称密码算法的加密算法和加密密钥可以公开，解密算法和解密密钥保持私密状态。因此，非对称密码算法又称为公开密钥密码算法，简称公钥密码算法，其中加密密钥称为公开密钥或公钥，解密密钥称为私钥。

公钥密码算法的特点是，公开密钥可用于对数据进行加密，只有掌握对应的私钥才能正确解密。如果没有私钥，要想根据密文恢复出原始明文，就相当于破解公钥密码算法。公钥密码算法的安全目标是确保破解密码算法在计算上不可行。基于公钥密码算法的保密通信过程如图 3.5 所示。

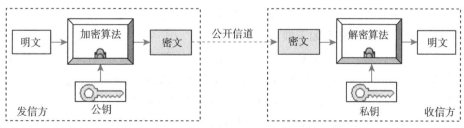

图 3.5　基于公钥密码算法的保密通信过程

相比对称密码算法来说，公钥密码的效率几乎远低于对称密码算法，即在同样计算资源的情况下，使用公钥密码算法所能加密的数据量要远小于使用对称密码算法加密的数据量。因此，公钥密码算法很少直接用于加密业务数据，一般与对称密码结合使用，公钥密码算法用于加密"会话密钥"，而业务数据则使用对称密码算法和会话密钥进行加密。这种混合加密模式是实际应用中最广泛的模式。

3.3 分组密码的使用模式

流密码的使用方式很简单，在产生出密钥流后，明文与密钥流依次进行异或运算（模 2 加法）就得到密文。解密时，解密方必须产生同样的密钥流，按照同样对应的次序将密文与密钥流进行异或运算就能恢复明文。

如果加密方与解密方产生的密钥流发生错位，则解密方得到完全错误的结果，因此流密码的一个重要原则是保持密钥流的一致性；如果某些密文发生错误，则解密后，错误密文对应错误明文，但其他部分不受影响，这种性质称为错误不扩散，适合无线通信环境。但如果某个消息组在传输中丢失，收信方不知道有消息丢失，于是导致从丢失的那部分消息之后，收信方解密使用的密钥流与加密时使用的密钥流不同步，造成之后的解密失败。如果能认识到解密失败是密钥流不同步造成的，则可以调整密钥流使其重新达到同步状态。

使用分组密码加密时，被加密的消息需要分成不同的组，加密过程则是一组消息一组消息地加密。但是，这并不意味着不同组消息的加密过程是独立的。分组密码（如无特别说明，则一般指对称分组密码）的加密方式可以有多种。下面介绍几种常用的分组密码加密方式（也称为加密模式）。

3.3.1 ECB 模式

ECB（Electronic Code Book）模式即电码本模式，是将明文分成相同长度的组，然后分别加密每个明文组，得到对应的密文组。解密则是分别对每个密文组进行解密，得到对应的明文组。这种加密模式是对分组密码最直观的理解。ECB 模式的加密过程和解密过程如图 3.6所示。

分组密码的 ECB 模式具有如下优点。

（1）简单明了，容易理解。

（2）便于并行计算，不同明文组之间的加密互不影响。

（3）误差不会被扩散，即一个消息组发生错误，不会影响其他消息组。

分组密码的 ECB 模式具有如下缺点。

（1）安全性相对较差。如果加密一个较大的文件（如高清电影），则同一密钥被以相同方式使用许多次。Shannon 认为，这种情况下会降低算法的实际安全性。

（2）密文与明文的对应关系固定。如果一个消息有大量相同的明文组，例如图片相同底色的部分可能编码相同，而相同的消息对应相同的密文，这样无须破译，仅从密文就可以得到有关明文的某些特征，如统计特性，甚至由此可猜测明文可能是哪种类型的消息文件。

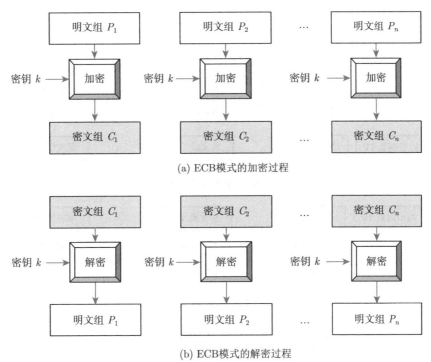

(a) ECB模式的加密过程

(b) ECB模式的解密过程

图 3.6   ECB 模式的加密过程和解密过程

3.3.2　CBC 模式

分组密码的 CBC（Cipher Block Chaining）模式即密文分组链接模式。CBC 模式的加密方式是依次将前一个密文组与下一个明文组进行异或运算，将异或运算结果作为加密算法的输入。由于在第一个明文之前不存在密文组，因此为了格式的一致性，该模式使用了一个初始向量 IV 与第一个明文组异或作为第一个明文组加密的输入。CBC 模式的加密过程和解密过程如图 3.7所示。

CBC 模式具有如下优点。

（1）错误会扩散。如果某个密文组发生错误，则会影响到之后的所有密文组的正确解密。这种性质可有效提高密码分析者通过分析明密文之间的关系发现密钥信息的难度。同时，使用 CBC 模式的信道也要具有较高的可靠性，因为信道产生的错误也同样造成错误扩散。因此，错误扩散属性仅是 CBC 模式的特点，不完全是优点，在某些情况下可能是缺点。

（2）安全性相对较高。CBC 模式已经被证明具有较高的安全性，因此被广泛使用。

（3）可提供消息完整性保护。由于 CBC 模式对明文组的加密是依次进行的，所以任何一个明文组发生改变，都将改变其后对应的所有密文。同样，密文的任何变化也将改变其对应明文组和之后的所有明文。因此，最后的密文组可以起到消息完整性验证的作用。

CBC 模式的主要缺点是加密过程不能并行，因为每个组的加密依赖前一个组的加密结果。另外，在信道不是十分可靠的应用环境（如无线通信）中，由于 CBC 模式的错误扩散属性，偶发的信道错误也可能导致解密结果具有无法容忍的错误。

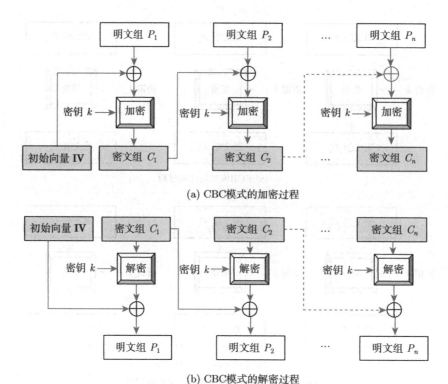

(a) CBC模式的加密过程

(b) CBC模式的解密过程

图 3.7　CBC 模式的加密过程和解密过程

3.3.3　CTR 模式

CTR（Counter）模式即计数器模式。CTR 模式不是用分组密码算法直接加密消息，而是通过加密计数器产生伪随机序列，然后将伪随机序列作为密钥流与明文进行异或运算。

在 CTR 模式中，计数器的值作为被加密的原始输入，将输出密文与被加密的明文进行异或运算，得到对应的密文。加密一个明文组后，计数器的值递增 (+1)，然后再重复上述过程加密下一个明文组。每次加密一个明文组后，计数器的值增加 1。为了保证计数器不被重复使用，要求计数器的值只能递增。但有限的计数器存储空间可能导致计数器达到最大值后又开始循环。考虑到一个分组密码的分组长度一般为 128 比特，128 比特长的计数器要想通过递增 1 的方式达到重新循环的状态在实际应用中是不可能的。因此，可以保证不同消息的加密使用不同的计数器。

CTR 模式的加密结果等效于流密码，但与流密码具有如下不同之处。

（1）密钥流的生成方式不同。流密码的伪随机序列生成器对种子密钥进行一定初始处理后，依次产生密钥流序列，但分组密码的 CTR 模式通过使用分组密码分别加密一个计数器及其依次递增值产生的一系列加密结果作为加密明文的密钥流。

（2）流密码的密钥流与明文的异或运算是一个字节一个字节进行的，而在分组密码的 CTR 模式中，分组密码加密计数器后的输出与明文组进行异或运算，是一个组一个组进行的。CTR 模式的加密过程和解密过程如图 3.8所示。

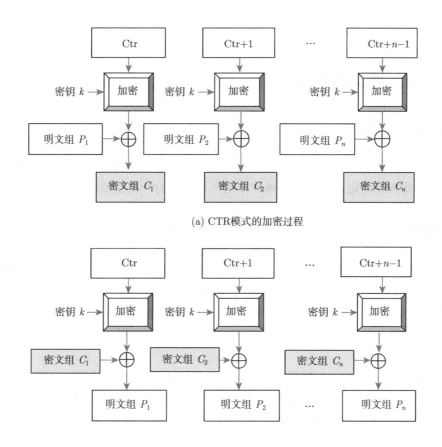

(a) CTR模式的加密过程

(b) CTR模式的解密过程

图 3.8   CTR 模式的加密过程和解密过程

分组密码的 CTR 模式具有如下优点。

（1）密文无扩张。由于不需要消息填充，因此可以保证密文与明文具有相同的长度。

（2）加密过程等同于流密码，没有错误扩散，适用于无线通信环境。

（3）只需要分组密码的加密算法。对 S-P 结构的分组密码，可节省解密算法的实现资源。

（4）加解密过程可以并行实现。

（5）安全性高，已得到广泛商业应用。

CTR 模式的缺点是通信双方需要保持一个同步的计数器。一旦计数器失去同步，则不能正确解密。由于计数器在 CTR 模式中不是一个秘密值，因此在实际应用中，发送方可以产生一个随机数作为消息加密使用的计数器，然后将计数器以明文方式发送给收信方。计数器和加密后的密文可以一起发送，不影响收信方的及时解密。

3.3.4   其他加密模式

分组密码还有其他一些加密模式，其中 CFB（Cipher Feed Back，密文反馈）模式和 OFB（Output Feed Back，输出反馈）模式是两种安全性较高的加密模式。这两种加密模式与 CBC 模式有许多类似之处，在实际应用中也不如 CBC 模式和 CTR 模式广泛，因此本书对这两种模式不做进一步介绍。

3.4 Hash 函数与消息认证码

3.4.1 Hash 函数

Hash 函数在不同的应用场景有不同的定义。密码学意义的 Hash 函数是一个将任意长度的输入消息 x 变换成固定长度输出的函数，是密码学中的一类重要函数。一个安全的 Hash 函数 $H(x)$ 应该具有如下性质。

（1）**单向性**。给定任意消息 x，计算 $H(x)$ 容易；但给定 $y = H(x)$，求找 x 是困难的。事实上，由于 $H(x)$ 可以将任意多个消息的函数定义域映射到有限个输出的函数值域，因此，满足 $H(x) = y$ 的 x 不一定唯一。因此，Hash 函数的单向性还可以进一步描述为：给定 $y = H(x)$，求得任意一个 x' 使 $H(x') = y$ 是困难的。

一个函数的输入有时称为函数的原像，函数的输出相应地称为函数的像。在这种概念下，求解 x 就是求找函数的原像，因此 Hash 函数的单向性也可以描述为：求找 Hash 函数的任一原像是困难的。

（2）**弱抗碰撞性**。给定 x，容易计算 $y = H(x)$。但如果能找到另外一个 $x' \neq x$，使其满足 $H(x') = H(x)$，则称 x' 与 x 的 Hash 值发生了碰撞。一个安全的 Hash 函数应满足如下条件：求解 x' 使其与某个已知的消息 x 具有同样 Hash 值是困难的。具有这种性质的 Hash 函数称为具有弱抗碰撞性。

由于发生碰撞的两个输入（函数的原像）对应同一个函数的输出（函数的像），因此 x' 也称为 $H(x)$ 的第二原像。在这种概念下，弱抗碰撞性可描述为：给定 Hash 函数 $H(x)$ 的一个原像 x 和函数值 $y = H(x)$，求找函数的第二原像是困难的。

（3）**强抗碰撞性**。上面介绍的弱抗碰撞针对给定的 x。如果不固定原像 x，而是直接找到两个不同的原像，即求找两个不同的值 $x_1 \neq x_2$，使得 $H(x_1) = H(x_2)$，这种情况也是一对碰撞。一个安全的 Hash 函数应满足如下条件：求找两个不同的值 $x_1 \neq x_2$，使得 $H(x_1) = H(x_2)$ 是困难的。具有这种性质的 Hash 函数称为具有强抗碰撞性。

从上述描述来看，强抗碰撞性相比弱抗碰撞性只是不限定在某个原像上。事实上，求找第二原像时虽然 x 是给定的，但也是任意的。但是，这两种情况的差别很明显。下面举个例子说明。假设人的出生日期在一年 365 天中是均匀分布的，也就是说人的出生日期是一个均匀分布的随机变量。那么在另外 n 个人中，至少有一个人跟你生日相同的概率是 $p = 1 - \left(\frac{364}{365}\right)^n$。当 $n = 253$ 时，$p = 0.50047 > 50\%$。显然，碰到一个有相同生日的人的概率是很低的，即使在小规模人群中。

但是，如果不限制寻找与你生日相同的人，而是在 n 个人中寻找任意两个生日相同的人，则结论与直觉还是有不小的差别。用数学方法可以证明，在 23 个生日随机分布的人中，存在两个人生日相同的概率大于 50%。这就是著名的生日悖论问题。这不是逻辑上无论如何都导致矛盾的悖论，而是有悖于直觉的结论。Hash 函数的强抗碰撞攻击的性质就来源于这一生日悖论问题。

典型的 Hash 函数包括 MD5、SHA1、SHA-256、SHA-384、SHA-512 等。这些 Hash 函数已先后成为国际密码标准。国内的 Hash 函数标准算法是 SM3（密码行业标准号 GM/T 0004—2012），该算法基于 32 比特的字运算，输出 256 比特作为 Hash 函数值。

3.4.2　消息认证码（MAC）

Hash 函数的作用是将一个消息映射到一个固定长度的字符串，而且满足多个条件，包括求解原像困难，求解第二原像困难，寻找碰撞困难。这种性质可用作消息的错误校验。当需要发送消息 x 时，将其 Hash 函数值 $y = H(x)$ 也附上，即发送 $x\|y$，其中符号 $\|$ 是两个字符串的连接符。如果在传输过程中，x 发生了错误，变成了 x'，则 $y = H(x')$ 成立的可能性很低，因此可以发现消息遭损坏。如果 Hash 函数值 y 发生了错误，变成了 y'，则 $y' = H(x)$ 显然不可能，也作为错误消息对待。如果 x 和 y 同时发生错误，那么等式 $y' = H(x')$ 成立的可能性可以忽略不计。

这种校验功能可以发现消息在传输过程中受物理环境影响（如信号干扰）造成的损坏。但是，对人为篡改则无法检测，因为人为篡改消息 x 后，可以将 Hash 函数值 y 替换为篡改后的 Hash 函数值。

为了防止消息在传输过程中被恶意非法篡改，可使用消息认证码技术。消息认证码的实际功能是用于校验消息的完整性。与传统通信中对消息的校验不同，传统通信中校验的目的是针对通信信道造成的偶发性少量错误，而消息认证码针对的是攻击者苦心设计的攻击。消息认证码的计算需要一个秘密值（消息完整性保护密钥）的参与，攻击者如果非法篡改消息，必须在修改消息认证码后才有可能通过完整性验证。但是由于攻击者不掌握密钥，很难构造出一个对应其篡改后的消息的认证码，因此很难通过消息完整性验证过程。

MAC 算法的设计有多种不同的方法，其中基于 Hash 函数的设计最为有效，并且便于商业应用。基于 Hash 函数的 MAC 算法的基本原理是，将消息 m 和密钥 k 共同作为 Hash 函数的输入，其输出就是 MAC 算法输出，即消息认证码的值。例如，令 $h = H(m\|k)$，则 h 可以作为 m 的消息认证码。发送消息 m 时附带其消息认证码 h，即传输 $m\|h$。

密码学家经过了深入分析论证，设计出多种更为科学的 MAC 算法。其中一类算法称为 H-MAC[19]，其结构如下：

$$\mathrm{HMAC}(K, M) = H(K \oplus \mathrm{Opad} \| H(K \oplus \mathrm{Ipad} \| M))$$

其中，H 是一个已知的 Hash 函数，如 MD5、SHA1、SHA2、SM3 等；M 是被保护的消息，K 是用于消息认证的密钥；Opad 和 Ipad 分别用 0x5c 重复 B 次和 0x36 重复 B 次而得，其中 B 是 Hash 函数 H 中处理消息组的大小。

3.5　公钥密码算法

对称密码算法的实现一般通过一系列精心设计的数学变换过程，变换的目的是实现 Shannon 提出的密钥和明文的混淆，以及明文冗余度的扩散。一般来说，对称密码算法的设计比较复杂。公钥密码算法的设计一般基于某个难解的数学问题，其加密过程与解密过程具有明确的数学表达式。

与对称密码算法相比，公钥密码算法在使用上更方便，无须预先在通信双方之间共享一个密钥，适合群体参与的商业活动场景，为即时保密通信提供了便利。但是，公钥密码的缺点是算法效率低。一般来说，商用对称加密算法的数据加密速度比一般的公钥密码算法快数百倍甚至数千倍。如果将公钥密码算法与对称密码算法结合使用，则可以同时拥有便利性和高效率。

下面简单介绍几种著名的公钥密码算法，方便读者了解公钥密码算法。

3.5.1　RSA 公钥密码算法

1978 年，三位密码学家（Rivest、Shamir 和 Adleman）合作设计了一种公钥密码算法 [29]。这种公钥密码算法取得了极大成功，得到广泛商业应用。后来，人们将该公钥密码算法称为 RSA 公钥密码算法。

RSA 公钥密码算法从建立到使用的全过程称为 RSA 公钥密码体制，包括如下几个阶段。

（1）**系统建立**。选择两个大素数 p 和 q，令 $n = pq$。按照一定规则随机选择小于 n 的整数 e 和 d，使其满足 $ed \bmod (p-1)(q-1) = 1$。则公开 (e, n) 为用户公开密钥，保留 d 作为对应的用户私钥。

（2）**加密算法**。给定明文 $m < n$，则加密算法为 $c = m^e \pmod{n}$。

（3）**解密算法**。给定密文 c，则解密算法为 $m = c^d \pmod{n}$。

RSA 公钥密码算法的安全性基于大整数的素因子分解这个数学难题。要判定一个大整数是否为素数，有许多快速有效的算法。但是，判定一个数为合数，与能找到这个数的一个非平凡因子是两件事。如果能找到一种有效的算法对大整数进行素因子分解，则 RSA 密码算法就能被破译，也就是说，即使不知密钥，也能根据密文和公钥信息恢复出原始明文。但是，到目前为止还未找到一种有效的整数分解算法。虽然还没能证明 RSA 的安全性与大整数的素因子分解具有同等难度，但多数研究人员认为破解 RSA 公钥密码算法与模数 n 的素因子分解问题具有同等难度。

RSA 公钥密码算法是基于大整数分解这一困难问题的。RSA 公钥密码的提出和影响力，推动了人们对计算数论的研究热度。

3.5.2　ElGamal 公钥密码算法

除整数分解这一困难问题外，另外一个计算难题是在模素数条件下求解对数，称为离散对数问题。1985 年，ElGamal 设计了一种基于离散对数的公钥密码算法 [10]，开启了基于离散对数这一困难问题的公钥密码研究的大门。

首先介绍离散对数问题。设 p 是一个素数（充分大的素数），$g < p$ 是某个整数。给定整数 x，则计算 $y = g^x \pmod{p}$ 是容易的，这是模幂运算。但是，给定 y，求解 x 使其满足等式 $y = g^x \pmod{p}$ 则是困难的。如果没有模 p 运算，则 $x = \log_g y$ 是标准的对数问题。但在模 p 条件下，任何小数都失去意义，求解实数对数的方法不再适用。科学家们经过多年的研究，仍然认为求解离散对数是困难的。

基于离散对数难题，ElGamal 设计的公钥密码方案包括如下几个步骤。

（1）**系统建立**。选择一个大素数 p 和整数 $g < p$。用户选择一个随机数 $x < p$ 作为私钥，对应的公钥为 $y = g^x \pmod{p}$。

（2）**加密算法**。给定消息 m。加密者随机产生一个与 $p - 1$ 互素的数 k，计算 $a = g^k \pmod{p}$，$b = y^k m \pmod{p}$，则密文为 (a, b)。

（3）**解密算法**。给定密文 (a, b)，则解密算法为

$$m = b / a^x \pmod{p}$$

若在加密算法中使用了公钥 y，则任何掌握公钥信息的人都能实施加密算法。若在解密算法中使用了私钥 x，则只有掌握私钥信息的人才能正确解密。

需要说明的是，在加密算法中用到模 p 下的除法运算，模除运算等价于求逆和模乘，前提条件是被除数在模 p 意义下存在逆。在 ElGamal 公钥密码算法中，a^x 与 p 互素，显然存在逆，因此模除有意义。事实上，使用扩展 Euclidean 算法，可以快速求得一个数相对另一个与其互素的数的逆。简单来说，给定两个互素整数 m 和 n，则扩展 Euclidean 算法可以快速求得整数 u 和 v，使得 $mu + nv = 1$。等式两边同时进行模 n 运算，则得到 $mu \bmod n = 1$，即 u 是 m 在模 n 意义下的逆。同样，得到 $nv \bmod m = 1$，即 v 是 n 在模 m 意义下的逆。

进一步分析不难发现，假设求解离散对数问题是困难的，在不掌握私钥 x 的情况下，根据密文求解明文至今没找到有效算法。这表明 ElGamal 公钥算法是安全的。

3.5.3　椭圆曲线密码算法

椭圆曲线密码（Elliptic Curve Cryptography，ECC）是基于椭圆曲线数学的一种公钥密码算法。椭圆曲线在密码学中的使用由 Neal Koblitz [21] 和 Victor Miller [17] 于 1985 年分别独立提出。

椭圆曲线是一种特殊的代数结构。应用于密码学的椭圆曲线是定义在特征值大于 3 的有限域 $GF(p)$ 上的椭圆曲线，即方程

$$y^2 = x^3 + ax + b$$

所有的解 (x, y) 连同无穷远点 $O(0,0)$ 构成的集合，其中系数 a 与 b 应满足条件

$$4a^3 + 27b^2 \neq 0 \pmod{p}$$

定义椭圆曲线上点的加法、减法，则构成一个加法群。设 E 是有限域 $GF(p)$ 上定义的椭圆曲线，P 是 E 上的一个点，$Q = kP$（k 是整数，即 P 与自身相加 k 次）是 E 上的另一个点。给定 P 和 Q，求解 k，就是椭圆曲线上的离散对数问题。这里借用了"离散对数"概念，因为与离散对数的逻辑意义相同。解决基于椭圆曲线上的离散对数问题更困难，因此基于椭圆曲线离散对数的公钥密码算法可以使用更小规模的参数来达到基于其他难题的公钥密码所能达到的同样安全程度，这也是基于离散对数的密码算法受到额外重视且发展很快的原因。

2010 年，国家密码管理局发布了国家标准 SM2，这是一种基于椭圆曲线的公钥密码算法。由于椭圆曲线密码算法有着较为复杂的数学表达式，本书不做详细介绍。有兴趣的读者可以参考密码学方面的书籍，或者阅读相关标准的文档说明。

3.6 数字签名算法

数字签名是公钥密码的另一种形式。有些公钥密码适用于数据加密，有些则适合用于数字签名。有些公钥密码可以具有数据加密和数字签名两种功能。但一般情况下，一个公钥密码在用于数据加密和用于数字签名时，分别有不同的参数设置。

与用于数据加密的公钥密码方案一样，数字签名方案也基于公钥密码体制。因此，在数字签名方案中，假设有一个适合数字签名的公钥密码算法，系统中每个用户都有一个公钥 pk 和对应的私钥 sk。一个数字签名方案包括两个算法：签名算法 Sign 和签名验证算法 Verify。这两种算法简单描述如下。

（1）**签名算法 Sign**：给定消息 m，则 Sign 算法的输出 $s = \mathrm{Sign}_{\mathrm{sk}}(m)$ 是消息 m 的数字签名。签名算法的执行需要使用用户的私钥 sk。

（2）**签名验证算法 Verify**：给定消息 m 和数字签名 s，假设验证者获得签名用户的公钥 pk，则验证算法 Verify 的工作原理是验证 $\mathrm{Verify}(\mathrm{pk}, m, s) = \mathrm{TRUE/FALSE}$，即输入公钥 pk、消息 m，以及数字签名 s，验证算法 Verify 将输出 TRUE 或 FALSE，以判断 s 是不是公钥用户对 m 的合法签名。

数字签名算法是一种模拟物理签名的数字变换过程，满足如下条件。

（1）**不可伪造性**：给定一个消息 m，如果不掌握私钥，要伪造一个能通过验证算法检验的假签名，在计算上不可行。

（2）**公开验证性**：任何掌握公钥信息的人都可以验证数字签名的合法性。

由于数字签名是不可伪造的，因此数字签名也提供不可否认性，正如物理签名不可否认一样。但是，无论是物理签名还是数字签名，都存在伪造的可能。例如，用户私钥可以被窃取，于是窃取者可以对任何消息伪造数字签名，而且都能通过验证算法的检验。但是，私钥盗取不是密码算法本身的问题。对密码算法来说，只要能确保在不掌握私钥的情况下，伪造签名的成功率很低，在实际应用中就有意义。

为了说明如何使用公钥密码设计数字签名，下面通过 RSA 公钥密码说明其原理。RSA 签名方案与 RSA 公钥加密方案的设置是类似的。假设某用户的公钥为 (e, n)，私钥为 d，则对消息 m 的签名过程和验证过程如下。

（1）**签名产生过程**：给定消息 m 和用户私钥 d，计算 $s = m^d (\mathrm{mod}\, n)$，得到的 s 就是消息 m 的数字签名。

（2）**签名验证过程**：给定消息 m、数字签名值 s 和用户公钥 (e, n)，验证是否满足如下等式

$$s^e \bmod n = m$$

注意，在验证数字签名时，需要同时用到被签名的消息和签名结果，否则无法验证。这说明数字签名算法本身不提供数据机密性。虽然上述描述的签名验证过程是验证等式是否成立，其结果等同于 TRUE/FALSE 的值。

当被签名的消息量较大时，将消息分割成不同的消息组后分别签名显然不是最高效的方式。一种更好的方法是使用 Hash 函数 $H(x)$，签名时只针对消息 m 的 Hash 函数值 $H(m)$

进行签名即可。基于 Hash 函数的 RSA 签名算法可写为

$$s = H(m)^d \bmod n$$

相应地，对数字签名的验证算法是验证如下等式是否成立：

$$s^e \bmod n = H(m)$$

显然，在数字签名中使用 Hash 函数时，签名者和验证者都应拥有同样的 Hash 函数。一般地，密码算法中使用的 Hash 函数都是公开的，而且很可能是标准 Hash 算法，因此很容易满足签名者和验证者都拥有同样的 Hash 函数这一要求。

除 RSA 公钥密码算法和 RSA 数字签名算法外，还有多种其他公钥密码和数字签名方案。典型的基于离散对数的数字签名方案包括 Schnorr 数字签名方案[33]，数字签名标准（Digital Signature Standard, DSS[46]）等。另外，还有一类基于椭圆曲线的数字签名方案。

3.7 密钥管理

密码算法的应用是提供信息安全服务。无论是数据加密、消息认证码，还是数字签名，都需要一个密钥。因此，密钥管理就成为信息安全的前提。

3.7.1 对称密钥管理

密钥管理包括许多方面的内容，例如密钥生成、密钥分配、密钥协商、密钥更新、秘密共享、密钥撤销等。对这些密钥管理问题的进一步描述如下。

1. 密钥生成

对称加密算法的密钥就是一个固定长度的随机数，而且越随机越好。因此，使用随机数生成器生成一个随机数当作密钥，具有最好的随机性。如何设计随机数生成器是密码学的一个重要研究课题。

如果通信双方已经预先拥有了某个秘密信息，即共享密钥，数据加密时可以使用这个共享密钥（称为种子密钥）通过某种变换生成会话密钥。这种由已有密钥生成新密钥的过程一般包括如下几个方面。

（1）**种子密钥** k_0。假设通信双方拥有共享密钥 k_0。

（2）**密钥生成函数 KGF**。假设通信双方拥有某种伪随机数生成器，该生成器以 k_0 为初始状态，可以生成另一个伪随机数 k_1。该过程可以继续，即以 k_1 为初始状态，生成另一个伪随机数 k_2，依次类推。这种用于生成会话密钥的伪随机数生成器称为密钥生成函数（Key Generation Function，KGF）。

（3）**会话序列号** R。通信的一方向另一方发送一个序列号 R，具有一定随机性但无须完全随机。该序列号用作 KGF 函数的初始向量。有些 KGF 函数不需要序列号，则该参数可省略。

（4）**计算会话密钥** k。通信双方计算 $k = \mathrm{KGF}(R, k_0)$，即得到会话密钥 k。一旦通信会话结束，会话密钥即失效。

2. 密钥分配

当通信双方需要进行保密通信时，需要拥有相同的共享密钥。共享密钥的建立一般由一方传送给另一方。在多个用户和一个服务器的通信模式中，由服务器向用户分配密钥是合理的密钥建立方式。

密钥的建立往往需要一条特别的秘密信道。在互联网时代，需要保密通信的用户可以是普通用户、厂商或其他个人或团体。在有 n 个用户的集合中，如果需要在每两个用户之间提前建立一个单独的共享密钥，则需要建立 $\dfrac{n(n+1)}{2}$ 个不同的共享密钥。考虑密钥需要更换，在群体内使用对称密码算法时，在公钥密码被发现之前，对称密钥的建立是一个具有实际挑战性的问题。

3. 密钥协商

密钥分配是由通信的一方将自己生成的密钥通过某种方式（秘密信道）传送给另一方。密钥协商则是由通信双方通过交换某些信息后，共同生成的一个秘密信息，而且这个秘密信息无法根据双方交换的信息计算出来。密钥协商的思想是由 Diffie 和 Hellman 提出的，称为 Diffie-Hellman 密钥协商协议 [9]。

4. 密钥更新

密钥更新不是简单地发送一个新密钥并宣布替换旧密钥，而是需要通过某种安全机制保护来完成密钥更新。一般情况下，假设旧密钥 k_1 要被新密钥 k_2 替换，则需要使用旧密钥加密新密钥，并通过一种密钥更新协议，使得密钥更新能满足密钥更新指令的真实性、密钥数据的完整性、密钥的机密性等安全要求。

如果担心旧密钥可能被泄露，则可以使用专门用于密钥更新的一个密钥进行加密。但这种安全机制在实际中的需求不大。

5. 秘密共享

秘密共享是一个如何管理秘密信息的问题，多用于安全要求较高的领域，如军事领域。秘密共享是一种协议，由多个人共同掌握一个秘密信息（如密钥），每个人分享的数据都不是密钥，也都无法自己恢复密钥，但当一定数量的人将他们分享的数据提供出来时，就可以计算出原始秘密信息。典型的秘密分享协议是 Shamir 提出的 (k, n) 门限秘密分享协议。

相比对称密钥，公钥的管理似乎非常简单，因为公钥信息可以公开。对应公钥的私钥信息由用户自己负责保管即可。实际上，公钥的管理也有许多问题，主要问题来源于信任，即如何确信某个公钥的真正属主是谁。解决这个问题的有效方法是使用公钥证书，关于这方面的内容将在后面介绍。

3.7.2 Diffie-Hellman 密钥协商方案

1977 年，Diffie 和 Hellman 发表了一篇题为密码学新方向的论文，提出了一种通过公开信道建立双方共享秘密信息的方法。该秘密信息可以作为对称加密算法的密钥使用，因此

Diffie 和 Hellman 提出的方法被人们称为 Diffie-Hellman 密钥协商方案。该方案为对称密码的密钥协商问题提供了一种精巧的解决方法。

假设有两个用户（分别记为用户 A 和用户 B），则在 Diffie-Hellman 密钥协商方案中，要求用户 A、用户 B 先约定一个大素数 p 和一个整数 $g < p$。然后，密钥协商过程包括如下步骤。

（1）用户 A 选取随机数 a，计算 $\alpha = g^a \pmod p$，并将 α 通过公开信道发送给用户 B。

（2）用户 B 选取随机数 b，计算 $\beta = g^b \pmod p$，并将 β 通过公开信道发送给用户 A。

（3）用户 A 计算：$k_1 = \beta^a \pmod p$。

（4）用户 B 计算：$k_2 = \alpha^b \pmod p$。

不难验证，$k_1 = k_2 = g^{ab} \pmod p$。这说明用户 A 与用户 B 通过上述步骤得到一个共享密钥 $k_1 = k_2$。

关于 Diffie-Hellman 密钥协商方案的安全性，假设攻击者得到系统参数 p 和 g，以及用户 A 与用户 B 之间的所有通信数据，即 α 和 β。假设求解模 p 离散对数问题是困难的，则求解密钥 $k = g^{ab} \pmod p$ 也是困难的。

给定 $\alpha = g^a \pmod p$ 和 $\beta = g^b \pmod p$，求解密钥 $k = g^{ab} \pmod p$ 的问题，被称为著名的 Diffie-Hellman 计算问题。Diffie-Hellman 计算问题被认为是与离散对数问题难度相近的困难问题。这一结论至今没有得到证明或反证。另一个相关的问题是：给定 $\alpha = g^a \pmod p$、$\beta = g^b \pmod p$ 和某个数 c，判断 c 是否等于 $g^{ab} \pmod p$。这一问题也被认为是困难问题，称为 Diffie-Hellman 判定问题。显然，Diffie-Hellman 判定问题的难度不大于 Diffie-Hellman 计算问题的难度，Diffie-Hellman 计算问题的难度不大于离散对数的难度。

基于 Diffie-Hellman 计算问题的难解性假设，Diffie-Hellman 密钥协商协议对被动攻击者来说是安全的，也就是说，攻击者仅窃听 Diffie-Hellman 密钥协商协议中通信双方的数据，而不对数据进行篡改或伪造。但是，对主动攻击者来说，即攻击者在 Diffie-Hellman 密钥协商协议执行过程中能够主动篡改数据时，Diffie-Hellman 密钥协商协议不再安全。

准确地说，Diffie-Hellman 密钥协商协议存在中间人攻击。简单地说，如果攻击者 Eve 生成随机数 c，计算 $\gamma = g^c \pmod p$，然后假冒用户 B 与用户 A 执行 Diffie-Hellman 方案得到共享密钥 $k_1 = g^{ac} \pmod p$，并且假冒用户 A 与用户 B 执行 Diffie-Hellman 方案得到共享密钥 $k_2 = g^{bc} \pmod p$。中间人攻击过程如图 3.9所示。虽然中间人即攻击者 Eve 获得的两个密钥不相同，即 $k_1 \neq k_2$，但当用户 A 与用户 B 进行保密通信时，攻击者 Eve 可以使用 k_1 解密来自用户 A 的消息和加密发送给用户 A 的消息；同样，攻击者 Eve 使用 k_2 解密来自用户 B 的消息和加密发送给用户 B 的消息，这在用户 A 与用户 B 看来似乎他们之间的保密通信很正常，但攻击者 Eve 却完全掌握用户 A 与用户 B 之间的通信内容，而且还可以假冒用户 A 与用户 B 通信或假冒用户 B 与用户 A 通信。显然，这种中间人攻击要求攻击者完全截获用户 A 与用户 B 之间的所有通信数据，否则容易被发觉。

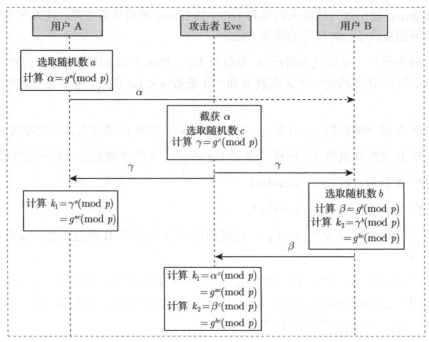

图 3.9 Diffie-Hellman 密钥协商协议中间人攻击过程

3.7.3 使用公钥建立共享对称密钥

Diffie-Hellman 密钥协商方案需要通信双方交换消息,然后分别计算得到相同的密钥。如果通信代价(时间延迟、带宽占用、电能消耗等)是个不可忽略的因素,那么使用公钥加密算法来传递对称密钥是一种更为有效的方法。

假设通信双方即用户 A 与用户 B 之间有一个公钥算法。当用户 A 将消息 m 以密文的方式发送给用户 B 时,用户 A 生成一个随机数 k 作为消息 m 的加密密钥,并使用对称加密算法加密消息 m 得到 $c_1 = E_k(m)$。同时,用户 A 使用用户 B 的公钥 $\mathrm{pk_B}$ 和公钥加密算法 Enc 加密 k 得到 $c_2 = \mathrm{Enc_{pk_B}}(k)$。用户 B 收到密文 c_1 和 c_2 后,使用自己的私钥解密 c_2 得到对称密钥 k,然后使用 k 和对称加密算法对应的解密算法解密 c_1 得到消息 m。这样,对称密钥的传输可以随密文消息一起完成。这种将公钥密码算法与对称加密算法相结合的方法称为混合加密方案。这种混合加密方案既保持了公钥密码使用上的便利特性,也充分发挥了对称加密算法速度上的优势,因此在实际中被广泛使用。

3.7.4 公钥证书和 PKI

公钥密码算法可以用来传递对称密钥,而公钥本身也需要有合理的管理方案。在使用公钥密码加密数据或验证数字签名时,总是假定某个用户(如用户 A)掌握了另一个用户(如用户 B)的公钥。但是,这一假设条件在实际中可能遇到挑战。那么,如何让用户 A 获得用户 B 的公钥呢?最直观的方式是让用户 B 将其公钥发送给用户 A。但这个过程可能是假冒的,即某个攻击者 Eve 声称自己是用户 B 并将自己的公钥发送给用户 A,于是用户 A 本来应该发送给用户 B 的秘密消息实际发送给了攻击者 Eve。能否将用户的公钥公布在某个网站？这种方式虽然看似更可靠一些，但也存在钓鱼网站，可以随意公布假冒的用户公钥。

上述问题归根到底是一个信任问题，也就是如何才能信任某个公钥是真实的。如果有一个可信第三方，由这个可信第三方公布用户的公钥信息，则可信度会高一些。实际上，可信第三方无须将用户公钥公布在某个网站上，因为网站也有可能被入侵者篡改。一种更科学的方法是使用公钥证书，即一个由可信第三方签名的、将公钥信息和用户身份信息绑定的电子凭证。其他用户获得该用户的公钥证书后，使用可信第三方的公钥来验证签名的有效性，从而可确信证书中的公钥属于证书中的那个用户身份。签发公钥证书的可信第三方称为证书签发机构（Certification Authority，CA）。除了公钥和身份信息，公钥证书一般还包括其他信息，如 CA 的身份（如果在系统中，CA 不是唯一的可信第三方）、证书的有效期（避免证书被无限期使用）、证书的用途（避免证书被滥用）等。

公钥证书需要一套科学的管理系统，该系统称为公钥基础设施（Public Key Infrastructure，PKI）。最著名的公钥基础设施是 X.509 国际标准 [49]，这是由国际电信联盟（ITU-T）制定的数字证书标准。公钥证书有规范的格式，对证书的签发、验证、撤销等都有规范流程。

X.509 公钥证书分为不同的种类，包括普通公钥证书、属性公钥证书、资格公钥证书等。公钥证书的种类如表 3.1所示。

表 3.1　公钥证书的种类

种类	说明
公钥证书（Public Key Certificate）	证明公钥及其所有者身份
属性证书（Attribute Certificate）	证明拥有公钥证书的用户的权限。可以和公钥证书一起使用，是在 2000 年的 X.509 中追加的种类
资格证书（Qualified Certificate）	对于自然人颁发的证书，主要用于数字签名

一个典型的 X.509 公钥证书的内容示例如表 3.2所示。

表 3.2　X.509 公钥证书的内容示例

```
Version（版本号）
Serial Number（序列号）
Signature Algorithm ID（签名算法标识）
Issuer Name（发行者）
Validity（有效时长）
  Not Before（有效开始日期）
  Not After（失效日期）
Subject Name（主体名称）
Subject Public Key Info（主体公钥信息）
  Algorithm（算法）
  Subject Public Key（主体公钥）
Issuer Unique ID（发行者唯一身份标识）
Subject Unique ID（主体唯一身份标识）
Extensions （扩展域）
  ExtnID（扩展标识）
  Critical（重要程度）
  ExtnValue（扩展值）
Signature Algorithm（签名算法）
Signature Value（签名值）
```

从表 3.2中不难看出，一个公钥证书包括许多内容，其最根本的目标是获取证书拥有者的身份及对应的公钥。通过对公钥证书中 CA 签署的数字签名的验证（使用 CA 的公钥），可以确信证书中的公钥和某个身份关联关系或权属关系。

最后还需要解决一个问题：如何确定这个 CA 不是假冒的呢？这个问题可以通过初始信任的建立来解决。传统的方法是在产品（硬件产品或软件产品）中预置某个证书签发机构 CA 给自己签发的公钥证书，称为 CA 根证书或 CA 自签证书。根证书提供信任的基础（初始信任），由此可以验证该签发者签发的其他公钥证书。

密钥管理的目的是用于数据加密，但可靠的密钥管理需要以身份鉴别作为前提。为了将身份鉴别过程和数据加密过程更好地结合，人们设计了一类称为认证加密（Authenticated Encryption）的算法 [2]，更准确地说，这是一种协议。在许多物联网应用中，一次通信连接所传递的数据（如抄表数据）较少，将身份鉴别和数据加密相结合的技术非常适合这类物联网应用。

3.8　小结

本章介绍了密码学的基础知识，包括数据加密的原理、加密算法的分类、分组密码的加密模式、典型的公钥密码算法和数字签名算法，以及密钥管理等。这些内容都是物联网信息安全技术的基础。本章对不同加密算法的特点也进行了简单介绍，以说明在一个应用系统中有时需要使用多种不同的数据加密算法的原因。本章以介绍概念和基本原理为主，没有涉及深奥的技术细节。

第4章

典型物联网安全技术 ————

4.1 引言

连接网络的任何信息系统都可能遭受网络攻击的威胁。除了拒绝服务攻击（Denial of Service, DoS）和分布式拒绝服务攻击（Distributed Denial of Service，DDoS），最具有威胁性的攻击就是入侵到系统内部，获取某些权限，然后进行非法操作。网络安全防护的首要任务是保护设备或系统免遭网络入侵。但安全保护只能增加攻击的难度，不能完全避免被成功入侵。特别是攻击者可能掌握某些特殊信息，如系统漏洞、软件漏洞、协议漏洞等，这些漏洞是网络入侵最常见、最难防的入侵攻击手段。根据 US-CERT 的有关报告，2020 年 NVD 漏洞数据库记录了 17 447 个漏洞，其中 4168 个是高严重性漏洞（高危漏洞）。由此可见，系统漏洞一直是网络环境难以防范的安全隐患。因此，安全保护需要考虑入侵前的保护（事前防护）、入侵后开始实施攻击过程的保护（事中检测），以及入侵并实施攻击后的系统恢复（事后恢复）。

为了防止网络攻击，人们提出了不同的网络安全防护模型，如美国互联网安全系统公司（ISS）提出的 PDR 模型和美国国防部提出的 PDRR 模型。PDR 模型包括如下内容：保护（Protection）、检测（Detection）、响应（Response）。PDRR 模型包括如下内容：保护（Protection）、检测（Detection）、响应（Response）、恢复（Recovery）。另外，还有其他多种针对不同安全防护的模型。

不难看出，PDR 模型中的保护（Protection）是遭受攻击前的保护措施，是事前行为；PDR 模型中的检测（Detection）是遭受攻击（特别是入侵）后的检测措施，是事中行为；PDR 模型中的恢复（Response）是使被攻击损坏的系统重新正常工作的恢复措施，是事后行为。PDRR 模型中的响应和恢复都是事后行为。

显然，PDR 模型也是适合物联网系统的安全保护。但是，物联网系统包括物联网设备和物联网数据中心。物联网设备具有许多特殊限制，如资源受限；而物联网数据中心则是功能强大的数据处理平台，其安全防护措施与传统信息系统的安全防护措施有许多类似之处。因此，物联网的安全防护更多地关注物联网设备的安全防护。

即使按照 PDR 模型，物联网设备的安全防护与传统信息系统的安全防护也有较大差别，包括保护程度和所采取的技术方法。例如，对物联网设备的保护（Protection）主要依靠物理方法，如防偷、防干扰、防电磁泄漏、防物理破解等；对物联网设备的检测（Detection）方法，根据物联网设备的用途和性能，不同应用系统之间也有很大差别。例如，操作安全（OT 安全）技术在一些应用场景中可以提供有效的安全保护。对物联网设备的恢复（Recovery）方法，所采取的技术措施多种多样。例如，一些低成本的物联网设备（如传感器）在遭受攻击后可以被丢弃、重置，一些功能强的物联网设备在遭受攻击后可以重启或对系统进行初始化操作。而在工业控制系统中，对可能遭受攻击的主控机的恢复方法通常是使用备份设备，有些设备甚至处在运行状态就随时准备替换，称为热备份。

根据第 2 章的介绍已知，攻击者入侵物联网系统和物联网设备可能有不同的目的。如果攻击者的目的是获取信息，则这类攻击更可能针对数据处理中心；如果攻击者的目的是破坏系统，则任何连接网络的信息系统都可能成为攻击对象。早期的计算机病毒以破坏计算机系统为主，但近年来这种破坏被勒索病毒 [38] 取代。勒索病毒入侵系统后对数据进行加密，并声称，如果交付满足要求的赎金，则可以为其解密。这是一种更为智能的破坏，并且给攻击者带来非法利益。如果攻击者的目的是假冒身份发送伪造的数据，则攻击者需要针对具体的通信协议进行入侵，而且明确伪造数据的目的。如果攻击者的目的是控制终端设备，则被攻击目标很可能是工业控制系统或类似的系统；如果攻击者的目的是控制网络设备，组成庞大的僵尸网络发动 DDoS 攻击，则数量不断增加的物联网设备是攻击者的重要目标。

针对不同的攻击目的，需要设计不同的安全防护技术。本章将针对不同的攻击目的，分析讨论针对物联网系统的安全防护技术。

4.2 防止信息被盗

物联网设备和系统遭受攻击者入侵后，攻击者的目的可能是为了获取某些关键数据。这类目的的攻击对象是那些包含有价值的数据的设备和系统，如智能手机和数据处理中心等。

防止信息被盗，不等于防止数据被盗，因为攻击者入侵系统后盗取数据几乎是不可避免的。如果对数据实施机密性保护，则攻击者无法利用盗取的数据，达不到盗取信息的目的。简单地说，防止信息被盗可以通过数据加密技术来解决。

在物联网系统中，即使最成熟的数据加密技术也可能受到挑战，因为有些物联网设备资源受限，处理能力不高，所处理的数据量不大，但并不意味着所处理的数据重要程度不高。因此，这类设备可能不具备实现加密算法所需的硬件或软件资源。考虑到这种特殊需求，适合物联网广泛应用的数据加密技术需要具有轻量级特性，使用少量硬件或软件资源就可以实现。

对于什么样的加密算法是轻量级算法没有严格的定义，也无法给出严格的定义，因为轻量级本身是一个定性描述。根据 RFID 设计标准，RFID 标签一般有 1000~10000 个 GE（Gate Equivalent，等效门），其中仅有 200~2000GE 可用于信息安全处理。参照这个量化指标，人们就相应地将轻量级密码算法定义为那些等价于 2000GE 硬件资源之内可以实现的密码算法。确切地说，2000GE 硬件资源只是一个参照，一些终端感知节点可以实现更大资源的密码算法，而另外一些终端感知节点（如植入式医疗传感器）对硬件资源的限制要苛刻得多。因此，轻量级密码算法可以有不同的性能参数指标。

由于对轻量级密码算法需求的推动，近几年，轻量级密码的研究非常火热。例如，欧洲的 ECRYPT II 项目就设置了轻量级密码研究专题。轻量级密码算法设计的关键是，处理好安全性、实现代价和性能之间的权衡。目前，已经有多种专门为低资源环境设计的轻量级分组密码算法，如 PRESENT、CLEFIA、HIGHT、TEA、KATAN 和 KTANTAN 等。PRESENT[3] 分组密码最早发布于国际学术会议 CHES 2007，CLEFIA[36] 分组密码最早发布于国际学术会议 FSE 2007，这两个密码算法已成为 ISO/IEC 标准；国内学者也设计了轻量级分组密码算法，如 LBlock[41] 和 Rectangle[43] 等。

除了密码算法，密钥管理也需要具有轻量级特性。在实际应用中，许多资源受限的物联网设备在出厂前就被预置一个密钥，用于数据加密。当然，相应的数据处理中心应该掌握物联网设备对应的密钥，否则将无法解密这些设备加密的数据。

如果密钥是固定不变的，则密钥管理不是很困难。但是，长时间使用固定不变的密钥导致安全性不高。因此，物联网设备应该具有密钥更新功能。对物联网设备来说，密钥更新还应考虑如下方面：

（1）在线更新，即无须物理接触。

（2）密钥更新协议具有轻量性特点，要求数据量、通信量、计算量都在资源受限设备的允许范围内。

（3）批量更新。有时需要批量更新设备的密钥，但不一定要求批量设备使用同一个密钥。

如何安全高效地更新物联网设备的密钥，是物联网安全体系中轻量级密钥管理问题。

4.3 防止系统遭受破坏

物联网设备和系统遭受攻击者入侵后，攻击者的目的可能是制造破坏。网络攻击者对系统的破坏在不同时期表现出不同的方式，从早期的纯粹破坏，到后期的窃取信息，再到近期的勒索病毒甚至针对工业物联网系统的定向攻击，逐步形成网络攻击武器库和网络战争的态势。

4.3.1 使系统瘫痪

攻击者可以通过多种不同的方式使被攻击的系统不能正常工作甚至瘫痪。下面介绍几种造成系统瘫痪的典型攻击方式。

1. 病毒自我复制，耗尽系统资源

早期，有一类计算机病毒的行为模式是不断复制自己，直到将系统资源耗尽，包括存储资源和内存资源。因为自我复制的增长速度是指数级的，因此很快便可以消耗掉一个系统的资源。这样，系统便失去了正常的工作能力。

病毒发挥作用的前提是进入操作系统。对于进入一个系统，病毒设计者采用了不同的技术手段，有些手段包括社会学、心理学等方法。例如，发送一个看上去非常重要的邮件，引诱接收者点击链接，这样病毒就被下载到邮件接收者的计算机内，开始感染系统和进一步传播。如果攻击者发现通信协议的漏洞或操作系统的漏洞，通过这些漏洞传输病毒则更具有威胁性，更不容易被觉察，包括躲避病毒查杀软件的检测。

传统计算机病毒的攻击目标一般是传统意义上的信息系统。防止系统遭受病毒入侵攻击的方法包括修复系统漏洞、使用正规软件、使用杀毒软件、慎重对待有风险的操作，如点击不明链接、下载不明软件等。物联网设备遭受这种消耗系统资源的病毒攻击的情况不多，这种消耗系统资源的病毒是针对某种特定操作系统设计的，而且逐步被勒索型病毒所取代。

2. DoS 攻击和 DDoS 攻击

某些系统有着严格的安全防护措施，包括入侵防御系统（Intrusion Prevention System，IPS）和入侵检测系统（Intrusion Detection System，IDS）。病毒要想进入这样的系统且在破坏系统时不被发现是很困难的。但是，攻击者可以通过其他暴力手段消耗系统资源，达到使其丧失正常服务能力的目的。这类攻击就是拒绝服务攻击。在正常的 TCP 通信协议中，服务器对连接请求应答后会等待对方的确认。典型的 DoS 攻击正是采用了 TCP 通信协议的这

个步骤，但并不按照通信协议完成确认，这就造成服务器有大批量等待连接确认的状态。当这个数量达到一定程度后，服务器便失去正常服务能力，导致不能支持正常的连接服务，因为等待连接的进程已经超出其服务能力。

无论系统在抵抗病毒入侵方面有什么防护措施，都可能成为 DoS 攻击的目标。由于 DoS 攻击通常来源于一个物理地址，所以可通过数据包追踪技术找到攻击来源并切断与该地址的通信，这样就可以很快消除 DoS 攻击的影响。使用多个计算机设备从不同地域同时发起的 DoS 攻击称为分布式 DoS 攻击即（DDoS），这种攻击比来自单机的 DoS 攻击具有更强的攻击力。在互联网环境下，DDoS 攻击已基本取代了 DoS 攻击。

抵抗 DDoS 攻击比抵抗 DoS 攻击要困难得多，因为无法区分一个连接请求是正常网络连接请求的还是来自攻击者。使用分布式服务器可以在一定程度上削减 DDoS 的攻击效果，其目的是当 DDoS 攻击造成部分服务器瘫痪后，系统仍有部分服务器未瘫痪。

随着超大数量的物联网设备接入网络，当部分物联网设备被攻击者控制并成为傀儡机后，攻击者可以发动规模庞大的 DDoS 攻击。应对大规模 DDoS 攻击，仍然无有效的预防措施。目前最有效的方法是，在遭受 DDoS 攻击后使系统快速恢复正常的方法。

3. 能量耗尽攻击

对资源受限的物联网设备，攻击者最常用的攻击手段是入侵并控制。随着安全保护措施的完善，攻击者入侵物联网设备一定会越来越困难，而且即使成功入侵，要想控制这些物联网设备，使其组成一个庞大的僵尸网络，也不能随心所欲。一些技术手段可以防止入侵者对物联网设备的任意行为，如限制物联网设备的功能、限制物联网设备的连接目标地址，都可以避免其成为僵尸网络的成员之一。

攻击者可以对这些资源受限的物联网设备发起 DoS 攻击。传统 DoS 攻击主要针对一个具体目标，对物联网设备来说，攻击者使用传统 DoS 攻击手段使其瘫痪的意义不大，因为一个资源受限的物联网设备瘫痪，对整个物联网系统的影响不大。但是，攻击者可以长时间发送连接请求，直至耗尽物联网设备的电池资源。考虑到有些资源受限的物联网设备不方便更换电池，甚至有些设备根本不能更换电池，电池的耗尽意味着物联网设备生命周期的结束，因此这类能量耗尽攻击对物联网设备更有威胁性。特别是，能量耗尽攻击可以同时针对一批物联网设备，而不必一个一个地操作。

防止能量耗尽攻击的有效方法是信息安全技术和设备休眠机制。信息安全技术中的身份鉴别可以识别连接请求是否合法，如果不合法，则不响应，从而节省能量消耗。设备休眠机制的工作原理是，如果在一段时间内没有接收到执行某种任务（计算或通信）的指令，则进入休眠。休眠时间一般比苏醒时间要长得多。攻击者不知道设备是否处于休眠阶段，因此持续的能量耗尽攻击仅当设备苏醒时有效。假如物联网设备在 90% 的时间里都处于休眠状态，则能量耗尽攻击的效果不明显，而且长时间实施能量耗尽攻击，容易被检测到。

4. 物理破坏攻击

无论是物联网设备还是一般的信息系统（如计算机设备），物理破坏是使其失去工作能力的最暴力手段，特别是对物联网设备，物理破坏更容易实施。但信息技术手段很难解决物理破坏问题，只能通过其他手段（如监控＋法律制裁）来解决。

4.3.2 加密数据并勒索赎金

随着计算机网络的发展，黑客攻击形式从个体转为团体，从破坏行为转为非法获利。传统的病毒可以造成系统瘫痪，但对攻击者来说没有什么好处。对黑客团体来说，实施攻击行为不只是个人爱好，更需要付出成本，包括人力成本、时间成本、设备成本和软硬件成本等。近年来，先后发生了多次勒索病毒将计算机系统的数据加密并索要赎金的网络攻击事件，这是破坏型攻击的一种转型，由不可逆的破坏改为声称可解密恢复系统的勒索行为。

从技术上看，勒索病毒与破坏系统的病毒在传播途径和病毒工作机理上没有本质区别。勒索病毒不再暴力地对系统造成破坏，而是对系统关键数据和软件进行加密，并且使用安全强度很高的密码算法，其破解难度很大。虽然不知道交付赎金是否可以恢复系统和数据，但交付赎金无疑在助长黑客的勒索行为。如果勒索行为得不到任何好处，则黑客对勒索行为逐渐失去兴趣。

对待勒索病毒，应该像对待其他网络病毒一样，除采取及时更新系统补丁、使用正规软件、安装杀毒软件、规范操作行为和管理好口令等措施外，似乎没有更有效的防护方法。如果能对系统和关键数据进行定期备份，则可以有效降低甚至避免遭受勒索病毒攻击后造成的损失。

4.4 防止身份假冒和数据伪造

攻击者攻击物联网系统的目的可能是假冒身份或伪造数据。

4.4.1 防止身份伪造和身份假冒

如果一个系统对访问者的身份不进行检查，则攻击者可以随便给自己编造一个身份，这就是身份伪造攻击。防止身份伪造是最基本的安全需求，也是比较容易实现的安全目标。只要在系统中预先将合法身份信息存储在系统中，则容易识别身份伪造。但是，存储合法身份不是抵抗身份伪造的唯一方法，使用密码函数也可以识别身份是否合法。

虽然伪造身份容易被识别，但假冒某个合法身份是网络环境中的另一种攻击方法。如何防止身份被假冒呢？无法防止身份假冒行为，但可以识别。识别真假身份的有效方法称为身份鉴别技术。身份鉴别技术的原理是，假冒身份的攻击者除声称某个合法身份外，还需要证明自己就是那个身份。这种证明需要用到那个身份所掌握的某个秘密信息，而且可以被验证。如果攻击者不掌握用户的秘密信息，则很难通过对身份合法性的验证过程。

4.4.2 防止数据伪造

伪造数据行为也有不同层次，包括纯数据伪造、数据非法篡改和数据重放攻击。

1. 纯数据伪造

最暴力的数据伪造攻击是直接伪造数据，包括伪造业务数据和控制指令数据。如果物联网系统所传输的数据没有采取安全保护措施，则伪造数据是很容易的。如果数据采取了安全保护措施，则伪造数据很容易被检测到。

但是，当入侵者入侵到一个物联网设备中时，可以直接伪造业务数据，因为从那个遭受入侵的设备发送的数据一般能被数据中心接收，即使数据在传输过程中使用了密码技术，入侵者对系统资源的调用被认为是合法的，因此难以识别伪造数据。

数据加密和数据完整性保护技术都是防止数据伪造的有效手段。但是，这些防护手段主要针对攻击者没有入侵到一个系统或物联网设备中的情况。

2. 数据非法篡改

如果入侵者没有入侵到一个物联网设备中，而物联网设备的数据是经过加密保护的，则攻击者可以尝试篡改数据，即恶意破坏数据的完整性。如果经过篡改的数据没有被接收端检测出来，则这种对数据的完整性破坏攻击被认为是成功的。数据完整性破坏攻击造成的危害不可预测，因为无法预测数据被改成什么样子，有时，攻击者也无法预测。

防止数据非法篡改的有效手段是使用数据完整性保护技术，如使用消息认证码 MAC 算法保护数据。当消息 m 被传输时，实际传输的是 $m\|h$，其中 h 是消息 m 在某个共享密钥 k 参与下生成的消息认证码，即 $h = \mathrm{MAC}(k, m)$。这样，如果攻击者将消息 m 篡改成 m'，则验证等式 $h = \mathrm{MAC}(k, m')$ 时会发现等式不成立，因为等式成立的可能性不大于找到 MAC 算法第二原像的可能性，而且是在不知密钥 k 的情况下，这种可能性几乎为零。如果攻击者将消息认证码 h 篡改成 h'，则等式

$$h' = \mathrm{MAC}(k, m)$$

一定不成立。如果攻击者同时将消息 m 和消息认证码 h 都进行了篡改，到目前为止，没有有效的方法使篡改后的消息通过完整性验证。因此，使用消息认证码技术后，攻击者非法篡改消息而不被收信方检测到的可能性非常小，可以忽略不计。

3. 数据重放攻击

如果物联网数据使用了数据完整性保护，则成功篡改数据而不被发现几乎是不可能的。在这种情况下，攻击者可以将拦截的数据另外选择时间重新发送给收信方，无须对数据进行任何修改。如果收信方接收了重新发送的数据，有可能造成严重问题，如对控制指令的再次执行。这种攻击称为数据重放攻击（Replay Attack）。

防止数据重放攻击的安全保护技术是使用数据新鲜性服务。数据新鲜性是指物联网设备接收到的数据不是数据发送方的历史数据，包括发送不成功的数据。保护数据新鲜性的两种常用方法是使用时间戳和计数器。下面分别讨论如何使用时间戳和计数器保护数据新鲜性。这里假设用户 A 向用户 B 发送数据。数据新鲜性保护意味着，攻击者重放用户 A 发送给用户 B 的数据，用户 B 有能力发现这是重放的数据，从而可抵抗重放攻击。

4.4.3 数据新鲜性保护

抵抗重放攻击的有效方法是提供数据新鲜性保护，即添加额外数据标签以证明数据新鲜性。数据新鲜性的目的是识别重放攻击，确保只接收最新数据。常用的数据新鲜性保护方法是基于计数器的数据新鲜性保护和基于时间戳的数据新鲜性保护。

1. 基于计数器的数据新鲜性保护

假设通信双方（用户 A 和用户 B）各自保持一个计数器。当用户 A 发送数据 data 给用户 B 时，执行如下步骤。

（1）通信端 A 更新本地计数器的值：$Ctr_A = Ctr_A + 1$。

（2）$A \longrightarrow B$：$ID_A || ID_B || Ctr_A || E_k(data, Ctr_A)$。

其中，Ctr_A 是 A 端计数器的值。当用户 B 接收到上述数据后，检查 Ctr_A 是否在合法范围内，即检查是否满足 $0 < Ctr_A - Ctr_B < \delta$，其中，$Ctr_B$ 是用户 B 本地的计数器的值，δ 是预先定义的一个误差，这个误差只要相比计数器最大值来说充分小即可。如果上述验证通过，并且解密后的 Ctr_A 与明文部分的 Ctr_A 一致，则接受数据 data，并更新计数器，即令 $Ctr_B = Ctr_A$。

假设攻击者截获上述数据，等待一段时间后重新发送数据。如果用户 B 在此之前接收到用户 A 发送的任何一个数据，由于用户 B 的计数器已经更新，而且计数器的值在更新时只能递增，因此攻击者重放的数据中的计数器不满足 $Ctr_B < Ctr_A$ 这一条件，用户 B 将不接受数据，重放攻击无效。

基于计数器的数据新鲜性保护技术的优点如下：

（1）当用户 A 发送数据 data 给用户 B 时，只要在用户 B 接收到 data 之前没有收到来自用户 A 的其他数据（包括 data），则收到数据 data 时都满足新鲜性验证，无论数据从发送到接收经过了多长时间，因此不受时钟是否同步的影响，适合没有时钟的设备使用。

（2）只要数据 data 被用户 B 接收，则重放攻击不再有效。

但基于计数器的数据新鲜性保护方法的缺点是，任何一个方向的数据通信都需要通信双方各自保持一个计数器。也就是说，如果通信发生在用户 A 与用户 B 之间，则用户 A 方需要保持发送数据计数器 $Ctr_A^{(out)}$ 和接收数据计数器 $Ctr_A^{(in)}$，用户 B 方也需要保持发送数据计数器 $Ctr_B^{(out)}$ 和接收数据计数器 $Ctr_B^{(in)}$。这种要求不适合与多个目标通信的情况。

2. 基于时间戳的数据新鲜性保护

假设通信双方都有一个适当同步的时钟，则可以使用如下通信协议保护数据新鲜性：

$$A \longrightarrow B: ID_A || ID_B || T || E_k(data, T)$$

其中，ID_A 是用户 A 的身份信息，ID_B 是用户 B 的身份信息，E 是加密算法，k 是加密密钥。在密钥 k 控制下的加密算法常表示为 E_k。data 是要保护的数据，T 是时间戳。当接收方接收到上述数据后，检查 T 是否在合法范围内，即检查是否满足 $|T_0 - T| < T_{max}$，其中，T_0 是接收方的系统当前时钟，T_{max} 是预先定义的时间允许误差，如 1 s 或 1 min。这个误差的大小需要根据具体应用环境而定。如果上述验证通过，并且解密后的 T 与明文部分的 T 一致，则接受数据 data。

如果攻击者截获用户 A 发送给用户 B 的上述数据，在时间 T_{max} 内重新发送数据，则 B 接受为正常数据。但这种情况下，即使用户 B 已经收到用户 A 发送的数据，重放数据也可以被再次接受。但这种重放攻击一般不会造成严重的破坏。

如果攻击者截获用户 A 发送给用户 B 的上述数据后，等待时间超过 T_{max} 然后重新发送数据，则用户 B 检查时间戳 T 时会发现已经"过期"，拒绝接受。因此重放攻击无效。攻击者在实施重放攻击时可以用本地时钟值替换消息中的时间戳 T，这样就可以满足对时间戳的有效范围验证。这种攻击称为修改重放攻击。为了避免修改重放攻击，上述方案中将时间戳 T 与数据 data 一起加密，接收方解密后对比密文部分的时间戳与明文部分的 T 是否一致，这样就可以避免对时间戳的修改重放攻击。

事实上，时间戳也是一种特殊的计数器。使用时间戳的优点是，无须在通信双方分别记录一个计数器，只需要系统时钟即可。但其缺点是，通信双方需要保持时钟较好的同步，而且需要一个大小可以接纳的时间窗口。如果这个时间窗口太小，则很容易导致正常的数据因为传输延迟或时钟误差而被拒绝接收；如果时间窗口太大，则在时间窗口所允许的时间段内，攻击者的重放攻击是成功的。

在上述两种数据新鲜性保护中，发送方和接收方的身份信息（ID_A 和 ID_B）的作用在于让用户 B 知道选择哪个密钥，因为与用户 B 通信的可能不仅是用户 A。另外注意到，无论使用时间戳的方案还是使用计数器的方案，都出现在明文部分和密文部分。明文部分的时间戳和计数器用于快速检验其有效性，但明文部分的信息容易被篡改，而攻击者无法对应地修改加密部分的计数器。为了避免攻击者同时篡改明文和密文，使得密文部分在解密后恰好与明文部分的计数器或时间戳相同，时间戳和计数器数据不能太小，建议不小于 32 比特。将时间戳和计数器的值与数据一起加密，是为了保护数据的机密性和时间戳/计数器的完整性，避免修改重放攻击。

4.5 防止非法控制

物联网设备和系统遭受攻击者入侵后，攻击者的目的可能是控制其他终端设备。这种攻击主要针对工业控制系统和工业物联网系统。

非法控制是一种操作安全问题。操作安全是相对信息安全而言的。在物联网系统中，信息技术与物理设备的控制操作相互影响，使得 OT 安全与 IT 安全相互关联。因此，若一种安全技术可以同时保护 IT 系统与 OT 系统，则很难区分它是一种 IT 安全技术还是 OT 安全技术。

4.5.1 什么是 OT 安全

OT 技术是一类主要针对物理设备进行操作和控制的技术。传统的 OT 技术主要考虑被操作和控制的系统如何应对自然界产生的错误与故障，包括软件 bug、硬件故障、环境影响等，没有考虑如何应对人为的恶意操作。随着 OT 技术与 IT 技术的相互作用，在网络环境下可以通过 IT 技术来影响 OT 的执行结果。为解决这类安全问题，需要 OT 安全技术的保护。一般地，OT 安全包括如下几个方面。

1. 系统的稳定性

当操作行为通过网络传输方式进行远程控制时，控制指令的传输及控制行为执行情况的反馈信息都需要通过网络进行交互。这种交互要满足许多要求，如网络可靠性、通信实时性、信号抗干扰能力等。网络可靠性包括通信线路冗余、信号冗余、信息处理设备冗余等；通信实时性主要确保通信所造成的时延在允许的范围之内；信号抗干扰性是指传输网络不会因为偶尔的干扰影响到对信号的正确传输和接收。

2. 系统的健壮性

控制指令如果突然发生大幅度变化，控制系统应如何执行这些控制指令？这个问题要根据系统的属性来确定。如果一个系统通常运行平稳，突然要求大的变化，则可能导致系统稳定性受影响；但如果一个系统大幅度调整属于正常现象，则在设备能力所能承受的范围内尽可能按照指令执行。

3. 系统的可控性

一个控制系统的用户对这个系统的管控权限可能很有限，系统维护可能需要设备的生产厂商或运营厂商提供。为了减少人员、交通成本，许多系统的运维需要通过网络完成。因此，控制系统对控制设备的生产厂商是开放的，无论是否信任生产厂商的维护人员，都不得不做这样的选择。如果用户有能力自己对系统进行运维，则无须给设备的生产厂商提供通信接口和访问许可。这就是系统的可控性问题。

4. 控制指令的合法性和真实性

控制指令的合法性可以在系统中定义，例如需要保证控制指令对受控对象的影响在安全范围内。控制指令的真实性看上去很像信息安全中的身份鉴别，但在物联网环境中，对控制指令的真实性验证与传统的身份鉴别技术不完全一样。

物联网的 OT 安全是传统信息系统安全技术不能覆盖的安全技术。在工业物联网系统中，OT 安全显得尤为重要。这是因为工业物联网系统关心的不是系统有没有遭受入侵，甚至不怎么关注工业控制系统的数据是否被入侵者获得，而主要关心工业控制系统是否正常工作。在现有的工业控制系统中，许多控制主机都连续服役多年、配置老旧、操作系统没有经常更新甚至没有及时给漏洞打补丁，这种脆弱状态使得这些系统很容易遭受入侵。即使与互联网物理隔离，也存在严重的安全风险。

4.5.2 物联网 OT 安全的特点及 OT 安全保护技术

物联网系统的稳定性和健壮性属于可靠性方面的问题，这方面的问题与物联网设备的可靠性有关，也与物联网系统的建设方式有关。物联网系统的可控性则与安全策略和系统运维有关。因此，物联网 OT 安全的目标是能识别非法控制指令、能限制非法控制指令被终端物理设备执行。

对控制指令的识别和检验包括三个方面的内容：指令的合规性（Compliance）、指令的合法性（Validity）、指令的真实性（Genuineness）。

1. 指令的合规性

指令的合规性指控制指令必须符合一定的格式，否则终端设备不接收或不执行。

对指令的合规性的检验是许多工业控制设备自身具有的基本功能，一般无须额外保护。但是，如果将历史指令的重放攻击也考虑在内，在考虑指令格式是否合规的同时，也应考虑指令内容与历史行为的差异性大小，以判定指令是否异常。人工智能相关技术有助于分析历史行为，从而判断当前指令是否异常。一般来说，判断指令是否异常，通常需要额外的安全保护设备来完成这项任务。

2. 指令的合法性

指令的合法性指通信数据是否来自授权的来源，是否仍然是合法状态。如果控制指令来自非授权的地址或身份，或控制指令不满足新鲜性要求，或控制指令不能通过某些安全验证，则表明不符合合法性要求，应该拒绝执行。

这种对指令的合法性检验的有效技术方法是身份鉴别。通过身份鉴别技术，攻击者无论从真正的控制主机发送指令，还是从攻击者自己掌握的设备发送指令，只要不能通过身份鉴别过程的检验，则不能被执行，从而使攻击无效。

3. 指令的真实性

指令的真实性指验证指令数据是否来自授权的控制。如果攻击者入侵了控制主机，即使指令来自攻击者，由于是通过合法的控制主机发出的，使得指令数据看上去合规合法，但却不是真实的，这类指令应该被丢弃。终端设备如何辨认所收到的指令是来自控制主机的合法指令还是入侵者伪造的指令呢？要避免已经入侵控制主机的攻击者成功伪造控制指令，需要使用入侵容忍技术，即允许攻击者入侵，但入侵者不能成功发送伪造的控制指令。

4.6　避免成为网络攻击的帮凶

传统信息系统安全保护技术的主要目标是，保护目标系统不成为网络攻击的受害者。但是，物联网设备还要考虑另外一种安全保护，即保护目标系统不成为网络攻击的施害者。这是因为在物联网设备和系统遭受攻击者入侵后，攻击者的目的可能是控制设备，组建庞大的僵尸网络，针对某个网络服务平台发动大规模分布式拒绝服务（DDoS）攻击。

虽然遭受入侵的物联网设备被动地成为网络攻击的帮凶，但其生产商或运营商也应该为这种攻击行为负责。因此，保护设备不成为网络攻击的帮凶，是物联网安全特有的目标之一。本书将避免成为网络攻击的帮凶这一安全指标称为物联网设备的**行为安全**。

幸运的是，在物联网安全国家标准《GB/T 22239—2019 信息安全技术 网络安全等级保护基本要求》中，已经将这一安全防护纳入安全要求。例如，在该标准的第 7.4.2.2 条款中，对入侵防范的要求包括如下两条：（1）应能够限制与感知节点通信的目标地址，以避免对陌生地址的攻击行为；（2）应能够限制与网关节点通信的目标地址，以避免对陌生地址的攻击行为。这两条要求意味着攻击者入侵物联网感知节点和网关节点后，不能让被入侵的节点设备成为僵尸网络的组成部分，参与对任意地址的 DDoS 攻击，因为不符合预设的目标地址将限制通信能力。除此之外，该要求还能限制物联网设备遭受网络入侵的可能性，因为只有符合预定目标的地址才有可能与物联网设备通信。当然，攻击者可以修改自己的 IP 地址，使得物联网设备误认为来自合法的目标地址。但当攻击者试图向该物联网设备预设的目标地址之外的地址发送信息（实施 DDoS 攻击）时，通过采取适当技术，使得设备拒绝与陌生地址连接，则可以避免成为网络攻击的帮凶。

4.7 物联网系统的身份标识与网络环境的信任机制

物联网安全技术最基本的内容包括身份鉴别、数据机密性保护和数据完整性保护，其中身份鉴别是实现数据安全保护的前提。在身份鉴别过程中，首先需要识别身份，然后对身份的真实性进行验证。对身份的识别需要先掌握身份标识，然后对身份标识进行鉴别真伪。对身份真实性的鉴别需要信任基础。这里说的信任是指网络意义的信任，不同于人与人之间建立在感情基础上的信任。

4.7.1 什么是身份标识

物联网系统中设备（或系统）与设备（或系统）之间、设备与人之间、人与人之间的网络连接需要有身份标识，而且每个设备都有一个唯一的身份标识。对身份标识的识别是身份识别技术，通常需要与数据库中已存的身份标识进行匹配，或检查身份格式是否合规。

为了使计算机和现代通信设备能够在全球范围内进行通信，每个网络设备都有一个全球唯一的 MAC 地址。能否用设备的 MAC 地址作为标识呢？MAC 地址满足唯一性，但不容易识别，即不容易将 MAC 地址与该地址所对应的设备有效关联，特别是应用平台数据库中没有预存的 MAC 地址。

为了使网络设备的身份标识有意义，容易被识别，如果要建立网络内部的设备身份，则一般在网络内部重新定义。下面给出两种方法。

1. 基于生产批次的身份标识

这种方法针对物联网设备定义身份标识。例如，物联网设备每生产一批，使用一个批次的身份标识。格式为 XX-YY，其中前 2 字节"XX"表示批次，后 2 字节"YY"表示序号。在批次标识 XX 中，可以用第一个字节表示部门，第二个字节表示批次，则可以标记 $2^8 = 256$ 个不同的批次。如果这个数字不能满足要求，则可以牺牲第一个字节的含义，用第一个字节前 4 比特表示生产部门，后 4 比特连同第二个字节用于标识批次，这样就可以标记 $2^{12} = 4096$ 个批次了。如果一个批次生产的物联网设备数量超过 $2^{16} - 1 = 65535$ 个，则可以在一个批次中使用多个批次序号。这种处理方法是管理问题，不增加技术实现的复杂度。

基于生产批次的身份标识的优点是，无须在使用中设置身份标识，因为在出厂时就已经设置好了，而且可以在出厂时同时设置相关安全参数，这样就可以直接在应用环境中连接、调试。对设备标识的识别可使用模糊识别方法，即仅识别批次信息即可。该方法的缺点是，不适合将不同批次、不同厂商的产品组合到同一网络中，灵活性较差。

2. 基于网络的身份标识

针对不同的网络，可以重新设置网络内设备的身份标识。格式为 XX-YY，其中前 2 字节"XX"表示网络标识，后 2 字节"YY"表示网络内设备序号。在这种情况下，一个网络中可以允许的设备最多有 $2^{16} - 1 = 65535$ 个。实际中，一个网络中的设备数可能远小于 65535 个，在这种情况下可以利用这些多余信息表示设备类型、设备特征等。具体的设置和利用可由用户自定义。如果网络中的设备数大于 65535，则这样的网络不会太多，因此可以将"XX"的后一个字节或后半个字节贡献给网络内部设备的身份标识,这样可以大大增加可标识设备的总数。

基于网络的身份标识需要避免与网络标识碰撞(两个网络使用了相同的网络标识)。因为不同的网络可能具有不同的用户,而且在定义网络标识时也没有相互沟通,因此造成网络标识碰撞是可能的。如果网络标识是随机选的,则两个不同网络所使用的标识发生碰撞的可能性为 $1/2^{16} = 0.15$‰,因此发生碰撞的概率不大。虽然在大的范围内(如全球范围内)一定存在网络标识的复用,但只要网络之间没有交互(包括信号交互、管理交互、应用交互),则不影响不同网络的独立正常工作。

基于网络的身份标识的优点是,不限制组网所用设备的厂商和批次,灵活性好、可扩展性强。对设备标识的识别(可识别性)可使用模糊识别方法,即仅识别网络标识信息。网内设备的身份标识(2 字节)可使用 6LowPan 标识协议生成。但是,这种方法需要在组网前重新设置设备参数。对于大规模网络,会增加一些工作量。

4.7.2 物联网设备身份标识的可扩展性

前面定义的格式为 XX-YY 的物联网设备身份标识显然不具有全球唯一性,因为该身份格式的目标是企业产品的唯一性。事实上,在有些特殊情况下,也不能做到唯一性,例如某个批次的产品数超过 $2^{16} - 1 = 65535$。在这种情况下,可以把同一批次的产品在逻辑上划分为多个批次。如果遇到某种产品批量生产,可能一天的出货量就到达批次上限,在这种情况下可以消除批次与序号之间的划分,将整个身份标识格式统一利用,这样理论上可以允许给 $2^{32} - 1 = 4294967295$ 个物联网设备定义身份标识。在设备升级换代之前,这些身份标识应该够用。

在同一个物联网系统中,遇到不同厂商的设备标识格式不一致的情况,应该怎么办?在一个物联网系统中,有安全配置的物联网设备和没有安全配置的物联网设备应该由不同的服务器进行处理。即使使用同一个云计算平台,也要由不同的虚拟服务器进行处理。如果有另外厂商的设备也有安全配置,则不同厂商的设备需要使用不同的安全管理服务器(包括云计算平台的虚拟服务器)。一个物联网系统中的设备可以在同一个数据管理进行关联,而虚拟服务器可以分别服务于不同厂商的设备,包括有安全机制的和没有安全机制的。这种分类处理有助于将不同设备的数据集成到同一个数据处理平台。

如果物联网设备的身份标识是在物联网系统的具体使用环境中配置的,则不存在设备身份标识冲突问题,也不存在身份标识短缺问题。虽然在全球范围内身份标识会重复,但这些复用的身份标识分布在不相关的物联网系统中,相互之间没有影响。

4.7.3 身份标识与身份鉴别的关系

仅有身份标识还不能确定通信中对方的身份是否属实,因为存在身份伪造和身份假冒等网络攻击。为了防止身份伪造和身份假冒等网络攻击,需要对通信方的身份进行鉴别,称为身份鉴别技术。身份鉴别就是确认网络另一端连接的节点具有其所声称的身份。身份鉴别过程一般需要一定的信息交互。这些为了鉴别身份而进行的信息交互步骤称为身份鉴别协议 [37]。

身份鉴别的目的是确认真实身份后实现保密通信，为此需要建立通信双方的共享密钥。身份鉴别和共享密钥的建立过程通常是同时完成的。在移动通信系统中，这个过程称为身份鉴别与密钥协商协议。

4.7.4　什么是网络环境中的信任

"可信"或"信任"（前者用于被动语态，后者用于主动语态）在网络环境中是指能够确认对方身份并有能力建立安全通道的一种状态。在网络环境中，设备 A（简称 A）信任设备 B（简称 B），或等价地说，B 对 A 是可信的，意味着 A 可以确认 B 的身份是否真实，从而可以进一步与 B 建立安全通信通道。A 所确认的不仅是 B 的身份信息，而是能验证与其通信的对方确实掌握只有 B 才能掌握的秘密信息，因此验证后可以确信对方必定为 B。虽然信任的表现形式是掌握某些信息，但信任这种状态是对用户来说的，也就是说，A 信任 B，是指 A 的用户确信 A 掌握了能鉴别 B 是否真实的某些信息。为了描述方便，仍然称之为设备或系统的信任关系。

信任所依赖的信息不一定是秘密信息，但一定是真实信息。也就是说，A 信任 B，意味着 A 掌握有关 B 的某些信息是真实的，并且可以用此信息对 B 的身份进行验证，而且他人假冒 B 通过验证的可能性非常低。

信任具有可传递性，即 A 信任 B，且 B 信任 C，则可通过一定安全协议建立起 A 对 C 的信任。但信任不是自然双向的，也就是说，A 信任 B，并不意味着 B 也信任 A。

信任可以通过一定步骤来建立，但建立信任的基础是"初始信任"。信任只能传递，不能无中生有。初始信任的建立一般不通过网络协议，更可靠的方法是线下人工操作。常用的初始信任建立方式是将关键数据写入通信设备中。在物联网系统中，物联网设备的初始信任由设备生产商在出厂时写入。

建立初始信任的常用方法是在设备中写入公钥证书，或预置共享密钥。写入公钥证书，可建立设备对公钥证书签发机构（CA）的初始信任。以此为基础，可扩展到对由该 CA 签发证书的其他设备的信任；预置共享密钥，可建立设备与任何拥有该密钥的设备或平台之间的信任。因此，预置共享密钥所建立的信任是双向的。

为了更清楚地说明什么是可信或信任，这里举两个具体例子。

例 4.1　物联网设备 A 在出厂时写入 CA 的公钥根证书，表明 A 掌握 CA 的真实公钥，即建立了 A 对该 CA 的初始信任。CA 为设备 B 签发公钥证书时，首先确认 B 的身份的真实性，也就是创建 CA 对 B 的信任。B 将自己的公钥证书发给 A，A 通过 CA 的公钥可验证 B 的公钥证书的合法性，然后掌握了 B 真实的公钥，因此就建立起对 B 的信任。这是一种信任的传递。但 CA 未必信任 A，B 对 A 的信任也还没有建立。为了建立 B 对 A 的信任关系，A 需要 CA 为其签发公钥证书，将此公钥证书发给 B 进行验证，验证通过后就可建立起 B 对 A 的信任。

需要说明的是，信任或可信不同于身份鉴别。信任是身份鉴别的基础。没有信任就无法实现可信的身份鉴别，而信任本身并不意味着已经完成了身份鉴别。如上例，B 将自己的公钥证书发给 A，A 验证公钥证书后建立起对 B 的信任。但这仅表明 A 掌握 B 的真实公钥，并不意味着发送 B 的公钥证书的通信方就是 B。如果需要确认对方的身份，还需要身份鉴别过程。

例 4.2 物联网设备 A 在出厂时被预置密钥 k，该密钥被秘密存储在后台服务器中。这时，A 和后台服务器之间就建立了信任，而且这种信任是双向的。手机的 SIM 卡就是这样一种设备。用户在购买手机时，SIM 卡里预置的密钥预存在移动通信运营商后台数据处理中心，因此手机和移动运营商之间建立了双向信任。

需要说明的是，网络环境中的信任与可信计算技术也有明显区别。可信计算概念中的"可信"是指执行环境的可控性，与网络通信环境中表示掌握确切、不可伪造的信息意义下的"信任"不一样。

4.7.5 如何建立物联网环境的网络信任

建立信任的目的是，防止假冒攻击、伪造攻击等主动攻击。如果没有信任，即使两个设备之间建立了"安全"通道，这个安全通道只能防止通信双方之外的攻击，不能防止通信主体为攻击者的"内部攻击"的情况。（注：1976 年，Diffie 和 Hellman 提出可以利用公开信道建立秘密信息，被称为 Diffie-Hellman 密钥协商协议。为此，Diffie 和 Hellman 获得图灵奖。但 D-H 协议的安全漏洞是中间人攻击，其根本原因是缺乏"信任"基础）。

在建立网络信任之前，首先要了解网络环境下的信任具有哪些性质。不难发现，信任具有如下性质。

（1）**方向性**：A 信任 B 并不意味着 B 也信任 A。不同方向的信任需要分别建立。

（2）**可传递性**：信任可以传递。如果 A 信任 B 且 B 信任 C，则可以建立 A 对 C 的信任。但 A 信任 B 且 B 信任 C 这一条件，只说明 A 到 C 有一条信任通道（而不是反方向），而 A 信任 C 不是自然发生的，需要一套信任传递机制才能实现。

（3）**初始信任的必要性**：信任不可以无中生有。假如 A 和 B 之间没有信任，也没有通过第三方等信任通道的连接，则不可能建立 A 与 B 之间任何方向的信任。

初始信任的必要性说明，在网络环境下的安全机制需要有初始信任。初始信任的建立一般通过离线方式。例如，一个设备在出厂时写入的秘密信息被认为是初始信任。建立初始信任的常用方法有以下两种。

1. 基于预置对称密钥的信任

如果物联网设备在一个可控的环境中使用，例如一个企业的物联网，则网络信任的建立可以使用人工配置（秘密参数预置，称为预置密钥）的方式。任何拥有共享密钥的设备之间被认为具有"信任"关系。在一个群组中建立相互之间的信任关系时，可以使用群组密钥，也可以建立两两之间的共享密钥。但考虑到可操作性，可使用小群组密钥，以及不同群组之间通过组代表（如网关）之间建立的共享密钥来完成。

事实上，在物联网环境中，多数物联网应用不需要在物联网终端设备之间进行通信。常用的通信方式是，物联网终端设备与物联网网关设备进行通信，网关设备再与后台数据处理中心进行通信。如果网关设备需要预处理终端设备的数据，则需要建立网关设备和终端设备之间的安全通道，例如网关设备与每个物联网终端设备共享一个不同的密钥。如果网关设备只负责数据汇聚和转发，则物联网设备与后台数据处理中心直接设置共享密钥，实现端到端保密通信。

基于预置对称密钥来建立信任的优点是，不需要第三方参与，随时可以完成配置；资源占用少，包括较小的密钥数据量、建立安全通道时的计算量等。但这种方法也有缺点，即使用不方便，必须在保密通信前完成信任的建立。

例如，在 A 与 B 之间建立一个共享密钥。该密钥是否离线写入并不重要，重要的是 A 端用户和 B 端用户都确信这个密钥是他们的共享密钥。共享密钥的建立，意味着建立了 A 与 B 之间的双向信任关系。

2. 基于公钥证书的信任

在设备出厂时内置一个公钥证书，就建立了初始信任，即对 CA 公钥的信任。但如果有多种公钥证书甚至存在多个 CA，则存在选哪一种公钥证书的问题。目前，国内市场上的一些公钥证书（如银联的公钥证书）是以 RSA 密码算法为基础的公钥证书，不适合物联网设备，因为 RSA 公钥算法的计算量大，密钥量也大。如果使用国内密码算法标准 SM2（256比特数据长度，算法已公开），则可以节省公钥大小，也节省传输的数据的大小。使用 SM2证书可参考标准《基于 SM2 密码算法的数字证书格式规范》（GM/T 0015—2012）。

例如，在 A 端和 B 端分别写入公钥证书签发机构 CA 的根证书。这意味着 CA 是 A 和 B 共同信任的第三方。事实上，当 CA 为 A 和 B 签署公钥证书时，需要确认 A 和 B 身份的真实性，因此也建立了 CA 对 A 和对 B 的信任，这也是一种初始信任。这样，通过可信第三方 CA，A 与 B 之间存在一条信任通道，但 A 与 B 的信任需要通过某些步骤才能建立。例如，A 将自己的公钥证书发给 B，B 使用 CA 的公钥验证 A 的公钥证书是否合法。如果是，则 B 掌握了 A 的公钥，建立了 B 对 A 的信任。信任的方向性说明，这并不意味着也建立了 A 对 B 的信任。当然，A 对 B 的信任可以类似地建立。

4.7.6 《中华人民共和国网络安全法》强调网络信任的重要性

《中华人民共和国网络安全法》已于 2017 年 6 月 1 日起施行。这意味着中国已经从技术和管理保护网络安全阶段，走向依法治理网络安全的新时代。依法治理网络安全，并不意味着技术和管理起的作用小了，相反，需要更多的技术和管理，为法律的实施提供证据和技术支撑。同时，因不重视而造成的网络安全问题，也可能导致违法行为。因此，《中华人民共和国网络安全法》的施行，将进一步推动专业技术的深入和发挥在网络安全领域中的作用。

物联网技术虽然已经应用于许多行业，但许多物联网关键技术还不够成熟，特别是物联网安全保护在行业应用中的支撑程度还不够。一方面，物联网产业的规模比较小且零散，没有形成真正庞大的物联网系统，没有引起攻击者有针对性的攻击，暂时表现出安全状态；另一方面，许多物联网设备因为资源受限、成本低等限制条件，有些生产厂商对安全保护的重视程度不够，甚至有些物联网设备遭受网络攻击出现异常，也可能被误判为设备本身的异常，这也是物联网安全技术和产品没有达到应有的重要地位的原因。《中华人民共和国网络安全法》的施行有助于提升产业界对物联网安全保护的重视。

《中华人民共和国网络安全法》第二十四条指出："国家实施网络可信身份战略，支持研究开发安全、方便的电子身份认证技术，推动不同电子身份认证之间的互认。"这一条款充分说明网络信任和身份认证/身份鉴别技术的重要性。该条款不针对物联网系统，但对物联网系统的信任和身份鉴别有同样的影响。

4.7.7　物联网系统已知的可信架构

2016 年，国外一家网络安全公司 Tempered Networks 发布了"身份定义网络（Identity-Defined Network，IDN）架构"白皮书 [50]。在 IDN 架构中，每个设备有一个唯一的密码学身份标识（Cryptographic Identity，CID），设备之间的安全通信通过 HIP（Host Identity Protocol，主机身份标识协议）标准（RFC5401、RFC7401、RFC7402）来实现。要建立 IDN 网络，必须同时建立两个或多个 HIP 服务端，每个 HIP 服务端需要知道其他服务端的 IP 层状态，也需要存储基于身份标识的路由（Identity-Based Routing，IDR）表。

IDN 网络使用了 AES-256 加密模块，但仅有这个密码模块是不够的。在 Tempered Networks 的另一份报告中，介绍了 HIP 交换机（类似于 IDN 报告中的 HIP 服务端）使用的密码模块还包括基于 RSA-2048 的 X.509 公钥证书、用于数字签名的 Hash 函数 SHA-2、用于消息完整性的 Hash 函数 SHA-1 和用于三方密钥协商的 Diffie-Hellman 协议等。

在实际应有中，需要三个 HIP 服务端进行群组通信的机会不大。因此，使用三方 Diffie-Hellman 密钥协商协议的功能是多余的。另外，由于公钥证书由 Tempered Networks 签发，因此后期的网络设备都要基于对 Tempered Networks 的信任（需要其充当 CA 角色）和安全性依赖，才能进行正常的安全数据交换。

2016 年，网络安全运营商赛门铁克提出了物联网参考架构 [51]（实际为安全架构）。该架构指出，在 PC 和数据中心时代，可以使用后加安全策略，即在系统运行后期再逐步增加安全防护。而在物联网时代，需要内在安全（Built-in Security）。赛门铁克提出了物联网的一个"强信任模型（Strong Trust Model）"，其基本方法如下：

在数十亿物联网设备中嵌入同一个 CA 列表（称为强 CA），每个设备有唯一一个身份标识和由某个 CA 签署的公钥证书。物联网设备之间通过公钥证书可以随时完成身份鉴别并建立安全通道，实现端到端的安全通信。考虑物联网设备资源问题和安全保护程度，该架构建议，端点证书使用密钥长度不小于 224-bit 的椭圆曲线密码（Elliptic Curve Cryptography，ECC），以 256-bit 的 ECC 和 384-bit 的 ECC 为佳；根证书使用密钥长度不小于 256-bit 的椭圆曲线密码，以 384-bit 的 ECC 为佳。如果用于数字签名，建议端点证书使用密钥长度不小于 224-bit 的椭圆曲线密码，以 256-bit 的 ECC 和 384-bit 的 ECC 为佳；根证书使用密钥长度为 512-bit 的 ECC，原因是数字签名数据可能需要在数年内有效，因此需要保证长效安全性。

4.8　物联网系统的身份鉴别技术

不难看出，信任与身份鉴别不同。信任是身份鉴别的前提，但不能取代身份鉴别。例如，A 获得 B 的公钥证书，并验证了 B 的公钥证书是合法的。这说明 A 信任 B。但并不意味着提供公钥证书的那个通信端就是 B。要想判断另外的通信端是否为 B，需要身份鉴别技术。但是，如果 A 没有建立对 B 的信任，则 A 不能确定 B 的公钥是什么，即使通信的另一端传来一个公钥或公钥证书，如果 A 不能验证公钥证书是否合法，就不能确定通信的另一端所声称的公钥是否真正属于 B，因此无法实现真正意义的身份鉴别。

在物联网系统中，参与通信的对象可以是人、设备或数据系统。针对不同对象的身份鉴别技术也不同。

4.8.1 对人的身份鉴别技术

身份鉴别指验证一个通过网络连接声称的身份是否真实。物联网系统中的实体包括人（用户）、设备（如具有 IP 地址的计算机设备）和物（以标签身份予以标识）。不同类型的设备有不同类型的身份标识，对不同实体的身份鉴别也有不同的技术方法。

对人类用户的身份鉴别一般基于如下三种基本元素中的一种或多种：

（1）用户知道的信息（what you know），如静态口令。

（2）用户具有的生物特征（what you are），如指纹、声音、虹膜识别等。

（3）用户拥有的物品（what you have），如智能卡等。

第一种用户身份鉴别中最常见的是基于口令的身份鉴别（password-based authentication）。这种方法简单方便，但容易出现如下问题：

（1）口令明文传输。这种方法看似基于口令，但具体实现方式却非常不安全。一旦口令在传输中被获取，则用户的数据不再具有安全性。目前仍然存在使用这种方式处理口令的网络服务平台。

（2）即使基于口令的身份鉴别方式采取了合理的技术手段，但在具体应用中，一些口令非常容易被猜测，特别是安全意识不高的用户为了记忆口令方便，常常使用弱口令（部分常用的弱口令如表 4.1所示）。这些弱口令容易被猜测，导致基于口令的身份鉴别可以被假冒。

表 4.1 部分常用的弱口令

简单数字组合	顺序字母组合	特殊含义组合
000000	abcdef	admin
111111	abcabc	password
11111111	abc123	passwd
112233	a1b2c3	iloveyou
123123	aaa111	5201314
123321	123qwe	qwerty
123456		qweasd
12345678		p@ssword
654321		
666666		
888888		
88888888		
123456789		

第二种用户身份鉴别方法主要指生物特征识别技术（包括指纹、虹膜、声音、人脸等）。该技术以人体个性化的生物特征为依据，比较稳定和可靠，技术也越来越成熟。指纹识别技术已经得到广泛应用，在某些系统中也使用人脸识别技术。但是，其他几项生物特征识别技术在应用中尚不多见。

第三种用户身份鉴别方法有多种形式，常见的有 USB key。为了避免 USB key 丢失后被他人直接使用，造成隐私数据和保密数据的泄露，系统在识别 USB key 时，往往还附加一个简单的口令密码，如 4bit 数字密码，并且在尝试几次错误后，USB key 就会在冻结一段时间后才能再次使用。

上述几种身份鉴别方式可以单独使用，也可以结合使用。最常用的是第一种和第三种身份鉴别方式的结合，如使用基于口令的身份鉴别和基于 USB key 的身份鉴别。有些应用场景则使用基于口令的身份鉴别和基于指纹的身份鉴别。这种使用两种身份鉴别技术的方案称为双因子身份鉴别，还可以进一步扩展为多因子身份鉴别。使用双因子身份鉴别的好处是，即使非法用户窃取了一种身份鉴别所需密钥（如口令或 USB key），但只要不掌握另一个秘密，也无法让假冒的身份通过身份鉴别的验证过程，从而提高了系统的安全性。当然，使用双因子身份鉴别的代价是比单因子身份鉴别要复杂一些，包括身份鉴别过程和实现身份鉴别所需的软/硬件设备与系统。

4.8.2 对设备的身份鉴别技术

连接到网络上的设备需要有其唯一身份标识。有时，物联网设备的身份标识通过人为定义，有时以固定 IP 地址作为身份标识（地址类身份标识）。

假设设备的身份鉴别过程是在一个服务器 S 和一个客户端 C 之间进行的。在实现身份鉴别前，首先要有安全配置。在服务器 S 和客户端 C 之间可以有两种不同的配置方式：共享对称密钥 k 或各自的公钥。

1. 基于对称密钥的身份鉴别协议

如果在服务器 S 和客户端 C 之间共享了一个密钥 k，不妨假设两个设备都配备加密算法 E 和解密算法 D，则 S 对 C 的身份鉴别过程可通过如下步骤完成：

$$S \longrightarrow C: \quad 随机数\ R$$
$$C \longrightarrow S: \quad RES = E_k(R)$$

其中，随机数 R 是服务器 S 发送给客户端 C 的挑战信息，RES 是客户端 C 对服务器 S 的应答。当 S 收到密文 RES 后，解密 RES 得到 R'，与自己产生的 R 比对，如果相同，则通过身份鉴别。等价地，S 可以加密 R 得到密文 c，验证密文 c 与 RES 是否相同。若相同，则通过身份鉴别。

上述步骤是一个原理性说明，不具有实用性。在这种原理中，S 发送给 C 的随机数 R 是一个"挑战"，C 回复给 S 的数据 RES 是对 R 的"应答"，S 解密 RES 并验证 R 的过程就是对应答是否正确的验证。这种身份鉴别过程称为"挑战-应答身份鉴别协议"。

实际应用中经常需要双向身份鉴别。基于单向身份鉴别协议，很容易设计双向身份鉴别协议。在 C 和 S 共享密钥 k 的条件下，如下步骤就是一个双向身份鉴别协议。

S:	产生随机数 R_1；
S $\longrightarrow$ C:	R_1；
C:	产生随机数 R_2；计算 $RES_1 = E_k(R_1)$。
C $\longrightarrow$ S:	RES_1, R_2；
S:	(1) 计算 $RES_1' = E_k(R_1)$，验证 $RES_1' = RES_1$ 是否成立；
	(2) 计算 $RES_2 = E_k(R_2)$；
S $\longrightarrow$ C:	RES_2；
C:	计算 $RES_2' = E_k(R_2)$，验证 $RES_2' = RES_2$ 是否成立。

身份鉴别的目的是在通信双方共享一个会话密钥，然后使用该会话密钥实现双方之间的保密通信。因此，身份鉴别常常表现为身份鉴别与密钥协商 AKA，即在完成身份鉴别的同时，协商出一个共享会话密钥。在上述协议中，只要在加密 R 的同时，加密一个会话密钥，则在完成身份鉴别的同时，也实现了会话密钥的共享。

上述身份鉴别协议是对实际应用中身份鉴别协议原理的简单描述。第二代移动通信网络 GSM 系统中的 AKA 协议是单向身份鉴别与密钥协商协议，只实现了网络对终端用户的身份鉴别，没有终端用户对网络的身份鉴别，导致假基站的泛滥。第三代移动通信系统（3G）中的 AKA 协议实现了双向身份鉴别，而且 AKA 过程共享了两个对称密钥：一个密钥用于数据加密，另一个密钥用于数据完整性保护。

2. 基于公钥证书的身份鉴别协议

如果服务器 S 和客户端 C 各自有自己的公钥证书，则 S 对 C 的身份鉴别过程可通过如下步骤完成：

S:	获取 C 的公钥证书（可要求 C 发送过来），验证证书，获得 C 的公钥 pk_C。
S:	产生随机数 R，使用 C 的公钥加密 R，得到 $c = \text{Enc}_{pk_C}(R)$;
S $\longrightarrow$ C:	c;
C:	使用自己的私钥 sk_C 解密 c，得到 $R' = \text{Dec}(sk_C, c)$;
C $\longrightarrow$ S:	R';
S:	将接收到的 R' 与自己产生的 R 比对，如果一致，则通过对身份的鉴别。

4.8.3 基于身份鉴别的密钥管理技术

在公钥密码的概念提出之前，密钥管理问题是这样提出的：要实现 A 与 B 之间的保密通信，必须在发送保密数据之前建立 A 与 B 之间的共享密钥。在军事保密通信中，密码本是实现保密通信过程不可或缺的步骤，需要在通信发生之前提前完成（或称为系统建立阶段）。但是，如果要在一个群组中保证任何两个个体之间都可以实现保密通信，假设这个团体有 n 个成员，则需要在两两之间建立一个共享密钥，总共需要 $N = n(n+1)/2$ 个共享密钥。当 n 较大时（在电子商务和物联网环境中，n 都可能非常大），需要共享的密钥数量是非常巨大的，再加上共享的密钥需要不时地更新，因此对称密码算法初始密钥的建立曾经是保密通信的瓶颈。

公钥密码的概念提出之后，对称密钥的管理问题就可以通过公钥体制迎刃而解了：用户 A（简称 A）无须与用户 B（简称 B）预先共享密钥，可以产生一个随机数 k 作为数据加密密钥，使用 B 的公开密钥加密 k，然后将两组加密数据一起发给 B。当 B 收到数据后，首先使用自己的私钥解密 k，然后使用 k 解密数据，这样就实现了 A 与 B 之间在没有预先共享密钥情况下的保密通信。

但是，公钥的管理又成了问题，即 A 如何获取 B 的公开密钥呢？公开密钥信息通过公开网络传输不是问题，但不能确信得到的公钥属于 B。这就需要一个可信第三方的帮助来建立 A 与 B 之间的信任关系。公开密钥基础设施就是这样一种机制，在没有信任关系的用户之间建立信任关系。

基于网络环境的信任关系可以实现通信节点的身份鉴别，基于身份鉴别可以建立通信双方之间的共享密钥，包括数据机密性密钥和数据完整性密钥。这些在通信过程中建立的密钥称为会话密钥，因为在通信完成后，这些密钥的生命周期即告完成。

进一步分析身份鉴别不难发现，如果身份鉴别与密钥协商不关联，即使身份鉴别过程没有安全问题，之后的保密通信仍然存在安全问题。只有将身份鉴别与密钥管理结合起来，才能确保身份鉴别之后的保密通信，这也是身份鉴别技术在实际中通常的使用方式。例如，假设 A 与 B 之间预置了一个共享密钥 k，则 B 对 A 的身份鉴别和密钥管理过程可以通过如下步骤实现：

$$\text{B} \longrightarrow \text{A：} \text{ID}_\text{B}, \text{ID}_\text{A}, E_k(R)$$
$$\text{A} \longrightarrow \text{B：} \text{ID}_\text{A}, \text{ID}_\text{B}, E_k(R+1, \text{ik}, \text{ck})$$

在上述协议中，B 向 A 发送"挑战"消息，其中 R 是 B 产生的一个随机数。A 收到 B 的挑战消息后，解密得到 R，然后产生两个密钥 ik 和 ck，使用共享密钥 k 对 $(R+1, \text{ik}, \text{ck})$ 进行加密。B 收到加密消息后进行解密，查看 $R+1$ 的值是否正确就可以完成对 A 的身份鉴别，同时获得会话密钥 ik 和 ck，可分别用于对后续通信数据的完整性保护和机密性保护。

本节介绍的几个身份鉴别协议主要用于说明协议的工作原理。不难看出，即使在相同条件下，身份鉴别过程的具体实现也千变万化。例如，在共享密钥 k 的情况下，挑战者产生随机数 R 之后，可以发送 R 作为挑战信息，也可以发送 $E_k(R)$ 作为挑战信息。对 R 的应答可以是 $E_k(R)$，也可以是 $E_k(R+1)$。对 $E_k(R)$ 的应答可以是 R，或 $R+1$，也可以是 $E_k(R+1)$。实际中使用的身份鉴别协议一般都比上述原理性协议步骤要复杂得多。

4.9　将物联网设备的身份鉴别与数据保密传输相结合

传统的身份鉴别协议一般需要几轮数据交互，如常用的"挑战-应答"协议至少需要两轮数据传输来实现单向身份鉴别，至少需要三轮数据传输才能实现双向身份鉴别。实际应用中常用三轮数据传输来完成身份鉴别协议，称为"三次握手"协议。

但是，有些物联网设备资源受限，数据通信消耗的能量较多，对这类设备应设计轻量级身份鉴别协议，以减轻身份鉴别过程所消耗的电力。但是，轻量级身份鉴别技术尚不成熟。考虑到有些物联网数据量较小，在这种情况下，一种可行的方法是将身份鉴别过程与数据保密传输相结合，而且身份鉴别也不使用挑战-应答方式，而是通过对解密后数据的正确性间接实现对数据来源的身份鉴别。

身份鉴别以网络信任为前提。根据信任基础的不同，需要建立不同的方案。

4.9.1　基于对称密钥的方案

假设通信双方有一个共享对称密钥，例如物联网设备预置了一个对称密钥，该对称密钥也存放在数据管理平台，则可以直接使用共享密钥加密数据。这样，在实现身份鉴别的同时也完成对数据的保密传输。该方案的基本架构如下：

$$\text{A} \longrightarrow \text{B：} \text{ID}_\text{A} || \text{ID}_\text{B} || E_k(\text{ID}_\text{A}, \text{ID}_\text{B}, \text{ck} || \text{ik}) || E_\text{ck}(T, \text{data}) || \text{MAC}(\text{ik}, T, \text{data})$$

其中，|| 为数据的连接符，ID_A 为设备 A 的身份标识，ck 和 ik 分别是用于数据加密和数据完整性保护的会话密钥，T 为时间戳，$E_{ck}(T, data)$ 为数据加密算法 E 使用会话密钥 ck 对 T 和 data 进行加密，$MAC(ik, T, data)$ 为使用数据完整性保护算法 MAC，在会话密钥 ik 的作用下对 T 和 data 进行完整性保护，即计算一个数据完整性标签。当 B 收到上述数据后，根据前面的身份标识信息可查找解密密钥 k，解密后检查密文中的身份信息，若正确无误，则 B 完成了对 A 的身份鉴别，而且同时得到两个会话密钥，进一步可对数据 data 进行解密和完整性验证。

上述无交互协议在实现了 B 对 A 的身份鉴别的同时，也使 A 得以将业务数据 data 在机密性和完整性安全保护方式下传送给 B。简单地说，这不是一个单纯的身份鉴别方案，而是将身份鉴别、数据机密性保护和数据完整性保护集为一体的安全方案，而且只需一轮通信，因此可以认为是一种轻量级安全协议。同样地，当需要 B 向 A 发送秘密数据时，按照同样的协议流程，可以实现 A 对 B 的身份鉴别，同时实现数据的机密性保护和完整性保护。

下面分析上述无交互协议的安全性。当 A 向 B 发送数据

$$ID_A||ID_B||E_k(ID_A, ID_B, ck||ik)||E_{ck}(T, data)||MAC(ik, T, data)$$

时，因为通过公开信道传输，所以这一传输的数据容易被攻击者截获。假设攻击者掌握该数据。因为攻击者不掌握加密密钥 k，无法解密 $E_k(ID_A, ID_B, ck||ik)$，故得不到 ck 和 ik。没有 ck，就不能解密 $E_{ck}(T, data)$，因此可提供数据机密性保护。攻击者如果不掌握 ik，就不能产生 $MAC(ik, T, data)$，包括伪造的数据 data，即使所使用的 MAC 算法容易找到随机碰撞（如 MD5）。

攻击者进行身份假冒攻击。除明文部分 ID_A 和 ID_B 可以伪造外，密文部分无法伪造。如果用随机数假冒密文，则解密后出现 ID_A 和 ID_B 的可能性几乎为零，因此假冒身份攻击不成功。非法篡改攻击的效果与假冒攻击是一样的。

需要说明的是，对上述无交互数据传输方案还可以进一步优化。例如，在加密 ck||ik 时，可以只包括 ID_A，不需要同时包括 ID_B，甚至可以只加密 ck||ik，这样可以使协议进一步轻量化。

4.9.2 基于公钥证书的方案

如果信任的建立是基于公钥证书的，则可以使用下述方案完成身份鉴别和数据传输：

$$A \longrightarrow B: \quad ID_A||ID_B||Cert_A$$
$$B \longrightarrow A: \quad ID_B||ID_A||Cert_B||Enc_{pk_A}(ID_A, ID_B, ck||ik)$$
$$||Sign_{sk_B}(ID_A, ID_B, ck||ik)||E_{ck}(T, data)||MAC(ik, T, data)$$

当 A 将自己的公钥证书发送给 B 后，B 首先检查是否有 CA 的根证书。如果 B 没有记录 CA 的根证书，则不能完成身份鉴别。如果有，则可以验证公钥证书的合法性，从而提取 A 的公钥。然后，B 产生两个会话密钥（ck 和 ik），这两个会话密钥可以随机产生。B 使用 A 的公钥对 ID_A、ID_B、ck||ik 进行加密，同时使用自己的私钥对 ID_A、ID_B、ck||ik 进行签名。同时，使用加密会话密钥 ck 对数据 data 和时间戳 T 进行加密，使用完整性会话密钥 ik 对数据进行完整性保护，并将这些数据连同自己的公钥证书发送给 A。

当 A 收到 B 返回的数据后，验证 B 的公钥证书的合法性，提取 B 的公钥，使用自己的私钥对数据 ID_A、ID_B、ck||ik 进行解密，同时使用 A 的公钥验证数字签名的合法性，这样就完成了对数据来源的身份鉴别，同时实现了数据的机密性保护和完整性保护。

上述对数据机密性和完整性的处理过程仅用于说明原理。在实际处理时，还要考虑完整性处理的对象是原始消息还是加密后的密文消息。根据有关研究结果，对加密后的密文进行完整性保护，比对原始消息进行完整性保护具有更高的安全性。

上述步骤是典型的握手协议，实际中可能需要使用三次握手协议，最后一次握手是对前面协议执行成功与否的确认。需要说明的是，具体实现身份鉴别方案时还包括许多其他参数。当不需要完整性或不需要机密性保护时，可对协议中的数据格式和验证流程进行适当裁剪，例如删除对 ik 的处理和对 MAC 的计算，将协议进一步轻量化。

上述方案实现了 A 对 B 的身份鉴别，同时完成了 B 向 A 安全传输数据的过程，这一过程可提供数据机密性保护和数据完整性保护。注意上述方案虽然通过公钥证书的验证建立了双向信任，但 B 对 A 的身份鉴别并未完成。也就是说，通信结束后，B 并不确定与之通信的是 A，因为任何一个设备都可以假冒 A 完成上述协议过程。但是，这种假冒攻击没有实质性破坏，因为即使攻击者欺骗 B 使其发送的数据，也不能解密数据。如果需要 B 对 A 进行身份鉴别，则需要更多轮的通信。

上述方案中使用了数字签名和消息认证码，两种方法都提供数据完整性保护。数字签名可同时用于用户身份鉴别。如果将数据 data 和时间戳 T 放在数字签名算法中，则可以节省 MAC 算法的执行。但是，上述协议为 A 和 B 之间建立了会话密钥 ck 和 ik，为更多数据交互建立了安全通道，后续数据交互可以使用如下格式进行传递：

$$ID_A||ID_B||E_{ck}(T, data)||MAC(ik, T, data)$$

在方案的安全方面，假设攻击者获得所有通过公开信道传输的数据。但是，攻击者除能验证 A 和 B 的公钥证书并得到相应的公钥外，因为不掌握私钥，对使用公钥加密的数据仍然不能解密。因此，攻击者不能得到 ck||ik，从而不能得到数据 data，也不能破坏数据的完整性。

攻击者可以实施假冒攻击：将 A 的证书连同 CA 的身份标识发给 B，然后收到 B 返回的数据。这些数据对攻击者没有什么用。在实际中如果 B 需要确认 A 成功得到了数据，可以使用三次握手协议，让 A 返回确认。这时，需要在数据中引入一个随机数，例如在 data 中添加一个随机数 R，即 B 发送给 A 的数据为

$$B \longrightarrow A: \quad ID_B||ID_A||Cert_B||Enc_{pk_A}(ID_A, ID_B, R, ck||ik)$$
$$||Sign_{sk_B}(ID_A, ID_B, ck||ik)||E_{ck}(T, data)||MAC(ik, T, data)$$

然后，A 可以向 B 返回如下数据：

$$A \longrightarrow B: ID_A||ID_B||E_{ck}(ID_A, ID_B, R+1)$$

当 B 解密上述步骤收到的数据并验证数据的正确性后，就知道三次握手协议已成功完成，于是完成了对 A 的身份鉴别。随机数 R 的引入是为了抵抗重放攻击。

4.10　物联网的 OT 安全防护技术——入侵容忍

物联网设备比传统信息系统的安全防护会更脆弱。因此，不应该把入侵防护作为物联网设备安全保护的唯一技术措施。入侵后的安全保护技术之一是入侵检测，但对物联网设备来说，特别是资源受限的物联网设备，实现入侵检测也是困难的。因为入侵检测不仅消耗设备资源，还需要根据系统的漏洞库、病毒库等信息及时更新入侵检测系统，否则，可能检测不到新型入侵。相反，一些包括对关键设备控制的物联网系统，特别是工业物联网系统，一般做不到对系统和软件的及时更新，这意味着入侵检测的有效性不高。

防止网络入侵是困难的，入侵后的及时检测也是困难的。但是，只要入侵行为对系统造成的危害不大，或者能避免入侵者对系统造成危害，则可以认为系统是安全的。考虑针对 OT 安全的入侵攻击，即入侵者的目的不是破坏被入侵的系统，而是试图非法控制与被入侵的系统连接的其他终端设备，则可以设计入侵容忍技术，保护终端设备免于遭受入侵者的非法控制。这种技术称为入侵容忍（Intrusion Tolerance）技术。

传统信息系统中也有入侵容忍技术，但通常需要系统冗余或多机协作才能完成 [44]，因为遭受入侵的设备自身可能失去正常工作能力。但对物联网设备来说，系统冗余和多机协作都很难实施，因此需要寻找另外的方法。针对信息系统的入侵攻击的目的是窃取数据和破坏系统，物联网设备很难实施入侵容忍技术。但是，OT 攻击的目的不是被入侵的主机设备，而是与之连接的其他终端设备，因此可以通过不同的架构设计使物联网主机设备具有入侵容忍攻击能力（只容忍 OT 类攻击）。

对 OT 攻击入侵容忍的目的是过滤来自攻击者的非法控制指令。但是，在攻击者入侵并控制主机设备后，其非法指令的格式符合终端设备的逻辑规范，非法指令的来源是合法的，甚至一些安全保护技术（如身份鉴别等）也可以顺利通过，因为攻击者入侵并控制了主机设备。在这种情况下，必须依赖独立于遭受入侵的主机设备之外的辅助手段，才有可能识别或过滤攻击者的非法指令。这些辅助信息或服务称为机外信息或机外服务。下面以工业控制系统中常用的主机设备作为可能被入侵的设备，给出一些针对 OT 攻击的入侵容忍方案 [39]。

4.10.1　机外数据

控制主机外部的什么信息可以用来阻止入侵者的非法控制呢？首先考虑机外数据。主机外的数据指不存在主机系统（包括软/硬件）内的数据，而是一种来自外部设备的数据，或者由人工输入的数据。这种数据可以看作一个密钥（如口令）。但如果入侵者驻存在入侵设备的内存中，并监视所有外部数据，则可以获得从外部输入的数据。如果这种数据是静态的，一旦被入侵者获得，入侵者便可以完全掌控被入侵的主机，于是可以成功伪造任何符合指令格式的非法控制指令，实现对物联网设备的非法控制。因此，使用机外数据提供安全保护时，应满足如下条件。

（1）**独立性**：机外数据无法通过主机本身产生，也不通过主机进行传输。

（2）**新鲜性**：机外设备提供的数据应该具有新鲜性保护，即一旦机外数据被使用，则不能再次被使用。

（3）**无关性**：不同的机外数据之间没有明显的关联，即给定一些机外数据，不能计算出将来的机外数据。

当机外数据与来自主机的指令被终端设备接收后，机外数据是判断指令能否被执行的辅助信息。即使机外数据允许指令被执行，对指令的合规性验证和合法性验证也不可缺少。机外数据的一个典型例子是人工指令：当人工指令允许接收控制主机的指令时，控制指令被正常执行，否则不被执行。这种方式的表现与临时断网类似，没有人工指令的明确授权，来自控制主机的指令不被执行，甚至不能被接收。

4.10.2 机外计算

主机外部除数据可以帮助阻止入侵者的非法控制外，计算服务也可以。主机之外的计算是数据安全操作常使用的方法。例如，移动设备通信所使用的数据加密和身份鉴别过程，都是通过插入移动通信设备内的 SIM 卡来完成的。SIM 卡是一个嵌入式硬件设备，具有内嵌的密钥和密码算法，移动通信设备只需要合适的通信接口，SIM 卡就可以处理所需要的计算。例如，移动通信设备可以将数据传给 SIM 卡用于加密或解密。在这种情况下，SIM 卡的操作对移动通信设备来说是一个机外计算过程。当然，SIM 卡的计算过程还伴随着 SIM 卡内存储的密钥信息。

一般地，机外计算过程是主机本身所不能完成的。由于很难对计算过程进行保密，因此机外计算过程通常伴随着存储在机外的秘密数据（即密钥）。

4.10.3 机外通信

计算是一种服务，通信是另外一种可以帮助阻止入侵者非法控制的服务。机外通信应该满足如下条件：

（1）主机之外的数据不受主机的影响。

（2）通过主机系统不能获得主机之外的通信数据。

实现机外通信的方式有很多。例如，使用独立的双系统或多系统，接收端根据多个系统的通信数据综合处理后判断是否执行指令数据。高铁通信系统就采取了多通道多模式的通信系统，当同一数据被多通道或多模块成功发送时，数据被正常接收处理（指令数据则被执行），否则报警处理。

机外通信与机外数据的区别是，机外数据是机密数据，而机外通信可能不需要机密数据。例如双系统，机外数据与机内数据可以完全一样，但如果攻击者篡改机内数据或非法伪造数据，因为攻击者不能控制机外通信，因此在接收端很容易发现数据匹配异常，从而使入侵者的非法控制攻击行为失败。

4.10.4 机外过滤

主机与终端设备之间的网络连接可以经过几个中间节点。当某一中间节点对来自主机的指令数据进行核验检查时，一些有问题或受质疑的控制指令就可以被拦截。这种核验和检查可以由人工执行，也可以通过一个不断更新的智能系统（如使用人工智能技术）来执行。在这种情况下，非法控制指令虽然可以欺骗计算能力有限的终端设备，但中间过滤设备的功能可以很强大，足以过滤掉多数入侵攻击行为，或者在非法控制行为实施少数次数后被发现并过滤掉。注意，非法控制指令并不是执行一次就可以彻底破坏终端设备，例如阵亡病毒对伊朗核电站离心机的控制，就是通过非法控制指令的不断执行，最终导致离心机超负荷运转而损坏。因此，即使非法控制指令被终端设备执行几次后能过滤，也能起到安全保护作用。但是，如何做决策则是具体实现技术，目前尚没有成熟的方法，有待进一步研究。

机外过滤的代价是过滤过程可能会消耗一些时间。上述其他几种机外辅助技术也都很难做到实时通信。因此，入侵容忍技术适合保护对控制指令的实时性要求不高的物联网系统，除非入侵容忍技术可以做到实时性很强。

4.11 小结

物联网是一个特殊的系统，自然有一些特殊的安全需求，因此应该有相应的安全保护技术。物联网对信息安全（IT 安全）的要求与传统信息系统有多方面的区别，典型的区别包括轻量级要求和抗重放攻击的要求。本章描述了常用的信息安全服务和技术，包括身份鉴别和密钥协商等。对网络信任的分析表明这样一种关系：网络信任是身份鉴别的基础，身份鉴别是建立共享密钥的基础。当然也有例外情况，例如建立共享密钥时不需要知道对方身份，在这种情况下不需要身份鉴别（如网络投票）。

另外，物联网系统还有控制安全（OT 安全）要求和行为安全要求。在 OT 安全方面，有效的安全防护技术是入侵容忍。本章列出了几种在一定程度上实现入侵容忍的方法，但只针对 OT 安全攻击有效。如果入侵者直接破坏被入侵的设备，则对某些物联网系统来说，破坏主机系统造成的损失比非法控制终端设备要小得多，而且容易恢复。例如工业物联网系统，如果一个主机系统遭受攻击并导致瘫痪，则启用一台备用主机即可。一些关键生产系统的主机一般使用热备份，一旦工作状态的主机发生故障，无论是否由网络攻击引起，都可以迅速切换到备份主机，然后慢慢检查和修复问题主机。因此，针对工业物联网系统的攻击不是破坏主机，而是实施 OT 攻击。

本章的内容表明，简单地将传统信息系统的安全保护技术应用于物联网系统，不仅消耗不必要的设备资源，而且可能无法达到保护目标，甚至无法执行，例如资源受限的物联网设备没有执行某个密码算法的软硬件资源。因此，了解物联网安全的特殊性，才能更好地针对物联网的特点设计安全保护方案。

第 5 章

智能家居物联网安全技术

5.1 引言

智能家居 (smart home) 又称为智慧家居，是以住宅为应用场景，通过物联网技术将家居环境中的各种设备（如音视频设备、照明系统、窗帘控制器、空调控制器、安防系统、数字影院系统、网络家电及三表抄送系统等）连接到一起，提供家电控制、照明控制、窗帘控制、电话远程控制、视频监控、环境监测、异常报警、暖通控制、红外转发及可编程定时控制等多种功能和手段。与普通家居环境相比，智能家居系统在传统的居住功能基础上增加了建筑检测、网络通信、家电信息化、设备自动化等功能，给人们提供集系统、结构、服务、管理为一体的高效、舒适、安全、便利、环保的居住环境，具有全方位信息交互功能，保持家庭与外部的信息交流，优化人们的生活方式，帮助人们有效地安排时间，增强家居生活的便利性、安全性，更好地均衡能源消费，减少能源浪费。

智能家居的概念包括两个部分：智能和家居。家居是指人们生活的各类设备；智能是指这些设备与现代电子信息技术相结合后所表现的性能，如自动控制管理、联动管理等，并具有一定学习能力，能根据当前用户的使用习惯不断优化，更好地满足人们的实际生活需求。智能家居的目的是打造一个高度信息化的生活环境，还可以提供居家疗养、居家服务、远程监控等服务。

智能家居是一个应用系统，其核心组成部分是广义的家用电器。所谓广义的家用电器，是指除传统的家用电器（如电视、空调、冰箱、洗衣机、微波炉等）外，还包括智能家居环境中所需要的电子设备，如计算机、打印机、视频监控摄像头、可视通信设备、烟雾探测器、窗帘开关、家庭网关和路由器等。

智能家居物联网系统结合无线传感网络、网络通信、信息安全、自动控制等技术，可以有效管理居家环境中电器的开关，方便生活，并且能减少电能浪费，提升家居便利性、舒适性、安全性、艺术性。

5.2 智能家居发展现状

智能家居是信息前沿技术与家用电器、家庭环境监测、家庭设备控制、家庭监控等应用的结合。智能家居的潜在市场让一些家用电器厂商看到商机。比如，海尔智家在全球范围推广"5+7+N"的智慧家庭场景解决方案，并加速向物联网生态企业转型；美的成立 IoT 事业部并将"全面数字化、全面智能化"作为战略目标，计划在短期内将智能家居服务覆盖上亿个家庭。房地产开发行业也看到智能家居的吸引力，在智能家居、智慧社区等方面投入重金，争先恐后地占领市场。据有关咨询机构的研究数据显示，在 2020 年之前，中国在智能家居方面的市场就已经超过千亿元规模。智能家居涵盖的范围很大，不同类型的企业争相布局，竞争越来越火热。

但是，智能家居系统的安全问题在市场发展的初期容易被忽略。例如，由于监控技术越来越成熟，家庭监控设备和服务的价格也达到许多人可以接受的水平，因此越来越多的家庭安装了监控摄像头。但是，家庭监控系统的安全问题仍然很严重。例如，一些家庭摄像头存在安全漏洞，使个人信息安全无法得到保障。网上充斥着所谓的家庭监控摄像头破解教程，破解方法五花八门。智能摄像头作为智能家居的重要组成部分，而隐私保护远远没有达到应有的水平。

家庭监控摄像头的信息安全问题涉及多个方面，既有设备本身的终端安全问题，也有云平台的安全问题，以及移动应用与数据传输的安全问题。任何一个方面没做好安全防护，都有可能带来隐私泄露和其他信息安全隐患。

5.3 智能家居系统的架构

智能家居系统的早期模型是家庭自动化，即利用微处理电子技术来集成或控制家中的电器或系统，包括照明灯、暖气及冷气系统、音视频系统、安保系统等。家庭自动化系统中的中央微处理机一般通过不同的界面来控制家中的电器。随着网络技术在智能家居的普遍应用，以及家用电器的信息化和网络化程度的提高，家用电器通过家庭网关实现联网成为可能，从而替代单纯的家庭自动化产品。

智能家居系统由不同的子系统构成，包括智能照明系统、多媒体交互系统、智能电器管控系统、智能用电管理系统、环境监测调节系统、智能消防系统、智能安防监控系统、远程抄表系统等。典型的智能家居产品已有多种类型，包括智能门锁、智能照明灯、智能家电、智能控制窗帘、智能开关、智能电视、智能电表等。智能家居系统的架构如图 5.1 所示。

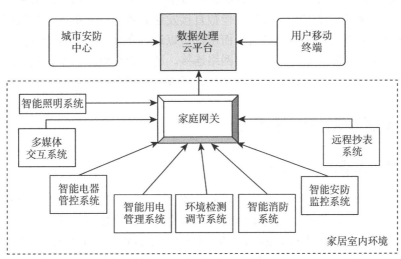

图 5.1　智能家居系统的架构

智能照明系统主要采用人体感知和声音控制等技术，使得照明在需要的时候提供，在不需要的时候关闭。在需要照明的情况下，当环境亮度较强时，照明亮度较强；当环境亮度较暗时，照明亮度较暗，这样可以有效保护眼睛免受强光刺激，同时节省用电消耗。智能照明系统还包括停电时的应急照明设施。一般情况下，智能照明系统无须连接网络。

多媒体交互系统通过智能电视和其他音视频设备的交互，可以将其他设备上播放的多媒体切换到屏幕较大、音质较好的电视上。例如，移动终端设备播放的视频可以切换到电视上播放，手机视频聊天可以切换到电视上，甚至多媒体门禁也可以切换到电视上。

智能电器管控系统可以通过对居室人员的检测，判断是否需要停止某个电器。例如，当检测到家里没人时，可以关闭空调或电暖设备；用户也可以在回家前提前开启家里的某些电器，如空调或取暖设备。智能电器管控系统需要有可靠的网络安全保护措施，否则非法控制电器会造成严重问题。

智能用电管理系统基于智能开关的设置和应用，必要时可实现远程强行关闭或开启。例如，某个用户急匆匆出差，忘记关闭电暖设备。使用智能用电管理系统，可以通过手机终端切断相应的智能开关。目前，有些使用强电的智能开关以智能插座的产品形式出现。

环境监测调节系统主要检测室内温湿度、空气污染情况等。按照实际需求，可以根据环境监测数据启动对应的措施，如打开或关闭窗帘、打开或关闭窗户（在某些特殊环境下使用）、打开或关闭空气过滤器、打开或关闭加湿器等。

智能消防系统是应急系统，通常与环境监测系统和安防监控系统协同工作。当环境监测系统检测到特殊气体（如天然气）浓度异常高、室内温度异常热时，根据安全策略，可以启动如下行为的一项或多项：（1）切断燃气管道；（2）打开窗户，特别是厨房的窗户；（3）切断插座电源和家用电器电源；（4）向热点喷洒水；（5）向用户发送报警信息，同时向城市安防系统发送报警信息，包括检测数据。

智能安防监控系统包括防盗门、智能锁、室内监控系统等。智能安防监控系统还可以与居家医养系统相结合。居家医养系统是智慧医疗的子系统，因此在智能家居系统中暂不考虑。

远程抄表系统是对电表、水表、气表的无线抄报和管理系统。用户消费数不需要人工上门抄录，而是通过网络传输方式将用户消费数直接发送到数据处理中心。如果用户欠费，也可以通过网络管控手段关闭或开启开关，而用户可以通过在线方式完成缴费。

智能家居不仅需要家用电器，还需要网络连接，通过数据处理云平台连接用户的移动终端设备，以及城市安防机构与数据平台的连接，形成一个复杂的网络系统。

5.4 智能家居设备的连接标准

5.4.1 智能家居的网络配置

由于智能家电具有网络通信能力，不同的智能家电之间，智能家电与用户移动终端之间都需要进行通信。因此，智能家电的安装比传统家电的安装要复杂一些。智能家电的安装应统一规划多个系统，包括家居布线系统、家庭网络系统、智能家居（中央）控制管理系统、家居照明控制系统、家庭安防系统、背景音乐系统（如 TVC 平板音响）、家庭影院与多媒体系统、家庭环境控制系统等。其中，智能家居（中央）控制管理系统、家居照明控制系统、家庭安防系统是必备系统，家居布线系统、家庭网络系统、背景音乐系统、家庭影院与多媒体系统、家庭环境控制系统是可选系统。

在智能家电的认定上，厂商生产的智能家电必须能实现智能家居的主要功能。虽然目前部分智能家电可以在市场上单独买到，但作为一个智能家居环境系统，应该将这些智能家电有机地连成一个整体，提供智能家居应有的功能。否则，单独的智能家电设备不能发挥其智能作用。

5.4.2 智能家居的网络连接标准

亚马逊、苹果、谷歌与 ZigBee 联盟共同成立联合工作组"CHIP"项目（Connected Home over IP，互联家居），发起智能家居连接新标准，主要推广可在多个平台上运行的智能家居设备。CHIP 的目标是简化制造商的开发，增加消费者的兼容性。目前已有的智能家居和语音服务设备包括亚马逊的 Alexa、苹果的 Siri、谷歌的 Assistant 等。CHIP 项目组承诺将与这些设备兼容。

有网络连接就存在网络安全风险，因此需要网络安全保护技术。虽然有些智能家居系统使用了密码算法保护传输数据的机密性，但总体上说，智能家居系统对网络安全的全面保护还不够充分。本章针对智能家居系统的不同子系统，论述网络安全问题和适用的安全保护技术。

5.5 智能家电的信息安全问题和技术

5.5.1 智能家电的信息安全问题

智能家电实际是在传统家电的基础上增加了一个网络传输模块和相应的计算处理功能。智能家电的中央处理器一般使用嵌入式操作系统，如嵌入式 Linux。黑客如果发现这些嵌入式操作系统的安全漏洞，则可以利用漏洞进行入侵。如果智能家电直接连接互联网，则可能会遭受来自网络的攻击；如果智能家电通过居家内的 Wi-Fi 路由器连接外部网络，则黑客可以通过入侵 Wi-Fi 路由器，然后入侵智能家电。

如果智能家电处于酒店等公共环境中，则其安全性无法保证。无论系统有没有漏洞，都可能被不法分子人为地植入恶意代码。例如，不法分子在智能家电上直接操作，从某个网站下载恶意代码，在本地运行。即使设备的配置具有权限要求（授权），但由于不法分子作为"合法用户"进行操作，因此很容易将公共场所中的智能家电（特别是智能电视）变成自己非法监控的工具。因此，公共环境中的智能家电的信息不安全。

目前，智能家电有很多种类型，将来还会增加新的品种。为了讨论智能家电的信息安全问题，将目前已有的智能家电分为如下几类：音像采集类、环境数据采集类、数据抄报类、控制报警类、通信服务类（包括家庭 Wi-Fi 路由器和家庭物联网网关）。这种分类的边界不十分严谨，只是便于采取不同的信息安全保护措施。

在不同种类的智能家电中，音像采集类智能家电的信息安全问题尤为严重。音像采集类智能家电以视频监控为主，包括室内监控摄像头、智能电视摄像头、电脑摄像头、手机摄像头（如果把手机也当作一种智能家电的话）等。这些摄像设备在启动的同时也启动录音功能，因此音、像是同步的。目前，单独录音的智能家电不多。

2013 年，研究人员发现一些智能电视机存在安全漏洞。入侵者利用该漏洞能够远程激活电视机的内置摄像头并录制监控视频，成为入侵者秘密监控设备，严重影响用户的隐私。在通过智能电视访问互联网网站时，入侵者还能将内置浏览器指向一个有害的页面。在 2013 年黑客黑帽大会（BlackHat2013）上，两名黑客展示了他们如何让某款智能电视机（配置了摄像头）成为监视工具。另有研究证明，即使用户认为电视机已关闭，入侵者也能让智能电视机起到监视器的作用，这种看似关机状态下的秘密监控更容易泄露用户的隐私。

据 2014 年有关媒体报导，代码审计机构 NCC Group 的安全专家演示了如何将智能电视机变成监听工具。智能电视机内置了扬声器和存储器，可以被恶意程序用于录音。间谍程序可通过物理接触下载安装到电视机里。NCC Group 的实验人员通过物理接触方式安装间谍软件，但恶意应用可伪装成合法应用通过设备制造商的应用商店等方式安装到电视机里。另外，智能电视机支持自动更新，恶意软件也可以修改更新过程，引诱用户升级遭受病毒感染的更新软件。攻击者可以选择在本地储存长时间的会话记录，然后再择时上传数据，或者直接将监听的数据上传到一台服务器，绕过本地存储。

防止智能电视机成为被黑客掌握的监控工具，需要制造商提升软件的安全性，并且应像计算机一样及时更新操作系统，防止安全漏洞被黑客利用。但用户没有能力确定自己的智能电视机是否已成为别人监视自己的工具。如果用户对此有担心，最安全的方法是在关闭电视机时物理切断电源。好在生产厂商也能及时注意到其所生产的智能电器（特别是智能电视机）的安全问题，并及时修补漏洞，包括更新软件、更新硬件（硬件更新只适合新生产的电器）。例如，一些新型智能电视机允许以物理方式调整摄像头，可以将摄像头转动到电视机边框内部，以挡住镜头，或者将摄像头推进边框将其禁用。虽然这种方式浪费了摄像头这个功能，但可以消除那些自己不用摄像头但担心摄像头被网络黑客利用的用户的顾虑。

5.5.2　多媒体信息交互系统的安全问题和技术

在智能家居系统中，不同的子系统面临不同的信息安全风险，也需要有相应的安全保护技术和实现方案。多媒体交互系统存在数据机密性问题。当数据从一个设备转移到另一个设备时，数据实际由原设备（如移动终端设备）发送给接收设备（如智能电视机）。由于信号通过无线传播，因此可以被附近的信号接收器接收到。特别是专门用于窃听的设备，可以接收选择频段内传输的所有数据。这说明使用多媒体交互系统时，被交互的信息很容易被攻击者窃听。

为了避免数据交互时泄露信息，可以使用简单的数据加密措施。由于需要交互多媒体数据的设备一般在同一个场所（居室）内，只需要在两个设备上共享一个随机数作为会话密钥即可。例如，假设设备 A 上的多媒体信息希望在设备 T（一般为电视机）上展示，则多媒体交互系统会在设备 A 与设备 T 之间建立一条通信通道，将拟在设备 A 上展示的数据共享到设备 T 上，其中数据共享通过明文传输。为了保护数据共享时的安全，避免数据被非法获取，可以在设备 A 和设备 T 之间进行数据加密。数据加密通过如下步骤完成：在设备 A 和设备 T 上输入一个临时会话密钥，就可以实现设备 A 与设备 T 之间的共享密钥。设备 A 在发送数据之前将数据进行加密，而设备 T 在接收到数据之后将数据解密，于是可以实现设备 A 与设备 T 之间的数据保密传输。实现这种功能的前提是，设备 A 和设备 T 都支持这种数据保密传输协议。

数据加密算法需要与多媒体交互应用系统相结合才能发挥对数据的机密性保护作用。由于多媒体交互系统的应用还不够广泛，所以信息安全保护技术在这种场景中的应用不多。

5.5.3 智能家电的信息安全保护

智能家电是智能家居系统的核心组成部分。智能家电的信息安全保护是保障智能家居系统提供便利服务、降低网络安全隐患的必要措施。智能家电的信息安全保护不仅涉及设备，而且涉及设备制造商、智能家居服务运营商和用户（包括技术、策略和使用方式）。

1. 智能家电制造商的安全保护技术

制造商应在智能家电设计阶段考虑信息安全方面的保护措施。智能家电的信息安全设计应包括设备防入侵能力、对数据的安全保护能力、对恶意指令的限制能力等。针对这些特点，应考虑如下保护措施。

1）系统动态更新能力

智能家电所使用的嵌入式操作系统，不能保证没有安全漏洞，一些应用软件也不能保证没有安全漏洞。但是，许多漏洞是在后期被发现的，也就是说，当产品销售给用户后，可能发现一些安全漏洞的存在，这时需要进行修补，因此产品应该具有动态更新系统的能力。最理想的方式是系统在线更新。如果不能在线更新，至少应该允许离线更新，即用户下载更新软件，通过某个接口对系统进行更新。具体实现时，在线更新比离线更新更具有可操作性。一方面，在线更新不需要硬件接口，可节约硬件成本；另一方面，在线更新可以通过系统自动完成，即使网络状态不好，也可以等待网络状态恢复正常时逐步完成更新，能避免用户在更新系统时不正确的操作造成的麻烦，更能降低用户没有及时更新而造成的安全隐患。

2）数据安全保护能力

可使用密码学方法和技术实现通信中的数据安全保护。一些智能家电制造商和普通用户意识不到对数据安全保护的重要性，因此许多智能家居系统只考虑智能操作功能，在数据安全保护方面存在安全隐患。对智能家居系统发送的控制指令，必须使用密码学方法进行科学的安全保护，否则容易遭受假冒攻击、非法篡改攻击、恶意重放攻击等，造成设备操作异常，甚至造成生命财产安全问题。例如，本来需要离家后启动的视频监控，被恶意控制后可随时开启，这对隐私信息的泄露带来很大隐患。即使普通的环境感知数据，也需要有安全保护措施，否则攻击者通过截获并分析这些数据，可以知道用户家中的一些情况。例如，当夏日室内温度超过 28℃ 时，很可能家中没人。攻击者通过分析这些传感器数据，可以知道用户家中什么时候有人，什么时候没人，从而对家庭财产安全带来更严重的隐患。一些看似不重要的家庭环境数据，都可能给攻击者提供重要信息，因此对这些数据的安全保护，包括数据机密性保护和数据完整性保护，都是非常重要的。对数据的安全保护功能应该在产品和系统设计时就加以考虑。如果在设计阶段没考虑这些功能，攻击者的恶意攻击和对用户信息的非法窃取与使用，会把智能家居系统变成危险的家居系统。

3）限制攻击者入侵后的非法行为能力

出于种种原因，攻击者对智能家电的入侵似乎是不可避免的。所有对设备本身的安全保护做的努力，都是为了降低设备遭受入侵的可能性。下面分析攻击者入侵的动机和目的。攻击者入侵的目的可能是获取智能家电的数据信息，这可以通过对数据的加密予以保护，使得攻击者的目的无法达到。攻击者入侵智能家电的另一个目的是控制智能家电。非法控制的表现有让智能家电行为错乱等。通过信息安全技术可以降低设备被非法控制的风险。如果攻击者发送的非法控制指令不符合数据格式要求，则不能通过验证，从而不被执行。但入侵到智能家电内部的攻击者很可能有能力调动设备本身的数据安全操作，完成对数据的加解密和安全鉴别，在这种情况下，对数据的合规性和合法性检测都不能发现问题。当然，对一般信息系统来说，防止入侵后危害程度的手段是使用入侵检测技术，通过对入侵者的行为分析，判断其为非法行为而加以限制。但这种入侵检测手段对智能家电来说会增加很多成本，包括处理器硬件成本和 IDS 软件成本。一种简单的方法是限制设备的行为，也限制通过网络来控制设备行为的能力，这是一种行为安全保护。例如，不能随意开启和关闭通信接口（或修改这些通信接口的设置时需要额外的安全验证过程），或对通信数据量进行限制（每小时发送数据量上限、每日发送数据量上限），或对通信目标地址进行限制（不能随意与没有授权的 IP 地址进行通信，而 IP 地址的授权只能通过硬件接口才能修改）。这样，即使攻击者入侵智能家电，其攻击的危害性也有限。

2. 智能家电运营商的安全保护方法

智能家电不同于普通家电，不是一个独立的设备，而是智能家居系统中的一个组成部分，因此一般情况下需要专业安装、专业运营。用户要想通过移动终端来监控自己的智能家电，需要运营商的一个数据管理平台，该平台提供数据管理服务、用户管理服务等。因此，智能家电运营商一般有自己的运维服务平台，实现销售、安装、运维一体化服务。

智能家电的运维服务平台应具有用户账户安全管理能力、数据传输和存储安全保护能力、数据来源鉴别能力。

1）用户账户安全管理能力

运维服务商必须能够对用户进行可靠的身份鉴别，基于身份实现对数据的访问控制机制。事实上，智能家电运维服务的访问控制机制很简单，例如只允许用户访问自己的数据，这样就能避免一个用户窃取其他用户数据的攻击行为。

2）数据传输和存储安全保护能力

根据数据的不同类型和安全要求，应提供个性化数据安全服务。例如，对用户的智能家电采集的数据采取加密保护，避免非法用户窃取内容；对用户发送给自己的智能家电的数据（控制指令）则提供完整性保护和新鲜性保护，避免非法篡改攻击和数据重放攻击。另外还有一类数据，即用户个人信息数据，这些数据关系到用户的隐私信息，对这类数据应提供可靠的数据隐私性保护。

3）数据来源鉴别能力

无论是对用户的智能家电上传的数据，还是对用户发给自己的智能家电的控制指令数据，都需要确认数据来源。这实际上是基于数据来源的一种身份鉴别。智能家居系统的数据来源一般比较单一，例如用户的数据来自一个固定的家庭网关（如 Wi-Fi 路由器），对数据的访问则可以来自不同的终端，但使用用户账户和口令密码验证。数据来源鉴别不仅查看数据携带的身份标识，还要具有鉴别真伪的能力，即身份鉴别机制。由于智能家电一般使用交流电供电，因此功耗不是优先考虑的问题。传统的三次握手协议和面对资源受限的物联网设备的身份鉴别协议都可以使用。为了能实现数据来源身份鉴别，在智能家电的运维开始之前，应该有适当可靠和可信的安全参数设置，为数据传输的安全保护建立最初的信任。

3. 智能家电用户的安全保护方法

智能家电用户不应该是被动使用者，特别在信息安全方面应该主动参与到安全防护中。智能家电用户的信息安全问题可能发生在智能家电中，因此，用户对智能家电的使用和管理应注意如下问题。

（1）不随意访问外部网站，更不能随意安装应用软件。这种情况适合智能电视机，其功能相当于一台大屏幕计算机，可供浏览网页、观看在线视频。所有这些行为都可能导致智能家电访问恶意网站，不经意间下载并安装病毒软件，给智能家电带来信息安全隐患。一般情况下，智能家电默认的连接平台是运营商提供的服务平台，其安全风险比随意浏览网站要小得多。

（2）设置与用户移动终端共享的数据加密密钥，实现从用户移动终端到智能家电之间的"端到端安全"通信。虽然用户移动终端与智能家电之间的数据交互要通过一个运营平台来完成，但相互之间传输的数据的安全性不受运营平台安全性的影响。该项功能需要智能家电支持，运营平台提供相应的终端 App。

（3）智能家电最好通过一个家庭网关连接外部网络，而不是直接连接互联网。有些智能电视机具有成为家庭网关的功能，但将智能电视机作为家庭网关不是一个好的策略，因为网络攻击者通过互联网可以入侵到家庭网关，但不一定能通过家庭网关成功连接到其他智能家电，特别是智能电视机。但是，如果家庭网关就是智能电视机，则攻击者可以控制智能电视机。由于智能电视机具有录音、录像、监控功能，容易被入侵者控制后泄露用户的隐私信息。

（4）用户的移动终端设备一旦丢失，需要重置智能家电和家庭网关的密码；如果终端设备需要维修，也应该重置智能家电和家庭网关的密码。

智能家居系统的信息安全问题可能发生在用户的移动终端中，因此对移动终端的使用和管理需要具有安全保护手段和安全保护意识。

（1）定期更新操作系统。用户移动终端的操作系统可能存在安全漏洞，生产商会对发现的安全漏洞及时修补，这时需要用户及时更新系统，避免由这些系统漏洞造成非法入侵。

（2）避免使用非授权软件。用户可能在移动终端安装许多不同的 App，其中可能存在嵌入木马病毒的 App。一旦将木马病毒"引狼入室"，就容易遭受木马病毒的破坏。一般移动终端的系统中都有一些经过厂商验证的 App，虽然不能 100% 地保证这些 App 的安全性，但其安全风险一般比从网络上随意下载的 App 要低。

（3）安装杀毒软件。无论如何小心，完全避免移动终端遭受病毒木马入侵是很困难的，因为病毒制造者使用各种手段引诱用户落入陷阱。一不小心点击某个链接，可能就安装了一个病毒木马。在这种情况下，移动终端的杀毒软件会起到查杀作用，至少可以识别多数已知病毒。但是，安装杀毒软件的副作用是降低系统性能，一些用户可能因为不喜欢自己的移动终端在安装杀毒软件后性能降低而不愿意安装移动终端的杀毒软件。但是，如果这个移动终端是用来管控智能家电的，则建议安装杀毒软件。

（4）避免使用弱口令。无论是移动终端的屏保，还是 App，特别是监控智能家电的 App，登录时都需要一个安全、独立的口令。什么样的口令是安全的呢？其实，现在许多平台都要求口令满足一定的安全条件，例如，要求至少包括一个大写字母、一个小写字母和一个数字或符号，且长度不小于 8 个字符。在这种要求下，虽然仍然不能保证口令的安全性，但至少比许多已知的弱口令要好得多。

（5）备份好关键数据。移动终端容易损坏、丢失。移动终端的损坏造成关键数据的丢失，如访问智能家电服务平台的一些设置等。如果这种设置仅依赖于一个 App 和用户账户，则移动终端的损坏在智能家电的监控方面不会造成很大损失，但可能造成用户其他数据丢失的损失，如通信录等。如果移动终端丢失，则造成的损失可能更大，除一些重要数据丢失外，还可能面临被攻击者非法使用移动终端所造成的安全隐患。如果对重要数据及时备份，则可以弥补移动终端丢失或损坏造成的损失。当发生移动终端丢失时，需要对重要平台登录口令密码及时更新。这些安全措施是一些习惯和安全意识，不是简单的技术手段能实现的。

4. 使用公共环境中的智能家电时的注意事项

公共环境（如酒店客房内）中的智能家电经常被不同人员使用，有时可能存在故意植入病毒的"引狼入室"行为，因为有的人，如酒店的旅客，可能是网络攻击黑客。在入住配备智能家电的酒店时，为了避免自己的隐私信息被泄露，可以关闭或遮挡智能电视机的摄像头、在睡觉前关闭网络，这样可以尽可能地避免泄露个人隐私信息。

但是，一些被黑客入侵的设备，即使按遥控器上的电源键关机，设备仍可能处于"假关机"状态，其实摄像头仍然开启，成为黑客监控的工具。因此，更保险的安全措施是遮挡智能电视机的摄像头，然后在晚上睡觉前关掉电视的电源。

对于一些特殊身份的人，入住酒店时还需要检查房间内是否存在隐藏的摄像头和其他监听监视设备，这类检查超出信息安全的一般技术范围。

5.6 智能用电管理系统的安全问题和技术

5.6.1 智能用电管理系统的功能

智能用电管理包括本地管理和远程管理。本地管理一般通过有线连接。例如，一个用于管理家庭用电的设备连接多种家用电器。根据实际应用需求，可以进行如下配置，或通过机器学习逐步实现如下配置：

（1）当感知到室内没人（如工作日白天上班）时，可以关闭空调和取暖设备。

（2）当感知到用户已经睡觉了，则可降低空调设备或取暖设备的工作功率，这种控制需要空调或取暖设备具有调节功率的功能。

（3）根据用户平时起床的时间，在起床前一段时间，开始启动空调或取暖设备；如果这些设备一直在启动着，则将这些设备调整到正常工作状态。

用户可以使用移动终端设备（如智能手机）控制家中的某些电器。在一些特殊情况下，如加班、出差、提前回家时，可以临时改变某些电器的启动时间，如提前开启空调（比平时早回家时），或保持空调关闭（如出差了）。

5.6.2 智能用电管理系统的安全需求

通过移动终端设备远程管控家用电器时,需要提供如下安全服务。

(1)身份鉴别服务。家用电器或家庭网关有能力验证用户移动终端设备的数据是否合法。这需要使用相关的身份鉴别技术。常用的身份鉴别技术是挑战–应答协议,但物联网系统可以使用轻量级身份鉴别协议,使身份鉴别和控制指令的安全发送同时完成。

(2)控制指令应进行数据新鲜性保护。数据新鲜性需要使用计数器或时间戳,在一个加密算法或数据完整性保护算法的协助下实现。

一般情况下,控制指令的机密性要求不高。为了避免攻击者通过收集众多家庭的移动终端设备的控制指令来获得额外信息(如用户提前回家、用户晚回家、用户不回家等),对控制指令的内容也应该进行机密性保护。考虑到一些控制指令非常简单且种类少,如"开启"或"关闭"指令,应使用概论加密算法,或在确定性加密算法中添加一个随机数作为加密数据的一部分,实现不同时刻对指令数据加密后密文的无关联性。

5.6.3 智能用电管理系统的控制指令安全保护示例

假设智能电器 A 与用户移动终端设备 M 共享了一个密钥 k。用户通过移动终端设备 M 发送控制指令 Cmd 时,使用 MAC(Message Authentication Code,消息认证码)算法保护指令数据的完整性,使用时间戳 T 作为消息新鲜性标签,并使用 MAC 算法保护指令数据 Cmd 和时间戳 T。因此,实际传输的数据格式为

$$M \longrightarrow A: \text{Cmd} \| T \| \text{MAC}(k, \text{Cmd} \| T)$$

当智能电器 A 收到上述消息后,根据 Cmd$\|T$ 和自己记录的 k 可计算 MAC$(k, \text{Cmd}\|T)$,检查计算结果与接收到的部分是否一致。如果一致,则数据完整性得到确认。在执行控制指令 Cmd 时,先检查时间戳 T 是否在合法范围内。对时间戳 T 的合法性检查,保证了控制指令数据的新鲜性,可以抵抗重放攻击。

如前所述,攻击者接收到上述消息,经过一段时间的数据收集和分析,容易根据 Cmd 的数据格式判定是某家的控制指令,甚至知道控制指令的具体内容。虽然攻击者仍然不能篡改或伪造控制指令,也不能实施重放攻击,但根据不断收集的 Cmd 数据,可以知道有关用户行为的许多信息。为了避免这种情况发生,假定智能电器 A 与用户移动终端设备 M 都预置了一个对称加密算法 E,则共享的密钥 k 可以作为数据加密密钥。当 M 需要传送指令 Cmd 时,传输的数据为

$$M \longrightarrow A: E_k(\text{Cmd} \| T)$$

当智能电器 A 收到上述消息后,解密消息得到 Cmd 和 T,验证时间戳 T 是否有效,如果有效,则执行指令 Cmd。

注意,使用加密算法的优点比使用 MAC 算法更多。

(1)数据量更小。对称加密算法的密文长度与明文长度接近,而使用 MAC 算法还需要添加 MAC 算法的输出值,一般为 20B 以上。

(2)使用加密算法可以提供使用 MAC 算法所能提供的所有安全服务,包括数据完整性和数据新鲜性。同时,使用加密算法还能提供数据的机密性,而且当 T 发生变化后,在不掌握密钥的情况下,无法验证不同密文之间的关联性,避免攻击者通过分析密文发现用户行为。

这个示例说明，使用加密算法可以对较短数据（如控制指令）提供多种安全服务。

5.7 环境监测调节系统的安全问题和技术

对居家环境的监测主要指采集室内温湿度、光照等感知数据。对厨房的环境监测尤为重要，因为厨房存在煤气泄漏、烟火失控等安全隐患。一般情况下，检测的数据可以本地存储，或上传到一个服务器供用户查看，这类数据无须保留很长时间。但对突发情况，如环境监测的数据突然快速异常变化时，则需要根据安全策略采取消防等措施，同时应将检测数据及报警信息上传到应急管理部门（如消防队、煤气公司等），以及用户移动终端设备。

数据传输如果不采用安全保护措施，则存在安全隐患。室内环境监测数据在上传时需要如下安全保护。

（1）数据完整性保护。室内环境监测设备上传的数据可能会被非法篡改，或被非法伪造。即使使用数据加密技术，由于环境监测类数据本身就具有一定的随机性，攻击者伪造的数据和非法篡改数据后的数据解密后有可能看上去仍然像某种环境监测数据，但数据代表的环境监测值与正常情况差距较大，即异常数据。数据异常说明环境可能发生了意外情况，如火灾，可能会导致消防部门的相应行动。这类攻击造成安防系统资源浪费和打击安防工作人员的工作热情。为了防止这类攻击，在上传室内环境监测数据时应使用数据完整性保护。但是，保护数据完整性不一定使用消息认证码，适当使用加密算法也可以达到目的。

（2）身份鉴别。身份鉴别的目的是防止身份假冒。在以家庭网关为数据传输代理的情况下，如果使用了密码保护技术，包括数据加密和数据完整性保护技术，则身份假冒的可能性不大，因为家庭网关在使用前需要在数据服务中心进行注册，数据服务中心掌握每个家庭网关身份所对应的密钥，包括公钥（可以通过验证公钥证书而获得）、共享对称密钥（可以在注册阶段完成）。一旦家庭网关的身份注册完成，攻击者假冒某个身份的成功率可以忽略不计，因为攻击者不知道这些家庭网关的密钥。

（3）数据新鲜性保护。数据新鲜性保护的目的是防止数据重放攻击。某用户的异常检测数据和报警信息经过数据安全保护后不能被篡改，但攻击者可以获取该数据（如通过信号接收器）并知道该数据为异常数据，于是将这段数据存储并在以后的某个时刻重新发送。当攻击者将这段数据发送给应急管理部门时，应急管理部门检查数据来源合法、数据完整，于是接受数据并采取行动。这显然是攻击者的恶作剧。这种恶作剧不仅消耗社会资源、制造社会混乱，而且可能因采取了相应的措施（例如启动室内灭火装置，但实际上室内一切正常），造成不必要的损失。因此，这类数据需要新鲜性保护，避免重放攻击。

（4）数据的机密性保护。一般情况下，对居家环境的检测数据来说，数据的机密性保护不是很重要，因为攻击者获取这种数据的意义和价值不大。但在特殊情况下，例如居家医养，则家庭环境数据（包括温湿度、空气污染程度等）可以直接影响到身体健康。为了不让其他人获得居家环境的检测数据，可以对这些数据进行加密保护。另外，数据机密性与数据完整性可以通过一个加密算法的巧妙使用同时完成，因此，数据机密性保护不会比数据完整性保护花费更高的成本。

5.8 智能消防系统的安全问题和技术

传统的楼宇消防系统是自动喷水，用于在应急情况下灭火。智能家居系统中的智能消防系统以保护厨房安全为主，结合自动灭火系统，使得消防保护更全面。

厨房是居家环境中安全隐患较高的地方。智能消防系统不仅应防护可能的火灾，还应结合燃气泄漏等情况进行综合防护。例如，当温湿度传感器感知到异常高温后，可以初步判断室内有火灾发生；当燃气传感器感知到超高浓度的天燃气（或煤气）时，可以判断燃气（或煤气）泄漏。如果智能消防系统与燃气阀门相连接，则可以在判断燃气泄漏时关闭燃气阀门。

为了减少误操作带来的问题，智能消防系统在启动控制操作时应考虑如下因素。

（1）智能消防系统可以根据感知数据来判断是否关闭燃气阀门，但燃气阀门必须通过人工现场操作才能再次被打开。

（2）智能消防系统根据感知数据来判断室内是否有火灾时，应根据多个传感器的数据做出综合判断，单一传感器的判断存在较高的误报率。

（3）智能消防系统在启动喷水灭火行动前，应将异常数据和报警信息发送到用户的移动终端设备（同时发送到城市安防中心），并在一段时间内等待用户发送的指令。如果迟迟收不到用户指令，则根据系统设置进行处理；如果收到用户指令，则按照用户指令执行。

根据上述行为模式，当智能消防系统接收用户指令或来自城市安防中心的指令时，首先对这些控制指令进行安全验证，包括数据来源鉴别、数据完整性验证、数据新鲜性验证等，然后才能执行。一般情况下，智能消防系统在安装时就将城市安防中心的身份信息和关键配置参数（如密钥），以及用户的身份信息设置完毕，根据不同的身份信息使用相应的密钥检验数据的安全性。

5.9 智能安防监控系统的安全问题和技术

智能安防监控系统包括门禁系统（如指纹密码锁）和室内视频监控系统。门禁系统无须联网，可以本地工作。室内视频监控系统需要联网，一般情况下，视频监控数据首先传输到一个数据服务平台，然后用户的移动终端设备可以从数据服务平台获取视频监控数据，或直接从视频监控系统获取实时数据。

5.9.1 智能安防监控系统的特点

不同于其他类型的室内检测数据（如传感器感知的环境数据），室内监控系统摄取的音视频资料具有如下特点。

1. 数据量大

一般来说，音视频数据量都比较大。单路视频 24 小时录制的视频监控数据量计算公式可形式描述为

$$\sum(\text{GB}) = \text{码流大小 Mbps} \div 8 \div 1024 \times 3600s \times 24h$$

高清 720P（1280×720）格式的视频，按 4Mbps 码流计算，每天录制的数据总容量为 4Mbps÷8÷1024×3600s×24h ＝ 42GB。

标清 4CIF（704×576）存储格式的视频，按 2Mbps 码流计算，每天录制的数据总容量为 2Mbps÷8÷1024×3600s×24h ＝ 21GB。

CIF（352×288）存储格式的视频，按 512Kbps 码流计算，每天录制的数据总容量为 512Kbps÷8÷1024÷1024×3600s×24h ＝ 5.3GB。

2. 涉及用户隐私

居家内的监控信息常常涉及用户的隐私信息，即使无人像的室内影像，也可能包括住户的隐私，如室内设施。

家庭环境的智能安防监控系统获取的数据可以存储在本地，也可以存储在运营商提供的数据服务云平台。存储在云平台的好处是，用户不用担心存储卡容量限制问题，但所付的代价是支付相应的费用。运营商除给用户提供数据存储服务外，还可以对用户数据进行分析，从而可以精准投递广告信息。

5.9.2　智能安防监控系统的安全问题

从安全方面考虑，将数据存储在运营商的云平台，会增加安全隐患，因为用户的家庭监控数据可能被攻击者从云平台盗取。因为监控系统的目的是让用户可以通过移动终端访问监控数据，即使存储在监控设备本地的数据也允许通过网络连接进行访问，因此存在被攻击者窃取的风险。

2016 年，美国发生了大规模 DDoS 攻击事件，有大量物联网设备遭黑客入侵后变成黑客的"僵尸设备"，成为那次 DDoS 攻击的参与者。在那些参与 DDoS 攻击的物联网设备中，就有大量网络监控设备。那么，攻击者是如何入侵到网络监控设备的呢？根据 2017 年的一项安全管理部门授权的小规模研究分析，通过网上扫描发现了 351 个摄像头暴露在公网中，其中 96 个摄像头存在安全漏洞，占比约为 28%。进一步分析发现，造成安防设备被入侵的主要原因是，国内安防监控设备的 Telnet 用户名大多为 root、admin、guest 等常用名称，这些常用账户名很容易被暴力猜测。另外，使用这些设备的用户大多为普通人，很少的用户会主动修改 Telnet 服务的默认密码，这使 Mirai 等恶意软件可以轻易控制大量安防监控设备。更为可悲的是，有些物联网设备对登录口令采用了硬编码方式，不允许修改，在这种情况下，即使发现有病毒入侵这类系统，厂商和用户也都无能为力。

5.9.3　智能安防监控系统的安全防护技术

为了解决智能安防监控系统的信息安全问题和控制安全问题，可使用如下安全方案中的一种或多种。

（1）**共享密钥设置**：在家庭安防监控系统和用户移动终端设备设置一个共享密钥。这个密钥是用户在现场物理操作设置的，无须通过网络传输，因此不存在信任问题。

（2）**监控数据的机密性保护**：无论是存储在本地的监控信息，还是存放在运营商云平台的数据，都是经过加密的。当数据传输到用户的移动终端设备时，数据被解密，然后可以正常播放。对视频数据的加密不需要对全部视频数据进行加密，这方面有许多成熟的技术。但是，这种安全保护需要安防监控设备和移动终端设备都支持监控数据的加解密算法与协议。

（3）**监控数据的完整性保护**：安防监控数据主要是音视频数据。这种数据对完整性的要求不高。如果发生几个比特的错误，会影响音视频的质量，但对音视频数据所提供的信息影响不大。因此，一般家庭环境的安防监控数据不需要完整性保护措施。如果数据在传输中发生大量错误，包括攻击者恶意造成的传输失败，因为一般监控设备在本地存储一定时间段内或一定存储容量内的数据，所以那些传输失败的数据可以从监控设备本地存储的数据中进行恢复。

（4）**控制数据的安全性保护**：用户可能通过移动终端设备调整家中监控设备的配置、监控工作模式及监控范围，也就是给家中的监控设备发送控制指令。这些控制指令需要具有一定的安全性保护，包括完整性和抗重放攻击。

（5）**身份鉴别**：家庭环境的智能安防监控系统对设备的身份鉴别要求不高，原因是用户可以在家庭监控设备和用户移动终端设备设置相同的密钥，假冒身份也许可以获取数据，但不能解密数据。如果以假冒的身份非法控制监控设备，则在合理的安全技术方案保护下，非法控制指令无法被执行，从而不构成威胁。

（6）**隐私保护**：这是家庭环境的智能安防监控系统的重要问题。如果解决不好，则可能带来严重的社会问题。目前，最有效的隐私保护方法是对监控数据进行加密，防止非法用户看到监控内容。

5.9.4　对智能安防监控设备的控制指令安全性保护技术

如前所述，对智能安防监控设备的控制指令需要安全保护，最重要的安全保护是指令数据的完整性，确保控制指令数据没有被非法篡改，有时也要保证数据不是被非法伪造的。对数据的完整性保护有成熟的技术方法。假设在智能安防监控设备和用户移动终端设备中共享一个密钥 k，基于密钥 k 设计一个数据完整性保护算法 MAC，则对控制指令数据 cmd 产生一个数据完整性保护标签 $g = \text{MAC}(k, \text{cmd})$。传输数据 cmd 时，连标签 g 一同传输，这样就可以保护数据 cmd 的完整性。除指令数据 cmd 本身外，还需要保护时间戳 T 的完整性，即计算 $g = \text{MAC}(k, \text{cmd}, T)$，而控制指令则包括 (cmd, T, g)。时间戳的用途是保护数据的新鲜性，防止修改时间戳后实施重放攻击。

在上述数据完整性和数据新鲜性保护方案下，如果攻击者非法伪造指令数据 cmd′，向某个家庭安防监控设备发出控制指令 (cmd', T, g)，由于攻击者不掌握密钥 k，因此无法产生正确的 g，伪造的控制指令 cmd′ 被监控设备拒绝。

如果攻击者窃取了用户设置的密钥怎么办？这相当于用户更换了移动终端设备。从身份鉴别技术上很难防护，但可以利用一些安全策略减少这种情况带来的安全隐患。例如，更换手机需要在原手机上确认，或通过现场物理操作方式完成。

5.9.5 智能安防监控系统安全保护的代价

目前，大多数家居环境的智能安防监控系统都没有如前所述的信息安全保护，这可能出于多方面的原因，包括如下几种原因。

（1）数据传输一般使用移动通信网络（如 LTE 网络），移动通信本身对数据提供了完善的安全保护技术，包括设备的身份鉴别、数据机密性保护、数据完整性保护等。因此，无须再提供额外的安全保护。

（2）对监控设备增加安全保护，将提高设备的成本、增加设备的维护难度，不利于数据的恢复。例如，由于案情需要，警方要调用某段安防监控视频数据，但用户的移动终端设备不能用，在这种情况下，对数据的安全保护反而起到不利作用。

（3）不利于云平台的数据分析。虽然一些同态加密算法可以允许一定程度的密文计算，但同态加密一般使用公钥密码算法，而视频监控数据一般使用对称密码算法，加密后的视频数据一般无法用于数据分析。

为了解决以上几个问题，下面给出一些简单解释，以说明安防监控数据安全保护的必要性。

（1）移动网络提供的安全保护仅限于移动网络的业务。例如，设备的身份鉴别只验证设备是否为移动网络认为的"合法"设备，即是否有足够的费用使用网络服务，而不是安防监控系统的用户认为的合法设备；数据的机密性仅限于无线传输阶段，一旦进入运营商控制的网络内部，运营商可以随时获得明文数据，而且传送给云平台的数据也是明文数据；移动网络提供的数据完整性保护，可以保护移动通信过程中无线通信的数据，但如果攻击者篡改的数据是进入移动网络之前的，则移动网络的安全保护不起作用。

（2）容易解决数据恢复问题。让监控设备本地存储明文数据，只有传输时才进行加密保护。这样，即使用户的移动终端设备忘记了密码，例如重装了应用软件，仍可以回家后重新设置，而不影响对后续监控视频资料的正常接收和使用。这种方案需要视频监控设备具有明文存储和加密传输的功能，即虽然存储的视频数据是明文格式，但在传输到服务平台或用户终端设备时，需要将数据加密。

（3）加密后的视频数据基本不能用于云平台的数据分析。但这个问题对用户来说不一定是坏事。数据服务平台首先应明确数据分析的目的，如果合理，再考虑满足数据分析的技术方案。如果数据分析的结果仅是为了更准确地分类投递广告，则影响平台的数据分析，对用户没有影响。

影响视频监控数据安全保护的最重要原因是增加成本，包括开发投入、用户安装应用软件、软件的更新和维护成本等。但这些成本问题属于商业问题，而不是技术问题。

5.10 远程抄表系统的安全问题和技术

电表、燃气表、自来水表是日常生活中常见的流量消费计量设备，这些设备记录用户使用量。用户只需要为自己消耗的部分支付费用，多用多付费，少用少付费。

5.10.1　远程抄表的必要性

计量表记录的数值需要抄录。传统的人工抄表需要抄表人员查看、抄录每个计量表。由于不同类型的计量表属于不同部门管理，因此一个家庭中使用的电表、气表和水表，可能需要不同的抄表人员查看、抄录。许多用户的计量表都安装在居室内，抄表人员通常需要多次登门才能完成抄表。人工抄表所遇到的困难可能超出许多人的想象：上班时间入户抄表很难，因为多数家里没人；太晚了也不方便入户抄表，影响人们的正常休息；即使在下班后几个小时的时间内，也不能保证抄表顺利，因为不同人的下班时间不一致，有些人下班后与朋友一起吃完饭后才回家，有些人可能吃完饭后出门散步了。

随着人们对水、气、电等资源消耗的增加，提高能耗管理非常必要，特别是对电能的管理。比如，在夏季晚上 6:00～9:00，空调设备消耗很多电能，对电网造成不小的压力。为了减轻高峰用电压力，其他一些在时间上要求不是很严格的用电需求，例如给充电汽车充电，应避免在居民用电高峰时段。如何避免呢？一个有效的方法是经济调节：电价按照不同时段进行划分，高峰时段的价位高，低谷时段的电价低，这样，一些时间节点不是很关键的用电设备（如电动汽车）就可以选择在低电价时段进行消费，从而可以适当平衡高峰时段和低谷时段的用电量，保持电网的稳定。

但是，通过人工抄表的方式，不能做到分时段计价。为了实现分时段计价，同时减轻抄表过程的人工成本和管理成本，远程抄表就成为必要手段。远程抄表是将抄表数据传输到远处的数据处理中心，由数据处理中心进行管理和计费等工作。

5.10.2　智能电表的信息安全问题

远程抄表技术不仅节省高昂的人工抄表费用，而且由于可以实时抄表，因此可以实施按时段计价方案，使得一日内不同时段的不同电价成为可能。随着电动汽车的增多，电动汽车充电时的耗电量大。不采用阶梯电价政策，在用电高峰时，如果大量电动汽车同时充电，则容易对发电网造成超负荷的损害。因此，分时段的电价是缓冲高峰用电的有效方法，而智能电表的实时抄表是实现阶梯电价的必要手段。

智能电表具备实时、远程及双向通信功能，拥有催生先进电力服务的潜力。各国都在大力发展智能电表业务。但是，智能电表也带来一些潜在的信息安全隐患。如果智能电表普及，可远程控制的智能家电等则在家庭领域中得到普及。这些设备很有可能无法完全应对针对未知漏洞的网络攻击。因此，智能电表应该配置严格的数据安全保护方案。

如果攻击者入侵发电站监控系统，使系统负荷过大，则会造成大规模损害；如果攻击者冒充提供需求响应服务的能源服务运营商，向系统发出假的需求响应信号，则可能破坏电力供需平衡，引发大规模停电；如果攻击者入侵大量智能电表，一方面可能会导致电表的恶意关闭、抄报数据错误等问题，另一方面也可能控制这些抄表终端发起大规模网络攻击。

这绝不是危言耸听。实际上，在其他国家，针对电力、通信及金融等重要基础设施的网络攻击所造成的危害正日益凸显。目前，入侵智能电表手段的水平并不高，还停留在为了不交付电费而在智能电表的抄表部分设置强力磁铁，以妨碍抄表，或减少用电量显示值等初级手段。不过，今后入侵手段和安全威胁也将不断提高。

为了确保智能电表的信息安全，防止智能电表数据被非法窃取或遭受入侵攻击，致使智能电表不能正常工作，或被非法控制成为攻击其他网络的帮凶设备，国家电网公司制定了智能电表信息传输安全标准（行业标准，实际也相当于国家标准），并依据标准研发了相关产品。

5.10.3 智能电表信息交互安全规范

为了提供远程抄表的数据安全保护，国家电网公司出台了远程抄表信息保护行业标准，即《智能电能表信息交换安全认证技术规范》企业标准。

为了实现远程抄表，应使用具有计算、通信等功能的智能电表（常用称谓）。智能电表包括 9 个模块，分别为主控 MCU（Micro Control Unit，微控制单元）、ESAM（Embedded Secure Access Module，嵌入式安全控制模块）、通信模块、存储模块、时钟模块、电源模块、显示模块、计量模块、断送电模块。这些模块之间的关系如图 5.2所示。

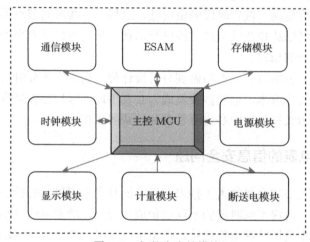

图 5.2　智能电表的模块

图 5.2中的主控 MCU 是智能电表的核心部分。ESAM 实现安全存储、数据加/解密、身份鉴别、存取权限控制、线路加密传输等安全控制功能。ESAM 与主控 MCU 之间的通信符合 ISO/IEC7816-4 标准，ESAM 由运行管理部门设置完毕后，提供给表厂安装在费控电能表中。

可以看出，ESAM 是提供安全服务的核心模块。ESAM 的部分文件目录如表 5.1所示。

ESAM 使用多种不同的密钥，包括主控密钥、身份鉴别密钥、不同操作指令的完整性保护密钥、参数更新文件加密密钥、控制指令文件加密密钥等。

当智能电表与数据处理中心进行通信时，需要符合《多功能电能表通信协议》中规定的数据格式和通信流程。在实际系统中，除了智能电表和数据处理中心，还有其他设备的参与，如集中器、主站等。集中器是一个收集多个智能电表抄表数据后传送给数据处理中心的辅助设备。如果智能电表本身可以把数据直接传到数据处理中心，则不需要由集中器转传。主站是一种介于管理中心和智能电表之间的设备。为了说明智能电表与数据处理中心之间如何完成身份鉴别，这里省略中间设备，简化协议流程，则身份鉴别流程如图 5.3所示。

表 5.1   ESAM 的部分文件目录

文件	内容说明	标识	读 ESAM 权限	写 ESAM 权限
MF	主文件	3F00	主控密钥	主控密钥
MKE	密钥文件	0000	—	主控密钥
EF1	钱包文件	0001	自由（扣款）	身份鉴别 +MAC
EF2	参数信息文件	0002	自由	身份鉴别 +MAC
EF3	第一套费率文件	0003	自由	身份鉴别 +MAC
EF4	第二套费率文件	0004	自由	身份鉴别 +MAC
EF5	本地密钥信息文件	0005	自由	自由
EF6	远程密钥信息文件	0006	自由	身份鉴别 +MAC
EF7	运行信息文件	0007	自由	自由
EF8	控制命令文件	0008	自由	身份鉴别 + 密文
EF9	参数更新文件 1	0009	自由	身份鉴别 + 密文 +MAC
EF10	参数更新文件 2	00010	自由	身份鉴别 + 密文 +MAC
EF11	参数更新文件 3	00011	自由	身份鉴别 + 密文 +MAC
EF12	参数更新文件 4	00012	自由	身份鉴别 + 密文 +MAC
EF13	参数更新文件 5	00013	自由	身份鉴别 + 密文 +MAC

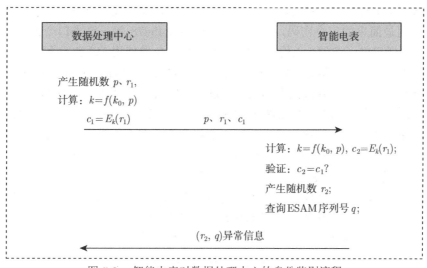

图 5.3   智能电表对数据处理中心的身份鉴别流程

在图 5.3 中，k_0 是数据处理中心和智能电表共享的对称密钥，是长久密钥；$f()$ 是一个密钥生成函数，可以用一个 Hash 函数来实现。对输入随机数 p 和长久密钥 k_0，$f(k_0, p)$ 输出一个会话密钥 k；$E_k(r_1)$ 是使用对称加密算法 E，在会话密钥 k 的参与下对随机数 r_1 进行加密；r_2 是智能电表产生的随机数；q 是智能电表内的 ESAM 的序列号。如果数据处理中心接收到 (r_2, q)，则意味着智能电表对数据处理中心的身份鉴别成功。(r_2, q) 将被数据处理中心用于对智能电表的身份鉴别，具体流程参见《智能电能表信息交换安全认证技术规范》。

在完成身份鉴别之后，还有电表充值流程、密钥更新流程、数据回抄流程、远程控制流程、数据更新流程等。这些流程都同时伴随着电表控制部分与 ESAM 之间的交互流程。因此，整个智能电表远程抄表系统（包括充值）显得非常复杂，本书不做详细描述。

虽然表 5.1中列出了 ESAM 所能提供的许多不同的安全服务，但抄表协议在安全方面理论上仍然存在一些不完善之处。例如，单向身份鉴别协议存在安全隐患。智能电表对数据处理中心进行身份鉴别，目的是防止假冒的数据处理中心发送恶意控制指令，如停止供电；但是，假冒的智能电表可以伪造其他合法智能电表的身份发送数据。如何能使假冒攻击成功或其他类型的攻击，有待进一步分析。

5.11　家用 Wi-Fi 的信息安全问题

家用 Wi-Fi 是一种非常普遍的家用无线通信服务设备。当前，几乎每个城市家庭都装有 Wi-Fi 路由器。在智能家居环境中，智能电器与家庭网关之间也常通过 Wi-Fi 进行连接。但是，Wi-Fi 的安全问题，可能比我们想象的更严重。

首先，提供 Wi-Fi 无线通信服务的管理者可以对接入 Wi-Fi 的设备实施攻击。这类攻击可以窃取接入 Wi-Fi 的设备用户的上网账户、密码等信息；窃取用户个人文件、隐私数据等信息；通过设置恶意 DNS，诱使上网者连接钓鱼网站，导致网银被盗刷等。

其次，Wi-Fi 本身也容易遭受攻击。即使设置密码，如果设置不好，则容易被破解。许多用户习惯使用最简单的口令密码，如 88888888，12345678 等，这类口令密码虽然容易记忆，但也给入侵者提供了方便。入侵 Wi-Fi 后不仅可以免费使用 Wi-Fi 上网服务，而且还可以实施更严重的攻击行为。例如，Wi-Fi 手机摄像头 Camera Wi-Fi LiveStream 能够把手机变成一个摄像机，然后在计算机上用浏览器通过 Wi-Fi 来实时观看。此软件适用于 Android 1.6 及以上版本！这款 Wi-Fi 手机摄像头 Camera Wi-Fi LiveStream 和 DroidCam Wireless Webcam 的功能差不多，不过这款设备的功能更加强大，在 PC 端不需要安装程序，直接在浏览器里观看，可以把手机做成一个监控器。

在备受瞩目的 2016 年央视"3·15"晚会上，"白帽"（专业网络安全工程师）黑客演示了利用 Wi-Fi 路由器的漏洞，对接入现场 Wi-Fi 的观众手机进行流量监听，轻松获得一些观众的 App 订单和其他个人隐私信息。如果说晚会演示有一些艺术渲染效果的话，那么黑客大赛则是针对实打实的产品。2016 年，世界黑客大赛 GeekPwn5 澳门站于 5 月 12 日落幕。在这次主要针对智能家居产品攻防战的大赛上，多款主流 Wi-Fi 路由器被轻松攻破。家庭 Wi-Fi 路由器是智能家居系统的总入口，路由器被入侵意味着整个智能家居系统失去了安全性。世界黑客大赛 GeekPwn5 的演示结果，给智能家居的安全性敲响警钟。

5.12　小结

本章针对智能家居，介绍了智能家居的几个典型子系统，以及这些子系统对信息安全的需求；论述了一些安全需求的必要性，哪些安全需求的必要性不高，或者说可有可无；简单描述了智能电表的远程抄表系统，依此说明智能家居安全技术可以涉及非常复杂的系统设计和技术实现。

智能家居的应用范围还不够大。随着智能家居覆盖面的扩大，一些安全问题会逐步显露，安全保护技术将逐步被新设计的产品所采用，旧的基于明文传输的产品会逐步被淘汰。

　　智能家居系统的许多子系统具有类似的安全需求。安全需求包括两个基本方面：数据传输时的机密性保护，控制指令传输时的完整性和新鲜性保护。许多业务数据在传输时会自动附带时间信息。如果对时间戳也进行安全保护，比如与数据一同加密，同时保留明文部分的时间戳，则数据的机密性保护实际上也提供了数据新鲜性保护。

第6章

智慧医疗物联网安全技术 ——

6.1 引言

智慧医疗是一种将现代电子技术、信息技术、通信技术及传感器网络、物联网等技术应用于医疗领域的系统的总称，它融合物联网、云计算和医疗大数据等技术提供智能的医疗服务。智慧医疗系统通过对医疗信息的共享，可以更好地整合医院之间的业务流程，优化医疗资源的配置和利用，实现跨医疗机构的在线预约和双向转诊，减少患者就诊时的盲目性，缩短患者的就诊流程，使医疗资源得到更合理、更充分的利用。

智慧医疗有多个不同的英文名，分别来自不同的背景。智慧医疗的几种常见英文名包括 Wise Information Technology of Med（简称 WITMED）、Smart Medical System/Intelligent Medical System（SMS/IMS）。国内学者更习惯用英文名 Wise Information Technology of 120（简称 WIT120）。实际上，从公开资料来看，不同的英文名称所描述的内容都不是智慧医疗的全部，智慧医疗从广义上说应该包括医药、医疗、健康等各个领域。

据中国日报网 2021 年 2 月 19 日公布的一个消息称，香港中文大学医疗中心的一个完全电子化的智慧医院在香港开业，这是香港第一个完全电子化的智慧医院。该医院建筑面积为 1 万平方米、有 14 层楼、516 张住院床位和 90 张诊疗床位、28 个手术室、56 个就诊室、16 个特别医疗中心。这些数字说明了智慧医院的规模，同时也说明智慧医疗技术已经开始应用于实际医疗系统。

6.2 智慧医疗系统的构成

从服务范围方面划分，智慧医疗系统包括三个子系统，分别为智慧医院系统（Smart Hospital）、区域卫生信息系统（Regional Health Information System）、智慧家庭健康医疗系统（Smart Home Healthcare）。

智慧医院系统包括数字医院（医疗信息数据平台）及其应用，其核心工作是采集、存储、传输、处理、利用患者的病历和医疗信息，也是智慧医疗系统的核心。智慧程度越高，数据的存储和使用过程中的智能化程度也越高。

区域卫生信息系统包括区域卫生数据平台和公共卫生信息系统，其中区域卫生数据平台也是一种医疗数据处理平台；公共卫生信息系统则是利用区域卫生信息平台，进行数据的采集、管理、存储、传输、计算、利用的系统。

智慧家庭健康医疗系统主要利用社区医疗服务的部分功能进行居家医疗和养护，其服务目标是那些行动不便、不适合住在医院的特殊患者，如慢性病患者、智障者、残疾人、疑难杂症患者等特殊人群，或平时无须救治和护理、只有特殊情况发生时才需要及时救治和照顾的病弱之人，如可以自理衣食起居的老年人。

通过智慧家庭健康医疗系统，可以对居家患者提供远程监督，若遇特殊情况（如摔倒或其他问题），能及时发现并提供上门救治服务。家庭监控系统还包括自动提示用药时间、服用禁忌、剩余药量等智能服药提醒服务。

从医疗范围方面划分，智慧医疗系统可包括智慧医药（Smart Medicine）、智慧诊疗（Smart Medical Treatment）、智慧健康（Smart Healthcare）等。

从功能构成方面划分，智慧医疗系统可以包括如下子系统：医院信息系统（Hospital Information System，HIS）、实验室信息系统（Laboratory Information System，LIS）、医学影像归档和传输系统（Picture Archiving & Communication System，PACS）、电子健康记录（Electronic Health Record，EHR）等。这种划分是智慧医疗系统最常见的一种划分方法，这种划分方法适合技术方案的设计和研究。

6.2.1 医院信息系统（HIS）

医院信息系统（HIS）在广义上是医院信息化方案的总称，它包括临床信息系统（门诊系统、住院系统等）、药品管理系统、客户服务管理系统、运营管理系统、行政管理系统等。

临床信息系统记录临床医疗的全过程，包括门诊医生工作站管理、门诊护士工作站、特殊门诊（如发烧门诊、隔离门诊）管理、处方记录管理、住院医生工作站、住院护士工作站等。门诊系统主要负责一卡通管理、自助挂号管理、门诊挂号管理、门诊分诊叫号系统、自助报告单打印系统等；住院系统主要负责住院出院管理、结账管理、住院医生工作站管理、护士工作站管理、病历档案管理等。

药品管理系统主要负责药库管理、药房管理、药品会计管理、处方监控管理、卫生器材管理等。

客户服务管理系统主要负责医学出生证明、医学死亡证明、医患关系管理、短信服务平台、医院 Web 信息发布平台管理、预约中心平台管理、触摸屏查询系统管理等。

运营管理系统主要负责物质配置管理、设备管理、固定资产管理、成本核算管理、绩效评价管理等。

行政管理系统主要负责协同办公、财务核算、决策支持等。

HIS 的子系统具有多种不同的分类，而且不同的分类中可能存在使用同一名称的子系统。因此，在不同的 HIS 系统中，同一名称的子系统可能包含不同的业务内容。但总体上，HIS 是医院信息化的总体架构。

HIS 的各个子系统可以单独设计和建设，因此 HIS 作为智慧医疗系统的核心入口，主要负责账户管理和连接各个子系统的接口。

6.2.2 实验室信息系统（LIS）

实验室信息系统（LIS）的主要功能是化验检查相关的流程管理和数据管理。LIS 具有如下功能：接收化验请求，将化验单与化验标本进行关联；完成化验过程；生成化验报告；将化验报告提供给审批化验的医护人员或诊疗流程指定的人员。化验过程可以是人工操作，或由设备自动完成，或人工与设备配合完成。

LIS 记录的内容包括标本编码、标本采集管理、标本送检管理、标本登记管理、标本退检管理、标本外送和接收管理、化验仪器管理、化验报告管理等。化验报告可以传送给相关医护人员，或管理化验报告的中心数据库。根据智慧医疗系统的标准规范要求，化验报告的传输使用 HL7 协议。

LIS 看似功能简单，但仅在接收化验请求方面就有许多问题需要考虑。实际中，可能有大量化验单排队等候。过去，患者需要将化验单和化验标本放在化验窗口排队等候，以先到先化验的规则进行。但实际中，有些患者病情严重，有些相对较轻；有些化验紧急，有些化验则快慢均可。对此，化验窗口无法区分。LIS 可以将化验紧急程度加以区分，同类紧急程度的，按照先后次序进行；不同类紧急程度的，按照排队时间权重计算次序；个别特别紧急的，具有最高优先级。

另外，同一标本可能需要不同的化验内容，需要使用不同的化验设备和流程。通过 LIS 优化管理后，同一标本可用于针对不同化验内容的多个不同的化验过程，无须让患者重复提供化验标本。

LIS 不仅服务于医疗，还服务于医学研究。因此，LIS 还包括细菌培养、细胞培养、人体组织培养、基因序列分析等，其中有些实验既可以用于对疾病的诊断，又可以用于医学研究。

6.2.3 医学影像归档和传输系统（PACS）

随着现代医学的发展，医疗机构的诊疗工作越来越多地依赖医学影像的检查（X 透视、CT、MR、超声波、窥镜、血管造影等）。传统的医学影像管理方法（胶片、图片、资料）不适合长时间保管，还给查找和调阅带来很多困难，丢失或损坏影片和资料时有发生。采用数字化影像处理方法来解决这些问题已经显示出许多优势和便利。目前，国内众多医院已完成医院信息化管理，其影像设备逐渐更新为数字化，已具备了联网和实施影像信息系统的基本条件，实现了彻底无胶片放射科和数字化医院，这已经成为现代化医疗不可阻挡的潮流。

医学影像归档和传输系统 PACS 主要指透视影像。随着医疗器械种类的多样化和技术的全面化，X-光透视不再是医学影像的唯一途径。超声波检查（动态影像）、磁共振（系列影像）等都成为医学影像的新成员。因此，PACS 的服务对象包括这些种类的医学影像。

智慧医疗中另一个与 PACS 密切相关的系统称为放射信息系统（Radiology Information System，RIS）。由于医学影像主要还是依靠有经验的医生查看，通过计算机软件进行自动化分析的准确度和可靠性仍然不高，因此，放射信息系统对医学影像的主要功能还是获取（医疗设备将检查结果转化为电子数据）、存储（按照归档类别存储）与传输（提供给需要影像资料的医护人员），而医学影像的数据获取由医学影像检测仪器直接完成。

随着计算机软/硬件技术、多媒体技术、通信技术的高速发展及医学发展需求的不断增长，PACS 标准化进程不断推进。美国放射学会和美国电器制造商学会（American College of Radiology-National Electrical Manufactures' Association，ACR-NEMA）发布的医学数字成像和通信标准（Digital Imaging and Communications in Medicine，DICOM）3.0 版本的标准得到普遍接受，目前的 PACS 技术已扩展到所有的医学影像领域，如心脏病学、病理学、眼科学、皮肤病学、核医学、超声学及牙科学等。现在所说的 PACS，普遍指包含了放射科信息系统和医学影像归档与通信系统的医学影像信息系统。

医学影像数据量庞大。为了妥善保管这些数据，PACS 采用多种存储模式。曾经使用的一种数据存储模式是三级图像存储模式：在线（Online）、近线（Near-line）和离线（Off-line）。新的图像在线存在硬盘里，老一点的图像近线存在网路服务机里，再老一点的图像离线存在 MOD 或磁带里。一些 PACS 厂商推行在线和备份两级存储。备份只是为了防意外，如火灾、地震等。在线用存储使用硬盘，例如用 RAID（Redundant Arrays of Independent Disks，独立磁盘冗余阵列），外加 NAS（Network Attached Storage，网络接入存储）或 SAN（Storage

Area Network，存储区域网络）。

6.2.4　电子健康记录（EHR）

电子健康记录 EHR，又称为电子健康档案，是个人健康记录的电子化形式，其目标是保留一个人的终生健康档案。个人健康记录包括病历、心电图、局部医学影像等。随着医学影像分辨率的提高，数据量也很大，因此医学影像被存储在 PACS 中。即使如此，一个体弱多病的人一生中所积累的健康记录可能需要不小的存储空间。

EHR 的一项重要内容是电子医疗记录（Electronic Medical Record，EMR），其主要功能是电子病历，包括患者个人信息、诊疗记录、记录时间，以及记录人员、上级审核人员的姓名等。根据《电子病历应用管理规范（试行）》要求，电子病历满足如下条件：

（1）医疗机构为患者电子病历赋予唯一患者身份标识，以确保患者基本信息及其医疗记录的真实性、一致性、连续性、完整性。

（2）电子病历包括门诊（含急诊）病历和住院病历。

（3）电子病历归档后原则上不得修改，特殊情况下确需修改的，经医疗机构医务部门批准后进行修改并保留修改痕迹。

（4）有条件的医疗机构电子病历系统可以使用电子签名进行身份认证，可靠的电子签名与手写签名或盖章具有同等的法律效力。

EMR 用于医疗机构本地存储。随着物联网和云计算等技术的发展，为了方便患者到不同医疗机构就诊，不同医疗机构的 EMR 数据应该实现共享。这就需要 EMR 数据格式的标准化，否则，数据共享将失去应有的应用价值。另外，对共享数据的访问进行管理，包括身份鉴别、数据保密、访问授权和访问控制等，需要规范化、科学化。英国、丹麦、瑞典、澳大利亚、马来西亚等国家采用集中开发的方式，以避免各自开发带来的不规范问题。也有些国家（如美国、南非、巴西等）依靠市场驱动，由各个医疗机构的 EHR/EMR 系统各自发展，然后慢慢互联互通。当然，也有一些国家采用两种方式相结合的发展道路。

为了让 EHR 真正成为智慧医疗统一平台的一部分，还需要解决一些问题，包括数据共享（Data Sharing）、信息集成（Information Integration）、系统互操作（Interoperability）、数据表示与传输的标准化（Standard Data Representation and Transmission）、安全与隐私（Security and Privacy）等。

6.2.5　智慧医疗专用数据传输协议（HL7）

在数据传输方面，智慧医疗有专用的卫生信息传输协议，英文名为 Health Level 7，缩写为 HL7。HL7 是国际健康标准组织制定的标准，并由 ANSI（American National Standard Institute，美国国家标准学会）批准实施。使用英文缩写 HL7 来命名此标准比将其翻译成中文更方便。

HL7 是通过医院信息系统的通信接口进行数据传递的标准。HL7 支持多种编码格式，如 XML 就是 HL7 支持的数据格式之一。HL7 所采用的消息传递方式类似于网络数据包的传递方式。

HL7 的目的是加强不同健康护理平台数据的互操作性，包括数据管理、融合、交互和恢复。它提供异构健康护理平台数据的共同数据交互语言和操作界面。

HL7 v2 消息基本上用消息段拼凑的方法构造而成，这样就不能保证消息段的语义一致性。HL7 v3 致力于创建一套基于模型的开发方法，使得在所有应用领域开发的系统都保持语义的一致性。

HL7 v3 中规范了 CDA（Clinical Document Architecture，临床文本架构）的标准格式，临床文本从标准化的参考信息模型（Reference Information Model，RIM）导出。CDA 的 R2 版本支持不同结构的临床文本，使得不同结构的临床文本在相同消息段具有语义的一致性。CDA R2 及其之后的版本将文本分为多个层次，采用了符合 XML 规范的自由文本格式。因此，也可充分利用支持 XML 的一些文本传输协议，如 SOAP（Simple Object Access Protocol，简单对象访问协议）。虽然 HL7 v3 是一种标准，但它允许使用者定义新的数据域，具有较大的灵活性。

通过 HL7 传输的消息包括财务管理、咨询、留观报告、诊疗方案、患者转诊、病历、生化报告等。其中，一类最核心的消息是控制指令。控制指令定义了适合所有消息类型的一般规则，包括数据编码规则、消息描述规则、消息确认规则等。

HL7 消息都有一个消息头（Header），消息头定义了消息类别，每个消息类别包括几种不同的消息代码，以说明消息的用途。例如，DFT（Detailed Financial Transaction，详细金融交易）消息格式属于费用信息类别。

在遇到社会健康危机时，HL7 的互操作性就显示出很大优势。例如，在新型冠状肺炎疫情（COVID-19）期间，HL7 可用于支持全球的政府部门、医学研究机构、公立和私立医疗机构共享相关医学数据与研究成果，这对掌握疫情状况、制订合理的抗疫方案、了解病毒结构、制造有效的疫苗和药物等，都具有重要意义。

6.3　智慧医疗系统的安全需求

智慧医疗行业涉及人身健康和生命安全问题。因此，智慧医疗系统应确保信息安全。但是，当前许多医疗机构的信息系统存在诸多安全问题。智慧医疗系统是在现有信息系统基础上建立起来的，在建设智慧医疗系统时，应消除现有系统的安全隐患。

（1）**终端设备安全**：许多智能医疗设备虽然造价昂贵，但在信息安全防护方面几乎没有采取任何保护措施，不但有不需要认证就可以随意接入的通信接口（如 USB 接口、移动通信接口等），而且对接入的设备没有认证机制。这样，通过对这些设备的物理接触，容易将恶意软件代码植入设备的执行单元，造成误诊或其他医疗事故。

（2）**数据传输安全**：在医疗数据的传输过程中，应采用信息安全保护措施，防止数据被非法获取和利用，特别是通过无线传输的医疗数据。例如，智慧医疗系统的子系统之间和跨系统之间在数据传输时，都需要加强对数据的安全保护。

（3）**数据平台安全**：智慧医疗数据处理平台要处理多种类型的医疗数据。攻击者如果能入侵数据平台，无论是对这些数据的泄露还是对平台正常工作的影响，都会造成不可估量的损失和社会影响，甚至影响对患者的及时救治。因此，智慧医疗系统的数据平台安全，包括系统安全、应用软件安全、数据库安全等，都非常重要。目前，智慧医疗数据处理平台的安全保护策略都掌握在平台运营商手中，我们尚不确定所用的处理平台是否符合智慧医疗系统的安全要求。

（4）**隐私数据保护**：医疗数据既关系到患者的隐私信息，又需要提供给诊治医生。因此，对于处理好隐私保护和访问控制的矛盾，需要精心建立安全机制。《中华人民共和国个人信息保护法》已于 2021 年 11 月 1 日起正式施行，结合不久前施行的《中华人民共和国网络安全法》，智慧医疗系统在保护医疗数据个人隐私方面应采取适当措施，否则，不仅会造成医患纠纷，还可能涉及违法。目前的智慧医疗系统在医疗数据隐私保护方面的技术措施还有待加强。

数据传输安全和数据平台安全都在建设中，但数据隐私保护问题还没得到足够的重视。如果医疗数据的隐私信息泄露，其影响将大于个人信息的泄露。个人信息的泄露可以导致被电话、短信等骚扰、诈骗，但医疗数据的隐私泄露可能会影响到一个人被周围人歧视（如乙肝病毒携带者）、孤立（如艾滋病病毒携带者）等，其社会影响非常严重，而且是一个不可逆的过程。

安全和隐私不仅是智慧医疗的重要问题，在保健服务中也非常重要。当信息技术被用于保健服务系统时，就必须解决安全和隐私保护问题。

6.4　HIS 的安全技术

HIS（医院信息系统）是智慧医疗的主要支撑系统，是智慧医疗系统的入口。通过 HIS，患者或医生可以查询其他子系统上的数据和服务。

6.4.1　医护人员的账户管理

智慧医疗系统首先需要较完整的医护人员信息。该信息的录入由 HIS 负责完成。医护人员的账户管理包括如下方面。

1. 创建账户

医护人员的账户由 HIS 管理。账户信息要实名，创建账户时应提供身份证件和就医资格证明（或医疗机构出具的工作证明）。

对医护人员的个人账户按照不同角色，如医师、主任医师、护士、护士长等，进行管理。不同角色的账户对系统中的医学数据有着不同的访问权限。这表现为一种基于角色的访问控制，但不同于对普通数据的访问控制。普通数据的访问控制有三种基本权限，即读、写、执行，而智慧医疗系统的访问权限表现为数据获取、数据传送、控制指令等。另外，智慧医疗系统基于角色的数据访问还包括数据查询（未知数据是否存在）、数据部分内容解密等服务。

医疗机构还可以为不同的业务部门，如护士站，创建部门账户。同样，部门账户也根据部门的角色属性来确定访问权限。

每个账户都有用户名（用于登录）和密码。用户名必须具有唯一性，因此使用姓名作为账户名是不合适的。个人账户可以使用身份证号码作为账户名，部门账户可使用部门名称的缩写，并确保在智慧医疗系统内具有唯一性。为了隐藏医护人员的身份证号码信息，系统可以不显示账号信息，只显示姓名，登录用的账户名也可以使用一个假名，但在系统中，账户信息被唯一确定。登录口令密码应符合系统对口令密码的管理要求，包括长度、格式、有效期、更新规则等。

2. 登录账户

根据 HIS 提供的登录页面，医护人员可以登录自己的账户或部门账户。登录时，使用正确的账户名和口令。登录后，用户在系统中的一切行为都被记录在审计文件中。

由于 HIS 的账户类型分为个人账户和部门账户，用户可以根据需要选择使用个人账户或部门账户登录。为了确保使用部门账户登录的用户确实代表部门利益，服务平台应绑定固定的登录设备，如绑定 MAC 地址或绑定固定 IP 地址（如果登录站点有固定 IP 地址）。

3. 访问控制

登录账户的目的在于访问有关数据，如医生要查看患者的病历、医学影像、化验结果等，以确定治疗方案。

不同角色的用户有着不同的访问权限。例如，允许护士查看患者的病历等数据但不允许修改；允许就诊医生修改，因为在诊疗过程中需要给患者的病历等数据添加新的内容；医护人员可以看到电子病历中患者的个人信息，包括姓名、年龄、联系电话等，但医学研究人员就看不到电子病历中患者的姓名和联系方式。因此，基于角色的访问控制策略（Role-Based Access Control，RBAC）[12] 适合这种应用场景。基于角色的访问控制策略和技术已经得到广泛应用，也有较为成熟的技术。特别是在基于大型网络和基于互联网网站的系统中，RBAC 可以明显降低为其提供安全服务的成本和复杂度。

4. 数据安全保护

医学数据除了需要提供良好的隐私保护，一般不需要额外的数据保密处理，但对数据完整性保护的需求却很高，因为非法篡改医学数据会导致非常严重的后果。即使合法用户，也存在修改之前的医疗记录数据的可能，如误诊、处方错误或其他问题。为了避免历史数据被篡改，数据库只允许对历史数据的阅读访问，而新产生的数据需要医生的数字签名（由账户自动产生），包括时间戳。新的数据一旦提交，普通用户权限无权修改。

6.4.2 患者的账户管理

患者使用智慧医疗系统时既可以作为匿名访客，也可以作为患者用户。访客有权了解医疗机构的相关信息，把智慧医疗系统当作 Web 服务系统进行访问。如果需要挂号、就诊，则需要拥有个人账户。患者的账户管理包括如下方面。

1. 创建账户

患者就诊前应使用自己的身份证注册一个账户。该注册过程既可以通过 HIS 在线完成，也可以到医院挂号处申请一张就诊卡，该就诊卡对应一个患者账户。

患者账户唯一识别号是患者的病历号。HIS 将患者的病历号与患者的其他个人信息进行关联，包括患者的姓名、性别、身份证号码、联系电话等。这些信息作为患者电子病历的个人登记信息。账户的登录口令由一个简单的初始口令开始，用户登录后可以按照口令格式要求进行修改。为了防止非法用户试图登录他人账户，口令修改时需要由手机验证码协助。注册手机号码时需要在医疗机构的有关柜台（如就诊卡发卡处）录入。

患者的病历号可以根据患者的身份证号产生。由于身份证具有唯一性，因此根据身份证号产生的病历号容易满足唯一性。例如，可使用如下步骤产生病历号：（1）使用一个 Hash 函数 $H()$，对某个身份证号 ID_p，计算 Hash 值 $h = H(ID_p)$；（2）将 h 的十六进制数用字符串表示作为病历号。病历号可进一步转化为二维码表示，产生的二维码印刷在就诊卡上，方便机器读取。如果患者丢失就诊卡，则在提供身份证后，医疗机构可以通过同样的步骤制作就诊卡，其内容和功能与之前的完全一样。

为了避免丢失的就诊卡被复用或他人误用，可以使用带序列号的就诊卡。HIS 记录就诊卡序列号和病历号，读卡时读取病历号和就诊卡号码，如果两个号码匹配，则提供正常诊疗，如果不匹配，当作废卡处理。

2. 登录账户

如果使用就诊卡，在就诊医院内的设备上查询有关信息时，则无须登录；如果通过网络查看病历相关信息，则需要使用正确的用户名和口令密码。

初次登录后建议更换口令，更换口令时需要输入注册手机的验证码。

3. 访问控制

患者登录账户后拥有一定的读写权限。患者在自己账户中看到（能读）的信息是那些近期（包括尚未完成的）记录，如近期诊疗信息或预约的诊疗信息、近期的化验结果、近期的用药情况等。如何定义近期，则由医疗机构和 HIS 平台共同管理。患者通过自己的账户能添加的事（能写）包括挂号、预约挂号、预约复诊等。预约时可以选择某个特殊的医师，或某个类别的医生（如专家门诊），或多选。患者通过自己账户的预约需要得到医疗机构的确认。如果需要撤销或修改，可通过账户提交，等待平台审批。

为了降低安全风险，即使是患者自己，也不允许查看历史病历。与历史医疗信息相关的医学数据只有通过授权的医护人员的账户可以查询，或通过医疗机构的服务窗口查询。

4. 数据安全保护

关键数据在传输和存储过程中需要完整性保护。使用数字签名算法可以提供数据完整性保护，同时也提供非否认服务，减少因对数据记录有异议而引起的医患纠纷。

HL7（智慧医疗专用数据传输协议）传输的数据格式为 XML，传输协议为 HTTP。因此，使用安全版本的 HTTP，即通过网络传输数据时使用网络安全保护协议（如 SSL），就可以提供数据传输过程的安全保护。

5. 更新证件信息

个人证件的丢失和更换是常有的事。更换的证件不仅有效期发生变化，有时证件号码也发生变化（如护照更换时可能使用新的护照号码），甚至更换证件类别（例如，军人退役后，过去使用的军人证需要更换为身份证）。

身份证件的更新需要由系统管理员进行操作。如果更新的证件仅是有效期发生变化，则只需要在系统中更新即可。如果证件号码发生变化，则根据病历号的生成规则，将新的证件对应新的账户和病历号。如果 HIS 支持账户名与身份证件号码不匹配，则只需要在系统中记录身份证件更新信息，包括就诊卡号码的变化。这样，根据新的身份证件仍然可以查到患者的历史医学数据。如果 HIS 不支持账户名与身份证号码不一致，则需要根据新的身份证件产生一个新的账户，该账户的权限、账户显示的姓名等都与原来账户一致。原账户的所有记录移植到新账户，并将原账户注销。

如果身份证件号码或类型发生变化，则原来的就诊卡也随之失效，需要办理新的就诊卡。

6.5 HIS 与其他子系统之间的安全机制

HIS 的功能包括提供临床信息系统（Clinical Information System）、药品管理系统、客户服务管理系统、运营管理系统、行政管理系统等方面的服务。除了临床信息系统，其他系统主要用于医疗机构的运营管理，而智慧医疗的核心是更有效地救助患者。因此，从技术方面，对智慧医疗的科学研究主要针对临床信息系统的辅助系统，包括 LIS、PACS 和 EHR 等，它们通过 HIS 构成智慧医疗整体系统。

HIS 提供的服务大多需要由其他子系统提供。例如，病历信息需要由 EHR 提供；化验报告需要由 LIS 提供；医学影像需要由 PACS 提供。当医护人员通过 HIS 发送数据请求时，其他子系统需要验证请求的合法性，以避免网络黑客恶意获取医学数据。

从网络安全的角度设计智慧医疗系统，需要在 HIS 内部设立一个安全管理中心（Security Management Center，SMC）。该安全管理中心负责管理各类用户的账户和口令，建立与各个子系统之间的安全连接，以及跨系统连接（连接到另外的智慧医疗系统）。在 HIS 与各个子系统之间，基于对称密码算法和公钥密码算法，可以建立两种不同的安全机制。下面以医护人员通过 HIS 与 EHR 之间的交互说明如何建立安全机制。

6.5.1 基于对称密码算法的安全机制

在小型智慧医疗系统（如一个医疗机构内部的智慧医疗系统）中，可以基于对称密码算法建立 SMC 与各个子系统之间的安全连接。SMC 与各个子系统之间的安全通信包括如下几种场景。

（1）**建立信任**：身份鉴别的基础是信任，但信任不能无中生有。因此，必须建立初始信任。基于对称密码算法，初始信任的建立一般需要能控制通信双方的人（或机构）设置一个共享密钥，而且该共享密钥不难通过公共信道传输。常用的方法是通过某种物理接口（如专用芯片、专用 U-key、计算机光驱、计算机 USB 接口等）写入。

（2）**授权凭证**：当医护人员 Doct 需要查看某个患者的病历或医学照影时，需要 HIS 为医护人员授权。HIS 的授权一般签署给具体的 Doct。下面通过一个具体示例说明如何签署授权凭证。假设 Doct 需要查看患者的病历，而电子病历存储在 EHR 中。设 HIS 与 EHR 的共享密钥为 k_{he}，则 HIS 给 Doct 分配一个临时会话密钥 skey，并产生一个随机数 R，用于验证 Doct 的身份是否真实。完成对 Doct 的身份鉴别后，HIS 给 Doct 签署一个访问授权凭证。具体步骤如下。

$$\text{HIS} \longrightarrow \text{Doct：} R, E_{k_{hd}}(T, \text{name}, \text{skey})$$

$$\text{Doct} \longrightarrow \text{HIS:}\ E_{\text{skey}}(R+1, \text{name})$$

$$\text{HIS} \longrightarrow \text{Doct:}\ \text{Cert}_e = E_{k_{he}}(\text{name}, \text{ID}, \text{role}, T, \text{validity}, \text{skey})$$

其中，name 是医护人员 Doct 的姓名；ID 是该医护人员的标识号，在智慧医疗系统中具有唯一性；role 是 Doct 的角色，如主治医师、主任医师、护士站、医生工作站等；T 是时间戳，也是 Cert_e 的授权时间；validity 是有效期，一般为当日或几个小时之内。

（3）**身份鉴别**：基于共享密钥的信任是一种双向信任。在这种信任的基础上，身份鉴别可以通过挑战–应答技术来实现，但更高效的方法是将身份鉴别、密钥共享、数据传输融为一体。

在上述方案中，HIS 首先对 Doct 的身份进行鉴别，其中 R 是 HIS 产生的随机数，用作身份鉴别的挑战信息。Doct 使用共享密钥 k_{hd} 解密后可以得到会话密钥 skey，使用 skey 加密 $R+1$。HIS 解密后检查 $R+1$ 的值是否正确。如果正确，则说明 Doct 掌握了会话密钥 skey，也说明 Doct 知道共享密钥 k_{hd}，否则无法获得 skey。通过这种方式，就完成了对 Doct 的身份鉴别，同时将会话密钥 skey 共享给 Doct。

但这仅是单向身份鉴别，只完成了 HIS 对 Doct 的身份鉴别，没有完成 Doct 对 HIS 的身份鉴别。事实上，Doct 需要对其所需要的数据来源进行身份鉴别，HIS 不是最终的数据提供者，因此对 HIS 的身份鉴别不重要。Doct 对数据来源的身份鉴别包含在数据保密传输协议中。

（4）**数据保密传输**：基于共享密钥，可以将身份鉴别和数据保密传输相结合。例如，当医护人员 Doct 向 EHR 查询某个患者的病历时，Doct 向 EHR 发送如下消息：

$$\text{Doct} \longrightarrow \text{EHR:}\ \text{ID}_{\text{patient}}, \text{EMR}_{\text{brief}}, \text{SN}, \text{Cert}_e$$

其中，$\text{ID}_{\text{patient}}$ 是患者的身份信息；$\text{EMR}_{\text{brief}}$ 是 Doct 所需要的有关患者病历的描述，因为病历数据很大，不需要每次都将整个病历数据传输过来；SN 是一个随机产生的序列号，可用来抵抗消息重放攻击。EHR 收到上述消息后，使用自己和 HIS 的共享密钥 k_{he} 解密 Cert_e，得到消息 $(\text{name}, \text{ID}, \text{role}, T, \text{validity}, \text{skey})$，验证相关信息的有效性（如 T 和 validity），验证通过后，使用 skey 将患者的病历加密后传送给 Doct：

$$\text{EHR} \longrightarrow \text{Doct:}\ \text{ID}_{\text{patient}}, E_{\text{skey}}(\text{EMR}_{\text{patient}}, \text{SN}+1)$$

医护人员 Doct 使用密钥 skey 可以解密 EHR 传来的数据，验证 $\text{SN}+1$ 的值是否正确，于是得到详细的病历信息 $\text{EMR}_{\text{patient}}$。在实际应用中，这一过程的设计还需要进一步细化，例如哪个时间段的病历信息，或哪个方面（如过敏史或遗传病）的病历信息。对 $\text{SN}+1$ 验证的作用就是对 EHR 身份真实性的鉴别过程，因为只有 EHR 才掌握 skey，从而完成正确的加密计算。

6.5.2 基于公钥密码算法的安全机制

在大型智慧医疗系统中，更适合使用公钥密码算法建立安全机制。具体步骤如下。

（1）**建立信任**：基于公钥密码的信任一般通过对公钥证书的验证来实现，但验证公钥证书需要拥有公钥证书签发机构（CA）的公钥。为了描述问题方便，假设智慧医疗系统中所使用的公钥密码由同一个签发机构 CA 签发（如果有多个 CA，则公钥证书的验证过程要复杂些）。这样，初始信任的建立就以可靠的方式（如离线方式）写入 CA 根证书。

（2）**授权凭证**：当医护人员 Doct 登录账户后，向 HIS 提供自己的公钥证书并请求授权凭证。HIS 先检验 Doct 的公钥证书是否合法，然后给 Doct 分配一个临时会话密钥 skey，并产生一个随机数 R，用于验证 Doct 的身份是否真实。完成对 Doct 的身份鉴别后，HIS 给 Doct 签署一个访问授权凭证。具体步骤如下：

$$\text{HIS} \longrightarrow \text{Doct}：R, \text{Enc}_{\text{pk}_{\text{Doct}}}(T, \text{name}, \text{skey})$$

$$\text{Doct} \longrightarrow \text{HIS}：E_{\text{skey}}(R + 1, \text{name})$$

$$\text{HIS} \longrightarrow \text{Doct}：\text{Token} = \text{Sign}_{\text{sk}_{\text{HIS}}}(\text{name}, \text{ID}_{\text{Doct}}, \text{role}, T, \text{validity}, \text{pk}_{\text{Doct}})$$

其中，pk_{Doct} 是医护人员 Doct 的公钥，Enc 是公钥加密算法，Sign 是数字签名算法，sk_{HIS} 是 HIS 的签名私钥。

（3）**身份鉴别**：类似于基于对称密钥的情况，在 HIS 给 Doct 签发授权凭证时，已经完成了对 Doct 的身份鉴别。但这仅完成了单向身份鉴别。Doct 将对其所需要的数据提供者进行身份鉴别，该身份鉴别过程包含在数据保密传输协议中。

（4）**数据保密传输**：基于公钥密码也可以将身份鉴别和数据保密传输同时完成，例如通过如下流程。

$$\text{Doct} \longrightarrow \text{EHR}：(\text{name}, \text{ID}_{\text{Doct}}, \text{role}, T, \text{validity}, \text{pk}_{\text{Doct}}),$$
$$\text{ID}_{\text{patient}}, \text{EMR·brief}, \text{SN}, \text{Token}$$

EHR 收到上述消息后，使用 HIS 的公钥 pk_{HIS} 验证 Token 的正确性，验证相关信息的有效性（如 T 和 validity），然后产生一个随机数 skey，使用 pk_{Doct} 及其对应的公钥密码算法加密 skey，然后将患者的病历使用 skey 和对称密码算法 E 加密，并对加密的信息（或者全部信息）进行数字签名，连同 EHR 的公钥证书一起传送给 Doct。

$$\text{EHR} \longrightarrow \text{Doct}：\text{ID}_{\text{patient}}, \text{Enc}_{\text{pk}_{\text{Doc}}}(\text{skey}),$$
$$E_{\text{skey}}(\text{EMR·patient}, \text{SN} + 1),$$
$$\text{Cert}_{\text{EHR}}, \text{Sign}_{\text{EHR}}(\text{EMR·patient}, \text{SN} + 1)$$

其中，Cert_{EHR} 是 EHR 的公钥证书。Doct 收到上述消息后，验证 Cert_{EHR} 的合法性，使用自己的私钥解密 $\text{Enc}_{\text{pk}_{\text{Doc}}}(\text{skey})$，然后使用 skey 解密

$$E_{\text{skey}}(\text{EMR·patient}, \text{SN} + 1)$$

得到 EMR·patient 及其序列号，使用 EHR 的公钥验证签名

$$\text{Sign}_{\text{EHR}}(\text{EMR·patient}, \text{SN} + 1)$$

的合法性，即完成对 EHR 的身份鉴别。然后验证 $\text{SN} + 1$ 是否正确，表明所收到的 EMR·patient 安全可靠。

基于公钥密码的安全方案的好处是，HIS 签发给 Doct 的证书可以在智慧医疗系统的不同子系统中使用。注意到上述方案没有让 Doct 使用自己的公钥证书直接向子系统请求数据，是因为不同的子系统虽然可以验证公钥证书的合法性，但不知道 Doct 的权限。权限管理由 HIS 统一维护，而 HIS 签名的消息比公钥证书包含更多的信息。各个子系统对 Doct 的身份鉴别没有专门的协议步骤，但通过 HIS 授予的授权凭证，可以排除伪造攻击和假冒攻击获取合法数据的可能性。而 Doct 对各个子系统的身份鉴别通过对其公钥证书的验证和对数字签名的验证来完成，这相当于实际实现了双向身份鉴别。

6.6 智慧医疗系统的子系统的安全技术

智慧医疗系统的子系统包括 HIS、LIS、PACS、EHR 等。其中，HIS 是智慧医疗系统的基础平台，是连接其他几个子系统的服务入口。HIS 对查询者验明身份和角色权限后签署电子凭证，查询者根据凭证到不同的子系统中查询相关数据。为此，其他几个子系统也应提供数据安全保护和身份鉴别等技术，具备安全服务能力。

6.6.1 LIS 的安全技术和安全服务

LIS（实验室信息系统）记录医疗实验的数据，包括实验时间、样品来源（如患者的 ID）、实验记录（包括必要的图片和影像记录）、实验结果、剩余样品的处理或存放等信息。

当医护人员查询实验、化验结果时，需要通过 HIS 平台发起查询请求。因为 LIS 本身不掌握医护人员的身份和角色等信息，因此，LIS 需要提供如下安全服务和功能。

（1）证书、凭证等合法性检验能力：对医护人员提供的公钥证书和授权凭证，能验证其真伪。

（2）身份鉴别能力：通过 HIS 签署的授权凭证，确认查询者的身份是否合法。

（3）数据机密性保护：传输的数据需要加密保护，其过程类似于 6.4 节描述的过程。

（4）数据新鲜性保护：数据加密的内容包括一个序列号，可提供数据新鲜性保护。虽然序列号是一个随机数，但这个随机数是查询者（如 Doct）产生的，用于对 LIS 身份鉴别的挑战，同时可提供数据新鲜性保护，因为当本次通信完成后，下一次查询者将使用一个不同的序列号，因此对数据的重放攻击可以被识别。

（5）数字签名服务：在使用公钥密码的配置下，通过数字签名，向查询者证明自己的合法身份。

（6）隐私保护服务：当 LIS 的数据需要用于第三方科学研究时，通过隐私保护技术隐藏数据中有关患者的个人信息。

6.6.2 PACS 的安全技术和安全服务

PACS 的主要功能是对医学影像进行归档存储，并根据查询情况从归档记录中找到相应的医学影像并传送给查询者。

医学影像的应用分为本地应用（医疗机构内部，用于诊疗、教学等）和第三方应用。本地应用是指医学影像检查设备的检查结果存储在医疗机构的信息系统中，供机构内部的医护人员和科研人员使用。一般来说,存储设备与医疗检查设备在同一个医疗机构内,由内部局域网络进行连接。

当医护人员需要调用某个患者的医学影像时,需要通过 HIS 平台发起查询请求。因此,PACS 需要提供的安全技术与 LIS 提供的安全技术类似,包括证书、凭证的合法性验证能力、对查询者的身份鉴别能力、对数据的机密保护和新鲜性保护能力、通过数字签名证明自己身份的服务能力、对医学影像数据的隐私保护能力。

6.6.3 EHR 的安全技术和安全服务

EHR(电子健康记录)可通过计算机网络进行访问。访问者需要有相应的授权,并且需要通过身份鉴别的检验。由于 EHR 包括的个人电子病历中有大量患者的隐私信息,而且是敏感程度非常高的隐私信息,因此,EHR 数据的存储、访问、传输等都需要良好的信息安全保护,包括数据机密性保护、访问者的身份鉴别和访问控制、病历信息中的隐私保护、安全审计等。

当医护人员需要查询某个患者的电子健康记录数据时,需要通过 HIS 平台发起查询请求。因此,EHR 需要提供的安全技术与 LIS 提供的安全技术类似,包括证书、凭证的合法性验证能力、对查询者的身份鉴别能力、对数据的机密保护和新鲜性保护能力、通过数字签名证明自己身份的服务能力、对电子健康记录数据的隐私保护能力。

6.7 跨系统数据共享安全技术

智慧医疗的目的是,不同医疗机构之间的医学数据可以共享。这样,患者在一个医疗机构所做的大部分化验结果和医学影像,可以直接被另一个医疗机构使用,除非需要不同的化验,或化验结果受化验设备或操作人员的技艺影响。患者近期的病历乃至历史病历也是医生诊断时的重要参考。

作为智慧医疗的核心部分,HIS 提供智慧医疗系统的入口和与各个子系统的交互。要有两种 HIS 架构可以达到数据共享的目的。

6.7.1 使用同一个 HIS 及其关联的子系统

如果不同的医疗机构都使用同一个 HIS 及与之关联的子系统,则各个医疗机构的电脑终端设备仅是这个大系统的终端设备,对这个智慧医疗系统来说,不同医疗机构之间没有实质性的界限。

为了区分不同医疗机构的医疗记录,每条医疗记录应包括如下内容:时间、医疗机构 ID、患者 ID、医生/化验师/放射师 ID、记录内容/化验结果等。这样,智慧医疗的数据既可以集中存储,也可以分别存储在不同数据平台,形成一个分布式存储的数据平台。例如,各个医疗机构存储该医疗机构产生的医疗记录,并存储在本地不同的系统中;记录信息摘要传输到 EHR 系统,记录在患者的电子病历中。医护人员可通过连接 HIS 的任何一个终端设备查找和调取所记录的医学数据,以及那些与医学数据对应的详细化验报告(存储在 LIS 中)或医学影像(存储在 PACS 中)。

这种架构存在的问题是，HIS 系统需要以什么层级（例如省级或国家级）进行建设。层级越高，数据共享面就越大，但网络问题、服务器处理并发能力等都是影响系统能否正常工作的原因。特别是在大规模疫情期间，因就诊人数突然暴增，容易导致系统瘫痪。另外，网络攻击也是系统面临的不确定性风险，医疗系统难以承担这种风险。

缓解这种架构面临的网络不稳定性压力的方法是让各个医疗机构临时存储自己的医疗记录，同时将医疗记录汇集到智慧医疗平台。这种缓解类似于不同层级的 HIS 管理架构。

6.7.2 不同 HIS 之间进行桥接互通

可在每个医疗机构单独建设一套智慧医疗系统，也可以由少数几家医疗机构共同建设一套智慧医疗系统。不同的医疗系统之间通过 HIS 进行桥接。例如，当系统 A 的用户（如医生）Doct 需要调用某个患者 ID_P 在系统 B 的医疗档案或其他医学数据时，Doct 通过 HIS_A 向 HIS_B 发起请求。HIS_B 从相关子系统（如 EHR、LIS 或 PACS）中调取 Doct 所要的资料，然后传给 HIS_A，HIS_A 再传给 Doct。这样就完成了跨系统的数据共享。当然，跨系统数据共享需要严格的信息安全保护。

桥接互通方式的好处是，各个智慧医疗系统可以单独建设，数据互通也可以逐步开放。系统不需要很完善就可以提供智慧医疗服务并带来许多便利。

桥接互通方式的安全风险是，不同 HIS 之间如何建立信任。如果没有信任，则不能实现可靠的身份鉴别，导致数据安全共享困难。另外，如果发生医学数据泄露事件，通过桥接互通实现数据共享将增加追责难度。

6.7.3 不同 HIS 之间通过上层 HIS 进行管理和互通

为了解决不同 HIS 之间建立信任问题，可以在不同 HIS 之上建立一个高层 HIS。例如，某城市医疗机构各自的 HIS 通过一个核心 HIS 管理，每个 HIS 与该核心 HIS 之间建立信任关系，依此可以实现身份鉴别。

例如，当系统 A 的用户（如医生）Doct 需要调用某个患者 ID_P 在系统 B 的医疗档案或其他医学数据时，Doct 通过 HIS_A 向核心 HIS_0 发起请求。HIS_0 将此请求转发给 HIS_B，同时提供 HIS_A 与 HIS_B 之间的临时会话密钥。HIS_B 从相关子系统（如 EHR、LIS 或 PACS）中调取 Doct 所要的资料，然后通过由 HIS_0 建立的临时会话密钥建立与 HIS_A 之间的安全通道，将 Doct 所要的资料传给 HIS_A，HIS_A 再传给 Doct。这样，通过 HIS_0 可实现跨系统数据共享。

这种通过上下层级的 HIS 进行连接的方式的优点是，因为上下级关系而容易建立网络信任，但可操作性有待进一步设计。在现实生活中，患者跨城市转诊是常有的事，而跨城市流动人口在不同城市就诊的历史病历如何跨城市调取，很难通过一个 HIS_0 来解决。HIS_0 的覆盖面越小，医学数据的跨城市共享就越困难；HIS_0 的覆盖面越大（比如多个城市），管理成本和建设难度就越高。例如，建立上下级 HIS 之间的初始信任，一般需要一些人工调研和线下操作。

为了解决上述问题，可以建立树状结构的 HIS，其工作原理类似于公钥证书管理方案中 CA 之间的关系。这种结构的 HIS 工作原理类似于层级关系的叠加。

6.8 智慧家庭健康医疗系统的安全技术

虽然智慧医院系统和智慧区域卫生信息系统的服务对象不同，但功能基本类似，都需要处理门诊、住院（或临时观察）、处方、化验、医疗影像拍摄或扫描、药品出售等各个环节的数据处理。因此，都需要有类似于 HIS、PACS、EHR 等子系统。

但是，智慧家庭健康医疗系统却有着许多特殊之处。无论是医院还是社区，都是公共场所，但家庭却是私有场所。医院和社区医疗机构的设备由医护人员操作，但智慧家庭健康医疗系统的医疗设备在使用过程中，医护人员不方便操作。如果使用远程操作，则存在很大的安全风险。因此，大多数情况下，这些设备自行工作，为此需要更高的智能性。

虽然家庭环境属于私有空间，对家庭环境的监控信息属于隐私信息，但隐私这一属性具有相对性。许多对公众来说是隐私的信息，对医务人员来说就不属于隐私信息。因此，家庭监控限制在家庭成员和相关医护人员范围内，与家庭环境的隐私保护不冲突。为了保护隐私信息不泄露，对智慧家庭健康医疗系统的服务平台及其处理的数据需要进行严格的数据安全保护。

智慧家庭健康医疗系统不仅适用于家庭护理，也可以用于养老院、幼儿园等看护场所。特别是养老院，除了看护，还需要具备一定程度的及时就地医疗能力。

6.8.1 智慧家庭监控医疗系统的意义

中国及世界上许多其他国家正在进入老龄化社会。社会老龄化问题首先面临资金短缺问题，养老院和医院难以满足社会需求，因此居家养老是许多国家的发展趋势，中国则首当其冲。居家养老仅靠儿女是不现实的，因此一些需要照顾的患者或老人可以请家庭护工，这还要看经济条件是否允许。更多的情况是，老年人自己有自理能力，平时的衣食住行都能自理，只有偶尔不舒服时需要有人照顾，特别是当遇到一些突发情况时，需要及时救治。这就需要有一套居家养老的系统和集中服务中心，通过远程健康监控系统监测老人和居家患者的情况是否正常。遇到非正常情况时能及时上门服务，或必要时将患者转到医疗机构进行及时救治。居家养护比专人家庭护理要节省大量费用，而且在关键时刻能得到更及时、更专业的救治。因此，面向居家养护的智慧医疗系统是必然之路。

面向居家养护服务的智慧医疗系统主要是智慧家庭监控医疗系统，其服务对象是行动不便的老人、患者，慢性病患者及老幼病患者，智障者、残疾者、传染病患者等特殊人群。智慧医疗系统在居家养护方面提供的服务还包括健康监测、自动提示用药时间、剩余药量提醒等智能服药系统。

6.8.2 智慧家庭健康医疗系统的构成

智慧家庭健康医疗系统通过家庭医疗网关与智慧医疗数据中心相连。家庭内部的智能医疗检测设备，特别是可穿戴医疗传感器和检测设备，将体温、心率、血压、血糖等检测数据传递到家庭医疗网关，然后通过家庭医疗网关上传到智慧医疗数据中心。一些辅助医疗设施，包括智能药盒、病人身体振动检测传感器、室内视频监控系统等也将检测的数据通过家庭医疗网关上传到智慧医疗数据中心。病人的家庭成员或相关医护人员、社区医疗服务平台，以及其他医疗服务平台，可以通过智慧医疗数据中心获得被检测病人的一些检测数据。智慧家庭健康医疗系统如图 6.1 所示。

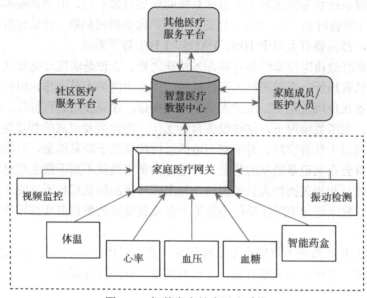

图 6.1　智慧家庭健康医疗系统

在图 6.1 中，家庭医疗网关可以与智慧家居中的家庭网关相结合，使用同一个物理设备；网关内的设备主要是便携式、可穿戴式甚至植入式的医疗设备和医疗传感器[24]。另外还有振动传感器，如果检测到猛烈振动，说明携带者有可能摔倒；家庭视频监控，用来监控被关照的对象。

医疗传感器的数据通过家庭医疗网关传送到智慧医疗数据中心。社区医疗服务网点可以从数据中心获取护理对象的有关医疗信息和物理状态信息。考虑到智慧家居系统也包括监控服务，用于家庭视频监控数据和家庭健康医疗的监控设备和监控数据可以共享，即同样的视频监控数据用作两种不同的目的。在这种情况下，家庭视频监控数据可以从第三方数据平台获取，也可能由监控设备直接传输到智慧医疗数据中心。

需要说明的是，有些医疗传感器获取的数据可能不被社区医疗服务平台使用，甚至可能不通过智慧医疗数据中心，例如人工心脏数据一般直接上传到人工心脏服务机构，这类数据不属于智慧医疗的一部分，但可以与智慧医疗系统紧密配合。

6.8.3　智慧家庭健康医疗系统的工作模式

从图 6.1 中不难看出，家庭环境产生的数据主要来自医疗传感器。这些数据通常通过无线方式接入家庭医疗网关，再由家庭医疗网关传输到智慧医疗数据中心。医疗传感器与家庭医疗网关之间的数据传输常采用无线通信方式，例如蓝牙、Wi-Fi 等。其他一些传输距离更远的网络如 Lora 也可以用于医疗传感器与家庭医疗网关之间的通信方式。Lora 的服务距离比 Wi-Fi 和蓝牙要远些，这些优势可用于养老院环境，老人们不局限于某一个小范围，可以在养老院范围内活动，而不影响身上携带的医疗传感器和医疗网关之间的无线通信连接。

从家庭医疗网关到智慧医疗数据平台可以使用有线连接，如有线宽带，也可以使用移动通信。从 LTE 通信技术开始，移动通信的数据传输能力满足许多物联网业务的需求，特别是 5G 通信网络，从数据传输速率、时延等方面都不亚于普通家庭宽带，在没有现成的宽带连接的场所中，使用移动通信技术实现家庭医疗网关与智慧医疗数据中心之间的连接可满足大多数家庭的通信需求。

当数据传输到智慧医疗数据平台时，这些数据被授权用户访问和利用。例如，社区医疗服务部门可以根据智慧家庭健康医疗系统上传的数据发现被关照对象（患者）是否异常，必要时可查看监控视频，以确定是否需要上门救治或帮助。

医疗传感器上传的数据是单向的。智慧家庭健康医疗系统有时需要把一些信息传送给被服务的患者，这些信息可通过其他通信设备，如电话、短信、微信、视频或其他方式发送给患者。这种来自社区医疗服务平台的信息主要用于通知、提醒、告知、信息发布（对群体）和消息提醒（对个体），可以是与智慧医疗数据平台完全独立的系统。当然，智慧健康医疗系统也可以开发特有的医疗服务平台与患者的通信方式。

在特殊情况下，可以从智慧医疗数据平台发送控制指令，通过家庭医疗网关传送到某个医疗传感器或其他医疗设备。但这种通过网络的控制需要额外小心，非必要不设置这种功能，因为若存在系统漏洞（网络协议漏洞或软件漏洞），并且被恶意攻击者掌握和利用的话，则可能关系到人的生命安全。

6.8.4　智慧家庭健康医疗系统的信息安全风险

从信息安全的角度来看，智慧家庭健康医疗系统存在如下安全风险。

（1）医学数据通过无线方式传输时容易被非法获取。

（2）伪造医学数据，通过家庭医疗网关传输到智慧医疗数据中心，造成对家庭健康医疗数据实际情况的干扰和误判。

（3）医疗数据从家庭医疗网关传输到智慧医疗数据中心，使用公共传输网络可能遇到截获、篡改。

（4）攻击者可以通过公共网络直接向智慧医疗数据中心发送伪造的健康医疗检测数据。

（5）智慧医疗数据中心可能遭到入侵。

（6）使用智慧医疗数据的合法用户可能尝试超越自己权限的数据访问。

（7）智慧医疗数据中心可能遭受 DDoS 攻击。

（8）智慧医疗数据中心可能遭受内部攻击。

（9）智慧医疗数据中心可能遭受自然灾害或人为破坏（主要针对物理设施的破坏）。

在上述几种安全风险中，有关智慧医疗数据中心本身的安全问题即第（5）项～第（9）项，属于云计算安全范畴，适合云计算安全相关技术，包括入侵防护、入侵检测、访问控制、分布式运维（以减轻 DDoS 攻击造成的破坏）、安全管理机制（如关键操作由两人完成）、数据备份和恢复机制等。

但是，对于在数据到达智慧医疗数据中心之前的安全，云计算安全技术无法提供保护，因此需要更具体的安全技术。下面针对不同的安全风险，给出不同的安全保护技术方案。

1. 数据机密性保护

针对数据传输过程可能造成的信息泄露问题，可使用数据加密技术。但是，数据加密如何实施，直接影响到智慧家庭健康医疗系统的安全防护体系设计。如果在医疗传感器和家庭医疗网关之间实现数据保密，同时在家庭医疗网关和智慧医疗数据中心之间实现另外一种数据安全保密，则会在密钥管理方面增加很多负担。首先，普通用户可能不知道如何设置医疗传感器与家庭医疗网关之间的安全配置；其次，家庭医疗网关与智慧医疗数据中心之间的密钥建立也存在问题，因为家庭医疗网关不属于医疗设备，可能是一个普通的家庭网关，仅服务于智慧医疗应用，与智慧医疗数据中心没有建立信任关系。在这种没有信任关系的两个通信端点之间不容易实现数据安全保护。如果使用人工现场设置，则在实际中不方便操作。

考虑到在医疗传感器和家庭医疗网关之间（数据通过无线网络传输），以及在家庭医疗网关和智慧医疗数据中心之间（数据以有线传输或通过移动通信网络传输）都有可能被非法用户窃听，因此数据机密性保护最好实现端到端安全，即从医疗传感器到智慧医疗数据中心的数据加密机制。这种数据加密机制很容易实现，只要在医疗传感器中内置一个密钥，该密钥由智慧医疗数据中心掌握，这样就建立了医疗传感器和智慧医疗数据中心之间的双向信任关系，从而可以实现医疗传感器和智慧医疗数据中心之间的端到端数据保护。而且，医疗传感器是一种医疗设备，应该在医疗管理机构监督下由有资质（包括信息安全资质）的厂商生产，并由有资质的医疗机构安装和配置。因此，在医疗传感器与智慧医疗数据中心之间预置共享密钥，是实现医疗传感器和智慧医疗数据中心之间的端到端数据安全的有效措施，其原理类似于移动通信运营商掌握自己所发放的 SIM/USIM 卡中的密钥。

除了预置密钥，医疗传感器设备中还需要内置相关密码算法（如 SM4）。这样，就可以实现从医疗传感器到智慧医疗数据中心之间的端到端数据加密保护。

2. 数据来源身份鉴别

对于数据伪造问题，一般情况下使用数据来源身份鉴别技术可以解决。传统的身份认证协议一般使用挑战应答方式，例如移动通信的身份鉴别协议是基于对称密码算法设计的，还有一些基于公钥密码算法或数字签名算法设计的身份鉴别协议。如果没有应用环境的特殊要求，使用对称密码算法实现身份鉴别更适合物联网系统，特别是智慧家庭健康医疗系统，因为许多医疗传感器的资源有限，需要轻量级身份鉴别技术。轻量级身份鉴别技术的特点是，通信量少、数据处理计算简单、数据量小。这样，基于对称密码算法，医疗传感器上传的数据可以使用如下格式：

$$\text{传感器} \longrightarrow \text{数据中心（通过网关传递）：} \mathrm{ID}_s, E_k(\mathrm{SN}, \mathrm{data})$$

其中，ID_s 是医疗传感器的身份标识，既可以在出厂时确定，也可以在应用系统中动态配置；k 是传感器与数据中心的共享密钥，数据中心根据传感器的身份标识信息可以查找密钥 k；E 是对称加密算法，如 SM4 或更轻量级的密码算法；SN是一个序列号，传感器在发送数据时，从某个随机产生的数值开始，之后每发送一个消息，将SN的值增加 1，相当于一个计数器，其目的是抵抗数据重放攻击。

当数据中心接收到上述消息后，根据 ID_s 可以查找到对应的机密密钥 k，使用解密算法对密文进行解密，得到（SN, data）。该解密过程实际实现了如下安全服务。

（1）**数据机密性保护**。数据 data 是经过加密后传输的，没有正确的解密密钥，要获得 data 是困难的。

（2）**数据新鲜性保护**。检查不等式

$$1 \leqslant SN - SN_0 \leqslant \delta$$

是否成立，其中 SN_0 是本地记录的序列号，δ 是预设的某个较小的值。如果不等式成立，则可以判断消息为新鲜消息。否则，有可能是重放攻击的数据，将拒绝接收。

（3）**数据来源身份鉴别**。如果医疗设备的初始密钥是随机产生的，则两个设备被预置同一密钥的可能性很小，因此可以假设不同的医疗设备使用不同的密钥。如果能确定一个医疗设备使用了设备 A 的密钥，则可以确定那个医疗设备一定是设备 A。数据来源身份鉴别就可以通过这种方式来实现。

对 SN 正确性的验证表明解密所使用的密钥 k 一定是正确的。因为如果使用一个错误的密钥进行解密，则得到一串看上去非常随机的二进制字符串，这样，位于 SN 字段的数值比数据库本地记录的值大且相差不大的概率非常小。例如，设 SN 的长度为 32 比特（4 字节），SN 是否有效的判断准则为

$$1 \leqslant SN - SN_0 \leqslant 10$$

其中，SN_0 为本地记录的值，则一个错误密钥解密后对应SN字段部分刚好满足条件的概率，相当于一个长度为 32 比特的随机数满足上述不等式的概率，即 $\frac{9}{2^{32}} \approx 0.000000002$，也就是十亿分之二。这个概率可以忽略不计。

医疗传感器对 SN 的处理方式是，每发送一个数据，都将 SN 递增 1；智慧医疗数据中心对 SN 的处理方式是，每次正确解密并验证 SN 的正确性后，更新本地记录的值，即 $SN_0 =: SN$。

3. 数据新鲜性保护

重放攻击是物联网系统的一种有效攻击方法。其特点是，无论系统使用怎样的安全保护技术，假设攻击者知道通信协议和数据格式，则攻击者截获一些数据，并在之后的错误时间重新发送这些数据，这就是重放攻击。

重放攻击不是盲目攻击，攻击者一般对应用环境有充分的了解，熟悉通信协议、数据格式、数据用途等，但不能伪造数据，因此将合法产生的数据截获，并在错误时间重新发送。如果没有数据新鲜性保护机制，则接收方会把数据当作合法数据处理，因为数据无论从数据来源、机密性保护甚至完整性保护都使用了正确密钥，能顺利通过这些安全验证。但是，合法的数据在错误时间发送会导致严重的问题。例如，一个患者突然发病，后被医护人员进行抢救治疗。攻击者掌握这些信息后，知道在此之前从患者身上的医疗传感器发送的数据一定反映了患者的情况，如果攻击者在其他时间再发送这些数据，例如当这位患者健康状况没发生异常变化的情况，重放攻击可以严重干扰医护人员的正常工作，打击其工作积极性，导致服务质量下降，严重影响智慧家庭健康医疗系统的可用性。因此，数据新鲜性保护在智慧家庭健康医疗系统中非常重要。

前面在介绍数据来源身份鉴别时，已经讨论了数据新鲜性保护。考虑到一些医疗传感器的资源有限，因此将数据加密、数据新鲜性保护和数据来源身份鉴别融合到一个消息中完成。

6.9　远程医疗系统的安全问题

智慧医疗的一项重要内容是远程医疗,包括远程诊疗和远程手术。虽然智慧医疗的数据共享特点允许医生跨医疗单位调用患者的电子病历信息和其他医疗数据记录,但这还不是远程医疗。远程医疗不是获取医疗数据,而是通过网络连接进行实时诊疗,包括问诊、会诊和手术治疗。

医学化验报告和医学影像的远程分析早已在实际诊疗实践中使用,在这方面没有技术障碍,主要是医疗体系的管理问题,如责任实体如何划分、劳酬如何关联等。智慧医疗系统将逐步解决这些问题。

远程诊疗需要可靠的通信网络,对数据的实时性要求不是很高,因为少许的数据迟延对诊疗一般不会产生严重影响。但是,远程手术(Telesurgery)对数据的实时性和可靠性(包括影像和音频的清晰度)要求极高。远程手术的可行性在于一些手术的实施不是面对患者的身体,而是通过计算机屏幕,特别是微创手术,计算机屏幕显示的信息比患者身体更精准。

通过计算机辅助的手术包括两部分:手术控制者(如外科医生)和手术机械臂(也称为机器人)。手术机械臂是对患者进行手术的实际执行者,而医生通过计算机观察,判断如何手术,然后通过控制手柄等工具给手术机械臂发送指令,由手术机械臂具体操作手术。

手术的执行是由手术机械臂完成的,手术机械臂和控制手柄之间通过网络连接,因此,物理距离原则上不是手术的障碍,网络连接质量才是手术可控性的关键。据报导,早在2001年,身在美国纽约的 Jacques Marescaux 医生为身在法国的患者实施了远程胆囊手术[25],这是比较早期的远程手术,如图 6.2 所示。

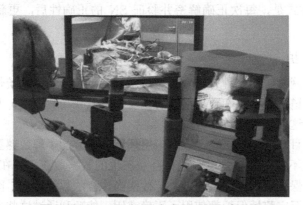

图 6.2　Marescaux 医生进行远程胆囊手术

远程手术的第一要素是可靠的网络通信。可靠性包括高带宽、低时延、避免网络攻击,特别是 DDoS 攻击。为了防止在手术期间遭受网络攻击,导致通信中断,应该拥有至少两种较为可靠的网络通信方式,如有线网络和无线网络。随着 5G 移动通信技术的成熟和规模化商业应用,使用 5G 移动通信网络可以进行远程手术。2019 年 3 月 16 日,中国首例在 5G 网络下实施的远程人体手术成功完成。此次手术是帕金森病"脑起搏器"植入手术,患者在北京,远程操作的医生在海南。5G 移动通信的高带宽和低时延等特点给远程手术提供了无线通信技术。结合有线网络,远程手术的网络基础越来越可靠。

目前，由于远程医疗案例较少，远程医疗遇到的网络安全问题也很少，特别是医疗过程中通过多媒体的实时连接，许多传统的网络安全问题很难实施，包括身份假冒、数据伪造等。如果存在网络攻击，最大的威胁是对网络通信质量的影响。因此，在保证网络通信可靠性的前提下，其他网络攻击（如信息获取）很难实施，或者容易被识别（如身份假冒、数据伪造等）。

6.10 医学数据隐私保护技术

医学数据对医学研究的重要性不言而喻。例如，通过大批患者的病历信息，可以进行流行病分析和对病情发展态势的预判研究；大批同类医学影像的分析可发现区域性病情并帮助找到原因；大批同类化验报告的分析可以帮助判断某个区域的疾病是否与环境有关，等等。为了保护医学数据不泄露患者的个人隐私信息，医学研究使用的医学数据应该是公开数据。在患者的医疗数据被公开前，需要通过隐私保护技术隐藏数据中有关患者的个人信息。但是，以什么样的程度隐藏个人信息、使用何种技术隐藏，都是需要研究的问题。例如，患者居住的城市、区域、小区等是不同层次的隐私信息，患者的性别、年龄、体重、身高等也是不同层次的隐私信息。但这些信息对医学研究很重要，隐藏这些信息将失去数据的重要价值，而保留这些信息又有可能通过多维度的信息综合确定具体患者是谁，这相当于泄露的患者的医学数据，泄露了患者的隐私，这与国家隐私保护政策相违背，也与社会需求相违背。因此，如何解决好隐私保护的程度和数据的可用性（用于公共医学研究时的价值）这对矛盾是很高的技术挑战。

6.10.1 什么是隐私数据

虽然数据的隐私保护是社会共识，国家也在制定隐私保护有关法律法规，但对什么是隐私数据则没有严格的界定。事实上，数据的隐私属性不仅取决于数据本身，还与数据被读取的范围有关。在家庭环境内，个人的身份信息不是隐私信息，但在社会范围内，个人的身份信息就可能是隐私信息。如果没有其他数据，就个人身份信息本身来说，不具有隐私属性。例如姓名，一个人的姓名本身不泄露隐私信息，只有当这个姓名与其他信息（如患者的病历信息）相关联时，才变成隐私信息；一个电话号码本身也没有什么隐私属性，当电话号码与用户姓名进行关联时，才变成隐私信息；一个化验单、医学影像、诊断报告等医学数据本身都不具有隐私属性，当这些信息与个人信息相关联时，才变成隐私信息。因此，粗略地说，数据的隐私属性是那些对个人比较敏感的且与个人信息进行关联的数据在公众环境所表现出的一种属性。针对智慧医疗系统这一特殊应用环境，数据隐私属性就是个人信息与医疗数据之间的关联。

基于如上分析，医学数据的隐私保护就是切断医学数据与个人信息的关联。那么，什么是个人隐私信息呢？下面首先给出数据隐私度的定义。

定义 6.1 假设某个用户 A 的身份信息为 $\mathrm{ID_A}$，即身份信息 $\mathrm{ID_A}$ 可以唯一确定用户 A。给定某个消息或数据 x，定义数据 x 与个人身份信息的关系为

$$P_\mathrm{A}(x) = \mathrm{Prob}(\mathrm{ID_A}|x) \tag{6-1}$$

称 $P_A(x)$ 为数据 x 对用户 A 的隐私度。当不针对某个特定用户时，则数据 x 的隐私度定义为

$$\mathrm{privacy}(x) = \max_A \{\mathrm{Prob}(\mathrm{ID}_A | x)\} \tag{6-2}$$

这里用户 A 的选择范围是所有与数据 x 相关的人。

有些数据的个人属性很强，很容易判断其对某个人的隐私度，如身份证号码、实名登记的手机号码等；有些数据的个人属性稍微弱一些，如住址、生日、特殊工作岗位等；有些数据的个人属性较弱，如居住城市、性别、年龄等。还有一些适合某些特殊人群但不适合其他人的属性，如特殊身高（超高或超低）、内脏反位、基因变异等信息，都能将可能的人选缩小到相当小的程度。

需要说明的是，数据 x 不可能包括某人的多个属性，如住址、年龄、病情等，都可能唯一确定某个人，而且这种多类信息复合的情况不具有普适性。也就是说，地址、年龄和病情可以确定某个特殊患者，但这些信息并不总能唯一确定个人身份。

因此，除了少数特殊人群，数据 x 的个人属性（数据的隐私度）可以量化为 $\mathrm{privacy}(x)$。针对某些特殊人群，可以适当修改数据的隐私度。假设数据的隐私度 $\mathrm{privacy}(x)$ 是可以计算的，则可以分级设置隐私保护。

定义 6.2 如果数据 x 对用户 A 的隐私度不小于 $p(0 \leqslant p \leqslant 1)$，则称数据 x 是用户 A 的 p-度隐私数据；如果数据 x 对任何用户都满足 p-度隐私，则称数据 x 是 p-度隐私数据。

根据定义 6.2，个人身份信息是某个人的 1-度隐私数据，但除了这种确定性的隐私数据，其他具有隐私属性数据的隐私度不容易计算，有些数据的隐私度可以通过估计的方法予以猜测。例如，家庭住址可能是某个人的 0.3-度隐私数据，年龄可能是某个人的 0.001-度隐私数据，而心脏病可能是某个人的 0.01-度隐私数据。当然，这些隐私度的值是估计的，而且与医疗机构的数据量有关。显然，同类数据量越大，单一数据提供的隐私度就越小。但是，当家庭住址、年龄和心脏病这几种信息结合在一起时，很可能可以唯一确定某个人。因此，不同隐私度数据的联合对隐私度的提升有时是戏剧性的。

有些数据的隐私度非常小，例如性别。由于任何性别都占总人口的 50% 左右，因此性别这一信息所提供的个人隐私非常少。在一个大型医疗数据库中，性别这一信息几乎不作为隐私挖掘的重要信息。

6.10.2 隐私度与数据价值的关系

虽然有些数据的隐私度很高，如身份证号码，但这种数据本身的价值并不大。医学数据的价值也取决于医学数据所包含的内容。一般来说，普通的医学数据价值小，相对而言，特殊性越高，其价值也越大。例如，一个罕见疾病的医学数据价值很大，如果不涉及隐私信息，则可以公开。一个价值不大的数据，即使包括隐私数据，公众也不会感兴趣，因此隐私保护的价值不大。例如，一个普通的身份证号码具有很高的隐私度，但隐私保护的意义不大；即使这个身份证号码与某个地址信息及某个时间信息关联（在某个时间段，该身份证号码的人在某地），但如果地址信息比较普通（如超市）且时间信息比较普通，则隐私保护的意义也不大。但是，如果地址信息特殊，如美国 FBI 总部且时间信息特殊，如凌晨 2 点，则这个数

据的意义就很大，从而隐私保护的需求就变得很高。从这个意义上说，隐私保护是对高价值数据的隐私保护，是对高价值数据的去隐私化技术。

6.10.3　医学数据的去隐私化处理

医学数据需要用于科学研究，就要对医学数据进行去隐私化处理。所谓去隐私化处理，就是隐藏医学数据中那些可能含有患者个人信息的数据。去隐私化处理的方法有很多，其中常用的方法如下。

（1）**删除数据**。如果医学数据中含有包括个人隐私信息的部分数据，则将那部分隐私数据删除。

（2）**替换数据**。将医学数据中那些隐私数据段替换为某个特殊字符串或随机数。

（3）**数据加密**。将医学数据中那些隐私数据段进行加密，用密文替换明文。

（4）**使用假名**。将医学数据中那些隐私数据段用一个假名替换，但假名与被替换的数据之间的对应关系记录在某个数据库中。

很明显，前两种去隐私化处理的方法是单向的，即一旦去隐私化，就不可能恢复原始数据。这种处理方法不能满足一些需要使用某特殊数据段的应用需求。例如，在医学数据分析中，发现某种重金属中毒患者集中在某个地区，这很可能是地方性事故。因此，医学研究需要进一步精准到更小的区域，这就需要恢复那些患者病历中的地址信息（层级被去掉的隐私信息）。这是以牺牲少部分患者隐私信息为代价，换来更精准的医学研究。通过对研究人员的适当管理，可以将隐私泄露风险度降到最低。相比之下，方法（3）和方法（4）就能满足这一需求，但需要额外的代价。方法（3）需要密钥管理，方法（4）需要维护对应关系数据库并对其进行安全保护。

但是，不同数据有着不同度数的隐私属性。如果把隐私度大于 0 的信息全部隐藏，则医学数据的可用性就会大大降低。为了最大限度地保护医学数据的隐私性，同时又能让医学数据具有满足科学研究的需求，特提出多级隐私保护技术。具体步骤如下。

（1）**系统设置**：一个保持消息长度的对称加密算法，如流密码算法或分组密码的 CTR 模式；智慧医疗数据中心产生多级密钥 k_0，k_1，k_2，$\cdots$。

（2）**隐私度划分**：将医学数据 data 中的隐私数据，按照隐私度从高到低的次序排列，划分为不同的组。例如，隐私度 $p = 1$ 的数据为第一组；隐私度满足 $0.1 \leqslant p < 1$ 的数据为第二组；隐私度满足 $0.01 \leqslant p < 0.1$ 的数据为第三组；隐私度 $p < 0.01$ 的数据为第四组等。

（3）**分组加密**：使用 k_0 加密隐私度最高的数据，即第一组中的数据；使用 k_1 加密隐私度次高的数据，即第二组的数据；使用 k_2 加密第三组的数据，以此类推。

（4）**去隐私化处理**：使用密文替换相应部分的明文，将原始医学数据变成去隐私化处理后的数据，可以用于科学研究。

（5）**隐私数据恢复**：隐私保护与数据的可用性是一对矛盾。数据的去隐私化程度越高，其可用性一般就越低。在某些情况下，需要恢复部分隐私数据。由于隐私数据按照隐私度不同进行了分组加密，只要提供某个隐私度对应的加密密钥，就可以将那部分数据恢复到明文状态。在实际应用中，隐私数据恢复需要有额外的限制条件，如限制使用人群，限制隐私恢复的数据范围等，以降低因隐私恢复而造成的隐私泄露隐患。

如果医学研究人员在使用这些数据库时发现去隐私化过程导致一些有用的信息被删除，而某项研究需要恢复那部分原始数据的话，可以在一定监督、管理甚至特殊平台环境下进行隐私恢复，确保隐私数据被泄露的风险度降到最低。

使用数据加密技术进行隐私数据分级保护的优点是，在必要时可以恢复原始数据，但其缺点如下。

（1）不必要的隐私恢复。例如，由于医学研究需要，某类型的隐私数据需要恢复。但隐私度在同一区域的其他类型的隐私数据也被恢复，这就造成不必要的隐私数据暴露。为了解决这一问题，对数据域很确定的医疗数据，可以针对数据域进行分别加密。

（2）加密后的密文长度可能比明文大。即使使用分组密码的 CTR 模式，使密文长度与明文长度相同，但由于密文是二进制字符串，为了能被人眼识读，需要转换成可打印的字符，如使用 Base64 编码方式。Base64 编码使用 8 比特表示原始二进制字符串中的 6 比特。如果密文长度为 n，则经过 Base64 编码后的消息长度为 $\left\lceil \frac{n}{6} \right\rceil \times 8$，大约比原始消息增加 33% 的长度。这就需要数据格式允许用不同长度的字符串替换。

另一种隐藏隐私数据字段的方法是使用假名替换。使用假名替换并保存原始数据与假名之间的映射关系，与数据加密在本质上是一样的，都是将一串可理解的字符串变为一串不可理解的字符串，而且在必要时可以恢复原始数据。基于加密算法的去隐私化处理，需要恢复数据时使用对应的解密算法和正确密钥；基于假名替换的去隐私化处理，需要恢复数据时从对应表中查找原始数据，相当于一个求逆过程。

6.10.4 医学数据的去隐私化管理

为了节省对医学数据的去隐私化处理过程，也避免医学数据在去隐私化处理前，数据库遭受黑客入侵，造成数据泄露，可以在医学数据存入智慧医疗数据中心时，就按照隐私保护的存储方式进行处理。这种隐私保护的存储方式是：将不同隐私度的数据存储在不同的数据库中，这些数据的关联记录存储在一个索引数据库中。

从技术原理上，医学数据的隐私管理类似于医学数据的去隐私化处理，但处理过程是在医学数据产生的同时，而不是事后。因此，可以借鉴去隐私化处理技术，使用加密算法或使用假名替换的方法。以加密算法为例，参照去隐私化处理过程，去隐私化管理可以通过如下步骤实现。

（1）**系统设置**：在智慧医疗系统中设立一个隐私保护中心（Privacy Protection Center, PPC)，该中心配置一个保持消息长度的对称加密算法，如流密码算法或分组密码的 CTR 模式；该 PPC 中心产生多级密钥 $k_0, k_1, k_2, \cdots$。

（2）**隐私度划分**：将医学数据 data 中的隐私数据，按照隐私度从高到低的次序排列，划分为不同的组。这种划分由 PPC 掌握。

（3）**分组加密**：对隐私度最高的一组数据，使用 k_0 进行加密，并使用密文记录医学数据；类似地，使用 k_1 加密隐私度次高的数据，即第二组的数据；使用 k_2 加密第三组的数据，以此类推。

（4）**密文映射**：当患者就诊时，患者的病历号始终不变，PPC 根据患者的病历号，分别生成不同隐私数据对应的密文，暂存在某个就诊区数据库。医护人员在检查、化验等诊疗过程中产生的医学数据，使用患者的密文数据进行记录。密文部分的填充由系统根据病历号自动产生，避免人工输入导致的错误。

当医护人员需要查看那些隐私数据时，根据医护人员的权限和隐私保护政策，由 PPC 解密并恢复出只有明文或部分密文的医学数据，供医护人员参考。

这样，当医学数据用于科学研究时，可以直接将数据提供给公开数据库，无须去隐私化处理。即使医学数据库遭入侵，因为没有 PPC 的帮助，也不能泄露隐私信息。而 PPC 仅掌握一些零散的数据和密文，这些零散的数据如果不与医学检查数据联系在一起，即使隐私度高，其价值也不大。

6.11　小结

本章描述了智慧医疗系统相关问题，包括智慧医疗的构成、智慧医疗的架构、智慧医疗的安全机制、智慧医疗的隐私保护问题。

智慧医疗系统有多种不同的子系统。本章介绍的智慧医疗系统主要包括医院信息系统 HIS、实验室信息系统 LIS、医学影像归档和传输系统 PACS、电子健康记录 EHR 等。虽然智慧医疗系统实际包括更多的内容，但从信息安全方面考虑，由上述几个子系统构成的智慧医疗系统具有典型的安全架构设计。本章以医院信息系统 HIS 为连接用户（医生、患者等）和其他子系统的核心平台，通过授权凭证的签发和使用等过程的描述，给出了一种智慧医疗系统的安全架构，结合行业的有关管理规定（如医护工作者从医规范和入职誓言），可以建设一个安全的智慧医疗系统，更好地服务于人们的医疗和健康。

第 7 章

智慧物流物联网安全技术 ————

7.1 引言

物流这一基本概念最初起源于美国销售协会提出的实物分配（Physical Distribution），或翻译成物理性流通，简称物流。2006 年，我国发布的国家标准《物流术语》（GB/T 18354—2006）中，对物流给出了明确的定义：物流是物品从供应地到接收地的实体流动过程。根据实际需要，将运输、储存、装卸、搬运、包装、流通加工、配送、信息处理等基本功能实施有机结合。由全国科学技术名词审定委员会审定公布的物流的定义是：物流是供应链活动的一部分，是为了满足客户需要而对商品、服务及相关信息从产地到消费地的高效、低成本流动和储存进行的规划、实施与控制的过程。

在物流服务中，电子信息技术的应用可以提升物流的效率和服务质量。这种基于电子信息的物流数据服务成为智慧物流（Intelligent Logistics）[16]。从广义上说，智慧物流是指通过物联网、大数据等智慧化技术手段，实现物流各环节精细化、动态化、可视化管理，提高物流系统智能化分析决策和自动化操作执行能力，提升物流运作效率的现代化物流模式。

中国物联网校企联盟认为，智慧物流是利用集成智能化技术，使物流系统能模仿人的智能，具有思维、感知、学习、推理判断和自行解决物流中某些问题的能力。智慧物流可以在货物运输过程中获取物品状态信息（如海鲜存活率）、运输环境信息（如温/湿度）、运输路径、运输车辆当前位置等信息，并对获取的动态化信息进行智能分析，根据分析结果做出决策，使商品从源头开始就被纳入监管之下。通过 RFID 系统、传感器网络、移动通信技术等让配送货物自动化、信息化和网络化。

传统物流离不开运输工具、仓储，装箱，供应链等，因此智慧物流也包括电子信息技术在传统物流各个环节的应用。除此之外，智慧物流还包括物流数据分析、物流方案优化、物流过程监控等智慧化技术元素。

智慧物流需要管理运载工具和监管运输过程，因此与智慧交通有一些共性技术。例如，广泛应用于智慧交通系统的 RFID 识别技术，在智慧物流中也有重要应用。

智慧物流具有如下特点。

（1）**智能化**。智能化是现代物流发展的必然趋势，也是智慧物流最重要的特征。它贯穿于物流活动的整个过程，而且随着自动化技术、信息技术和人工智能技术的发展，其智能化程度也不断提高。智慧物流的智能化表现在装箱优化、智能存储、运输路线选择、自动定位与行程记录、自动分拣与配送等方面。随着信息技术的发展和社会对物流服务的需求变换，智慧物流会不断地被赋予新的内容。例如，无人驾驶飞机已经被用于货物的快速投递业务。

（2）**柔性化**。柔性化的概念最初是在生产领域提出的，其目的是为了实现"以顾客为中心"的服务理念，即真正地根据消费者的个性化需求灵活调节生产工艺。物流作为一种服务行业，其服务内容也必须以客户的需求为主导，提供高度可靠、个性化、额外的服务。例如，快递行业对同样的物品，根据客户不同的紧急程度可提供不同的服务，可以选择不同的运输方式，当然也产生不同的费用。

（3）**一体化**。智慧物流的活动内容既包括企业内部生产过程中的全部物流活动，也包括企业与企业之间、企业与个人之间的全部物流活动。智慧物流的一体化是指智慧物流活动的整体化和系统化，它是以智慧物流管理为核心，将物流过程中运输、存储、包装、装卸等各个环节集合成一体化系统，以最低的成本向客户提供最满意的服务。例如，消费者订单信息直接对应到生产线上的产品，产品一旦下线，就根据消费者的地址安排物流，这会减少许多物流中间环节，包括不必要的仓储，对一些时限性较强的产品（如农产品、肉产品、海鲜产品）能充分体现这种服务的优势。同时，在开始生产前，根据消费者的订单，生产商需要对生产材料的需求进行预估并提前备货，这关系到新的生产和物流服务。

本章沿着物流在物品识别、货物装箱、途中检测、仓储等各个物流环节，介绍智慧物流的关键技术，特别是网络安全相关技术。

7.2 物品识别技术及其安全问题

物流的主要目的是，将不同的货物从始发地运输到目的地。如果运输的货物来自其他客户，则物流服务是一种单独的业务。货物的提供者可能是个人，或企业团体，或机关单位，或生产基地（如农场、养殖场等）；货物的目的地可能是个人，或企业，或机关单位，或加工厂，或超市，或仓储基地。在物流过程中，货物在到达最终目的地之前可能需要更换运输工具，或在仓储中暂存，等待货物达到一定数量后再运输，或等待调配可用的运输工具等。

进入物流过程的货物一般都有一个识别码，常用的这类识别码包括条形码、二维码和RFID 标签。通过货物的识别码，可以在货物数据库中查询货物的有关信息，如货物的来源、目的地等。条形码和二维码是静态编码，读码器阅读码字后可以通过特殊编码解读其中的信息，有时这些信息中还携带让读码设备进一步执行的某个指令信息，如支付码，或下载某个软件的网络链接。

条形码和二维码的最大缺陷是容易被复制，扫码器无法辨别一个条形码或二维码是原始的还是复制的。RFID 技术可以解决这一问题。RFID 标签和读写器之间可以进行数据交互，并且 RFID 标签也具有一定计算功能，可以实现简单的身份鉴别和数据加密等技术。当对RFID 芯片进行一定的物理保护后，RFID 标签内的密钥很难被外部设备读取，因此复制这类受安全保护的 RFID 标签是困难的。这就解决了标签复制问题。

使用 RFID 标签作为物品的标识，除可以通过技术手段防止被复制外，还包括如下优点。

（1）**读写过程无需可见**。当一些物品被包装盒（或包装袋、包装箱）包装后，这些物品的 RFID 标签仍然可以在包装之外被读取。这对条形码和二维码是不可能的。

（2）**批量读码**。RFID 读写器可以针对同类 RFID 标签进行批量读码，即在很短时间内完成对许多 RFID 标签的阅读，这对物流过程的物品检查非常有用。例如，一个包装箱中有多个同类型产品，使用批量扫码技术可以快速读取包装箱中的 RFID 标签身份标识，从而确认包装箱内的货物种类和数量。

（3）**货物筛检**。在物流过程中，某个物品可能出于各种原因需要被挑拣出来。被挑拣出来的物品的可能范围在一般情况下是已知的。如果检查该范围内的每个物品，则效率很低。通过 RFID 的批量读码技术和身份标识匹配，可以快速缩小物品的范围，快速查到具体物品。在机场的旅客行李托运服务中，经常遇到需要把某件物品挑选出来的情况，例如未登机乘客的行李即使已经托运，也需要拣出来。

物品识别的原理是身份标识匹配。识别设备需要预先知道被识别物品的身份标识，如果读码器读到某个身份标识，则可以确认是某个物品。一般来说，用于识别标签的设备仅是连接数据库的某个辅助设备，物品身份标识信息在后台数据库中，对物品身份标识的识别也在后台数据库平台完成。对于新的物品标识，需要首先录入智慧物流系统的数据库中，录入时需要使用授权的读写设备，并且由授权的人工操作。

如果在物品识别过程中存在伪造（在身份标识录入阶段可发现）或身份假冒（在识别阶段可发现），则需要用身份鉴别技术进行安全保护。对 RFID 的身份鉴别可使用具有轻量级特征的身份鉴别技术。对不同的安全需求，具有不同的 RFID 身份鉴别技术。典型的应用需要包括如下几种。

（1）**对 RFID 标签的身份鉴别**。这是最常用的安全需求，目的是鉴别 RFID 标签的身份真伪，防止身份假冒。对 RFID 标签的身份鉴别技术还可以防止标签的身份伪造，因为伪造的身份和假冒的身份一样，都不能通过身份鉴别过程的检验。智慧物流系统一般将合法 RFID 标签的身份标识录入一个数据库，因此，伪造的身份不能匹配数据库中的身份信息。

（2）**对 RFID 读写器的身份鉴别**。有些应用需要 RFID 标签能鉴别读写器是否合法。例如，在物流过程中，通过设立在不同地点的 RFID 阅读器读取 RFID 标签的身份标识信息，可以实现对 RFID 标签所对应的物品的追踪。即使 RFID 标签的身份标识经过加密处理也不一定能抵抗这种攻击。非法追踪 RFID 标签的攻击行为称为 RFID 标签的隐私泄露，对这种非法追踪攻击的一种安全保护方法是让 RFID 标签对 RFID 读写器进行身份鉴别。如果是合法的 RFID 读写器，则正常执行身份识别过程；否则，不提供有关身份标识的关键信息。如果 RFID 标签对读写器具有身份鉴别功能，则读写器（通过后台数据库）对 RFID 标签也进行身份鉴别，因此可实现双向身份鉴别。但是，由于 RFID 标签（特别是无源 RFID 标签）的资源有限，因此，实现 RFID 标签对 RFID 读写器的身份鉴别功能具有一定的技术挑战。

7.3 货物装箱与优化

货物运输时一般需要包装、装车，还可能需要将小包装集成为大包装的处理过程。随着货物运输需求的提高，以及货物尺寸和重量的不规则特性，给人们提出了多个数学难题，主要集中在装箱问题上。货物装箱问题不一定针对箱体，运输工具的货舱、载重量等都可以当作用于装载货物的箱来对待。因此，货物装箱是一般化装载问题。随着集装箱的问世，这些问题更适合集装箱的货物装载，因此货物装箱问题就显得更有实际意义。

货物装箱是物流的重要阶段。货物装箱过程面临很多实际问题，包括装箱问题 (Bin Packing) 和背包问题 (Knapsack Problem)。这些都是数学难题，也就是说，要找到最优解是困难的。但是，实际中装箱无须最优解，但对最优解的追求有助于有效求解次优解。

装箱问题是指寻找一种方法：以最小的箱子数量将不同体积的物品全部装入箱内。当把运载工具的容量当作箱子时，装箱问题就是货物装载到运载工具的优化方案。

背包问题是指在背包容量范围内，对一些不同重量的物品，选择哪些物品使装入的重量最大。当把运载工具看作背包时，背包问题就是如何装箱的问题了。

这两个问题都是 NP 完全问题，即随着物品数量的增加，找不到一种高效的算法可以求得最优解。但是，实际应用中，物品的数量规模不大，而且无须找到最优解，因此 NP 完全问题在实际应用中不是最大的障碍。另外，实际中考虑的因素比这些单纯的问题更多，如哪些货物需要早卸、哪些货物上不能压重物、哪些货物不能颠倒、哪些货物易碎等。

货物装箱过程主要关心优化问题，很少涉及信息安全问题。因此，货物装箱不是智慧物流安全的重要内容。但装箱结果的数据记录则是智慧物流系统的重要数据，需要可靠的信息安全保护。

7.4 货物途中监控安全技术

货物运输是物流的重要阶段，也是智慧物流的重要内容。智慧物流需要掌握物品的位置、预计到达时间等。对一些活体动物（如宠物、活海鲜等），需要掌握物品所在的环境信息，包括货舱温湿度、动物活动情况、生命体征等，如果是海鲜类，则还需要掌握水温、氧气浓度等。这些环境信息可通过传感器进行采集，然后通过车载网关发送到运输管理部门的智慧物流数据平台。

对货物在运输中的监控一般需要传感器和视频监控等方法。传感器用于采集环境数据，如环境的温湿度、含氧量、压力、振动等，视频监控则是最常用的监控方法。传感器一般放在物品所在的箱体内，与被运输的物品在一起，这样才能真正获取物品的真实环境数据；视频监控可以从某个角度对准运输舱内被监控的物品。视频监控由于成本较高，一般货物的运输不需要视频监控。

货物运输途中的监控数据是掌握货物状态的重要方法，但可能遇到如下信息安全问题。

（1）**数据伪造**。上传的环境感知信息、位置信息等是伪造的。这种伪造有一定难度，即使没有采取数据加密措施，要想随意伪造数据，并通过无线通信方式，以某个传感器的身份进行传输，也需要一些专门的技术。因此，这类攻击的成功概率较低，而且成本较高。伪造视频监控而不被发现就更困难。但是，如果运输人员实施这类攻击，则容易得多。

（2）**非法跟踪**。这类非法行为的实施者无须沿途跟着运载车辆，只需要在不同的关键位置（如在装箱地点或附近、关键交通岔口、库房或附近）使用读卡设备。这类攻击主要针对贵重物品或其他特殊意义的物品，只要在装箱时读取 RFID 标签的身份标识，就能在不同地点通过读卡器了解到运载工具是否装载了目标物品。这种攻击针对单一物品的代价太大，但如果针对大批量物品，则可以获得部分物品的轨迹。

数据伪造攻击在智慧物流中的实际威胁不大，因为物流过程对货的监控不仅依赖传感器等电子设备，还通过运载司机和其他人员掌握现场情况，因此数据伪造容易被识破；通过使用非法读写设备扫描 RFID 标签来对物品进行非法跟踪的攻击在实际物流业务中很少发生，其理论意义大于实际意义，而且理论上可以通过 RFID 隐私保护技术 [28,35] 抵抗非法跟踪攻击，因此非法跟踪难以实施，不构成实际威胁。

运载车辆的位置信息和行程记录应该使用数据安全保护措施，以防止被攻击者获得。如果攻击者能获得某些特殊物品运载车辆的位置信息，则会增大车辆遇到意外事故的可能性。

7.5 定位与位置隐私

在货物运输过程中，除了需要掌握物品的位置和状态，对运载工具的信息掌握也非常重要。运载工具的信息主要包括位置信息和行程记录。常用的位置信息采集方法是使用卫星定位方法。国内常用的卫星定位系统包括 GPS 和北斗导航系统。

除了卫星定位系统，使用移动通信网络也可以对移动终端进行定位。例如，基于多个基站所接收的移动终端的信号强度（或信号传递所消耗的时间）估算离基站的距离，然后以此距离画圆，移动终端应该在此圆圈上。多个基站分别以同样方法画圆，几个圆圈相交多个点，那个具有最多交点或接近最多交点的位置，就被判定为移动终端的位置。

卫星定位系统与移动网络定位的区别如下。

（1）**定位原理不同**。卫星定位的工作原理是，卫星信号接收器接收几个卫星的信号，然后根据接收到的信号和接收时间等信息，通过计算得到位置信息。如果定位终端不将定位数据发送给某个数据平台，则别人无法知道定位信息。一些应用软件（如微信等）的位置共享，是通过主动向服务平台发送自己的位置信息来实现的。而移动通信网络的定位是移动网络服务系统对移动终端的定位，定位信息被移动通信系统的服务商所掌握。如果移动通信系统不将定位信息发送给移动终端，虽然实现了定位，但移动终端并没有自己的定位信息。

（2）**定位精度不同**。卫星定位的精度比移动通信网络的定位精度更高。在导航应用中，一般基于卫星定位系统，结合导航软件构成卫星导航系统。

导航服务不只是计算最近路线。随着交通状况的多变性，导航软件也越来越智能，导航路线的计算还考虑道路拥堵情况、道路限行（如施工、管制、事故）情况、道路收费（如高速收费）情况等。道路拥堵情况是根据车辆行驶速度的平均值计算的。但导航终端设备如何知道某路段车辆的行驶速度呢？这就需要连接导航服务平台。同样的问题是，导航服务平台如何知道某路段车辆的行驶速度呢？这需要车辆主动将自己的位置信息上传到导航服务平台，即将导航服务变成双向通信的智能服务：一方面，行驶的车辆将自己的位置信息不断上传到导航服务平台，平台可以根据位置信息的变化情况计算车辆行驶速度，再将同一时间同一路段的车辆行驶速度进行融合（例如取平均值，但存在更智能的算法），就得到道路拥堵信息，然后再将这一信息反馈给使用导航软件的用户终端设备。

导航终端设备将自己的位置信息发送给导航服务平台时，会泄露车辆的位置信息，这是一种用户的位置隐私信息。如果用户的位置信息被其他人非法获取，则会造成隐私数据泄露，是严重的隐私安全事故。因此，位置信息作为一类特殊的隐私信息，在共享位置信息时需要解决好位置隐私保护问题。

位置隐私保护技术与身份隐私保护技术略有不同。位置隐私保护既可以使用匿名技术（类似于身份隐私保护），也可以使用其他技术，如 k-匿名技术等，即给出一个位置范围，使得范围内符合条件的目标个数不少于 k。相关技术在学术文献中有详细论述和多种方案。

7.6 商品溯源及安全技术

在智慧物流系统中，商品溯源是一种特殊的应用需求。例如食品溯源，以确定食品的来源是否与其说明所描述的一致，这是保护食品安全的重要技术；商品溯源，以确定商品是否为真品，这是保护商品品牌的重要技术；药品溯源，可避免药品贴牌，确保药品来源的真实性，确保医疗效果。

7.6.1 商品溯源的安全问题

商品溯源在理论上容易实现：例如给每件商品贴上身份标识标签（如二维码或 RFID 标签），并将商品描述和身份标识信息记录在数据库中。当商品的身份标识标签被扫描时，扫描设备可以从数据库中查到商品的来源和其他描述。但在实际中，商品溯源存在如下问题。

（1）**商品来源数据库的建立和维护**。在商品信息进入数据库之前，首先需要确定由谁来建立和维护数据库。由于商品处在最初阶段，对商品的描述信息应该由商品生产厂商或其授权的销售商维护。

（2）**使用哪种读卡器**。无论是扫描二维码还是阅读 RFID 标签，都需要通过标签信息，从数据库中查到对应商品的描述信息。根据应用场景不同，数据库可能对数据库（特别是 RFID 标签对应的数据库）的访问有一定的限制。例如，需要合法读卡器才能连接到维护 RFID 标签所对应的商品信息的数据库。在这种情况下，不能随意使用读卡器来访问数据库并获取商品信息。但是，也有一些应用不限制对数据库的查询，例如鉴别商品真伪的二维码，可以通过手机扫描，从数据库查询到商品信息，以此鉴别真伪。如果数据库再次收到同一二维码的数据库访问，则告知商品已被查询。

（3）**数据库如何关联**。商品在生命期内会经历不同阶段，其归属权可能被多次转移。例如，商品最初的归属权是生产者，然后是销售商，中间可能经过几次销售商（如批发商、代理商、零售商等）之间的转移。因此，记录商品和对应标签信息的数据库也可能多次更改。新的数据库可能只保留原来数据库的部分信息，甚至有些商品的数据库是重新建立的。因此，商品溯源一般需要跨越几个数据库才能完成。但存在如下问题：① 如何从一个数据库关联到另外一个数据库；② 查询者是否允许访问另外一个关联的数据库；③ 商品所属权转移后，之前有关商品的数据库是否已删除有关商品的记录，或者删除了数据库。

（4）**数据库是否可信**。前面的几个问题可以通过商品在不同环节的数据库维护者之间建立一些联系来解决，要求关联商品信息的数据库保留足够长的时间，满足溯源要求。但是，数据库是否可信，则是最根本的信息安全问题。商品溯源的需求一般来自商品的最终消费者或管理机构。通过扫码或读取 RFID 信息，可以从某个数据库中查找到商品的信息，但如何确定查询到的信息是真实的？如果商品是假冒的，标签是复制的或克隆的，从数据库中读取的有关商品描述的信息则显示商品是真品；如果商品是假的，数据库也是假的，那么检验者如何区分？这些问题将在下面讨论。

7.6.2 商品信息数据库的关联

商品在流通过程中，其归属权可能经过多次转移。在商品流通的初期阶段，商品信息数据库一般由商品的属主或其指定的服务商维护。但在商品的最终消费阶段，商品信息的数据库不是由消费者维护，而是由销售商维护。商品销售给消费者之后，关于商品信息的数据不能立即删除，应该继续保留一段时间，便于消费者查询和应对消费纠纷等。为了能在商品生命期内提供溯源服务，有关该特定商品的所有数据都必须保留至商品的生命周期，甚至生命周期之后的一段时间。

当商品的归属权被转移后，新的属主应建立自己的数据库。如何将新建的数据库与包含商品信息的其他数据库进行关联，可以通过两种不同的方法实现：（1）新数据库应关联之前的数据库，为商品的溯源查询提供方便。这种关联只需要关联最后一个数据库即可。如果每个后续数据库都包括与之前那个数据库的关联信息，则可以实现商品溯源。为了确保数据库链接的正确性，数据库维护单位应对链接信息提供安全保护，例如对链接信息进行数字签名。（2）建立新的数据库时，有关商品描述的信息从之前的数据库中转移到新数据库中。这样，数据查询无须跨数据库平台，只需要一个数据库即可。为了确保转移来的数据是真实可靠的，应采取数据安全保护措施，例如被转移的数据由数据的旧属主进行签名。如果商品描述信息有误，则能追溯到谁提供了错误信息，而且数字签名提供非否认服务，提供错误信息的商家在证据面前不能否认。

7.6.3　防止 RFID 标签克隆

如果使用条形码或二维码来给商品贴标签，由于条形码和二维码很容易被复制，因此很容易被用于假冒商品。这样，仅通过扫码来识别，不能区分是真品还是假冒商品。

为了打击商品假冒，一些商家将二维码用涂层盖起来。这样，商品在消费之前，其二维码无法被复制。但是，造假者可以购买商品，刮开二维码，然后复制。如果仅做一个复制，则造假者得不到多少利益。因此，造假者一般会根据一个合法二维码制作出一批相同的二维码。

为了防止这种对二维码的非法复制行为，有些商家采取的保护措施是在数据库中记录查询次数。如果消费者扫描二维码查询商品信息，对第一次查询，反馈商品信息；对第二次及之后的查询，在反馈商品信息的同时，也反馈商品已被查询的次数。这样，当造假者使用同一个二维码的商品中，任何一个商品被消费者查询后，其余商品在通过扫描进行查询时，都被告知不是第一次查询，因此必然是伪造商品。

上述保护方法似乎可以防止造假，但造假者可以使用如下应对方法。

（1）购买多个同类商品，刮开二维码，通过软件将二维码转化为文字信息，分析几个二维码对应的文字信息，有可能找到规律，于是可以按照同样规则批量伪造不同的二维码，而不是简单复制。

（2）造假者自己建立一个看上去类似的数据平台，自己设计二维码，消费者扫描二维码也得到类似于真正商品防伪系统的反馈信息。

对上述第（1）种造假的应对方法是，可以设计一种没有规律的二维码，至少二维码中包含一部分不确定的消息，造假者成功猜测一个合法消息（制造一个合法二维码）的可能性较小，就可以阻止造假者的这种尝试。对第（2）种造假方法，使用二维码技术似乎不容易解决。当然，如果发现这类造假，可以通过法律途径进行追责，但往往遭受一些损失。

相比二维码容易复制的特点，RFID 标签可以使用密码技术使其很难被克隆，即使造假者购买合法产品扫描 RFID 标签，也不能克隆标签。类似于上述第（2）种方法，造假者可以制造自己的 RFID 标签，但必须有自己对应的 RFID 读写器才能匹配。在一些特殊的销售场所（如商场或超市），造假者安装自己的 RFID 阅读器是困难的。这说明，如果使用受密码算法保护的 RFID 标签，再结合正规销售途径，通过扫描商品上的 RFID 标签，就可以成功识别商品的真伪。

7.6.4 商品信息数据库真实性鉴别

商品溯源的最大问题是如何确定商品信息是真实的。无论是使用条形码、二维码还是 RFID 标签作为商品的身份标识，有关商品信息的数据都在某个数据库中。根据商品标签的身份标识可以在数据库中查找到商品信息。但是，正如前面所指出的，假如商品标签是伪造的，数据库也是伪造的，查到的有关商品的描述信息也是不真实的。如何确定信息的真实性，是商品溯源需要解决的一个问题。

使用基于密码技术的身份鉴别，可以判断数据来源是否真实。身份鉴别的前提是建立网络信任。因此，无论是商品溯源还是商品信息查询，都需要确定商品信息来源的真实性。由于商品查询者一般是商品最终的用户，商品信息数据维护者一般是商品生产者或中间的销售商，两者之间不具有可信性，因此需要基于可信第三方来建立信任。公钥证书机制可以满足这一需求。基于公钥证书，为了描述方便，假设所有智慧物流领域的公钥证书由同一个证书签发中心 CA 签发（这种假设也满足许多实际应用需求）。这样，商品信息查询和溯源问题可以通过如下步骤解决。

（1）**系统建立**：商品数据库和商品生产商都有自己的公钥证书，商品信息查询者掌握 CA 的公钥（或 CA 的根证书）。

（2）**数据生成**：生产商在提供产品的信息描述时，对商品信息数据进行数字签名，并在数据库中附上自己的公钥证书和数字签名。

（3）**数据更新**：当商品的归属权转移时，新的数据库中除了提供商品的信息描述，还应提供商品信息或更新商品信息的所有用户的公钥证书和对商品信息的所有数字签名。

（4）**数据查询**：当查询者扫描商品标签查找数据库中有关商品的描述时，数据库反馈有关商品的描述信息，同时包括该信息不同片段的数字签名和对应的公钥证书；查询者验证公钥证书的正确性，从中得到公钥，依此验证数字签名的正确性，以确认商品描述信息是不是伪造的。

（5）**商品溯源**：当查询者进一步请求数据溯源时，根据商品信息可以查到最初的商品信息描述，就得到商品的最初来源信息。每一步查询都可参照数据查询的方式验证数据的正确性，排除伪造数据的可能。

如果造假者使用自己的公钥证书，伪造一套类似的数据库，则上述步骤不能发现问题。但数据查询并非检验商品是否为正品的唯一方式。事实上，检验商品是否为伪造品或疑似伪造品，更可靠的方式是通过人工鉴定。一旦确认商品是伪造的，而数据查询却不能发现问题，这表明从商品到数据库构成一个伪造链条，可以通过法律途径解决。造假者因为提供了商品信息的数字签名，不能逃避法律责任，因此对这种公开造假还是心有余悸的。

7.7 仓储智能管理的信息安全问题

仓储是物流行业的重要组成部分。仓储的位置设定、容量规模、数量等都关系到物流的效率和成本。如果仓储容量不足，则货物因等待仓储空间而不能及时周转，直接影响到货物的送达时间；如果仓储容量太大，则闲置的空间是一种浪费。但是，物流业务量波动不定，时多时少，而且物流服务规模也可能在短时间内快速发展，因此仓储规划是一个重要问题。除特殊商品（如危险品）外，一般商品的仓储需求可以通过租赁仓储的方式来满足。

7.7.1　仓储管理的信息安全问题

智慧物流关心的是物流相关数据。与仓储相关的数据包括货物的入库、出库记录，还包括时间和商品状态等。另外，基于仓储数据记录，分析入库、出库过程所需的时间，分析仓储的使用率，预测在物流高峰期可能达到的仓储容量等，也是智慧物流在仓储方面的重要应用。

从信息安全的角度考虑仓储问题，主要是仓储记录的真实性问题，包括如下几个方面。

（1）**仓储记录及时**。物流货物入库或出库，都能及时更新记录信息。

（2）**仓储记录真实**。通过一定的信息安全机制，避免数据伪造。

（3）**仓储记录的历史数据不可修改**。仓储记录应该像计算机系统的审计文件一样，记录所有仓储变化信息，不可修改历史数据。即使记录的历史数据有错，也要将错误记录和对错误的修改一同保留。

7.7.2　如何确保仓储记录的及时性

通过使用 RFID 技术，容易实现仓储记录的及时性。无论是货物入库还是出库，通过扫描商品的 RFID 标签，可以及时更新仓储的货物信息。单个货物的入库、出库记录一般不会遇到什么问题，如读卡失败，可以尝试再读；当 RFID 标签损坏不能被读时，也可以通过人工输入的方式，因为货物不仅有 RFID 标签，可能还有印刷的标识信息。

有时会遇到多个物品同时入库或出库的情况，例如装有将多个物品的物流箱。一般来说，物流箱有单独的标签，该标签对应的数据记录说明箱内物品的种类和数量。有时为了确认箱内物品，需要对箱内物品的 RFID 标签进行扫描。在这种情况下，更容易遇到读卡失败的情况，如信号强度不够或多个 RFID 信号碰撞。当读卡验证箱内物品与箱子的标签所描述的物品不一致时，在不损坏包装的情况下可以进行人工检验。在不能进行人工检验的情况下，如果多次扫码都失败，则上报有关部门（如发货方）。

7.7.3　如何确保仓储记录的真实性

仓储记录数据的更新需要及时上传到智慧物流服务平台的仓储管理数据库。仓储管理数据库分为本地数据库（用于分析本地仓储问题和进行有效管理）和系统数处理平台（用于掌握整个物流体系的仓储情况），为智慧物流仓储管理和优化提供数据资源。

如果存在伪造的仓储数据，则对仓储管理带来很大问题。避免数据伪造的方法有很多，例如，使用数字签名算法，当仓储管理员提交仓储数据时，附带对数据的数字签名；数据平台验证数字签名，就可以确定数据的真实性。

使用数字签名的另一个用途是非否认性，即仓储管理人员无法否认自己提交的数据。数字签名可以通过数据管理系统自动生成，不影响使用的便利性，也基本不影响系统性能。例如，让通过仓储管理人员的账户上报的都自动附带数字签名。

7.7.4 如何确保仓储记录的历史数据不被修改

仓储期间的货物损坏、丢失事件时有发生。如果入库物品漏掉了入库登记，则容易出现物品被管理员自盗的情况。这种情况可以通过管理措施进行规避，例如货物入库与出库由不同的人员管理，或入库与出库记录由两个人共同完成。但是，如果仓储管理员可以篡改仓储数据，则监守自盗就变得容易，因为被盗物品没有数据可查。为了阻止仓储管理员篡改仓储历史数据，逃避货物丢失或损坏的责任，甚至可能掩盖监守自盗行为，仓储记录的历史数据不应被修改。

仓储管理人员具有将仓储数据写到数据库的权限，但已经存在的仓储数据库可以设置成只允许添加记录，不允许修改记录的状态。但是，一般情况下，数据库管理人员有权对仓储数据库进行修改，因此只能通过管理手段限制数据库管理人员对数据库可能进行的违规修改。

近年来，快速发展的区块链技术具有无中心和抗篡改的特性，因此可用于记录智慧物流中仓储数据。但是，区块链技术一般有着比较明显的时延，而且使用区块链来存储数据的代价也很大，因此可以结合区块链分布式存储的特点，将数据库设计成多层管理的方式。例如，将仓储数据分别存储在本地数据库和智慧物流平台数据库。当仓储信息同时更新到本地数据库和平台数据库后，即使本地数据库被修改，平台数据库被修改的可能性很小，除非修改本地数据库的管理员入侵平台数据库并以管理员身份进行篡改，这种可能性非常小。这种两级数据存储可以在实际中保护仓储记录的历史数据不被修改，只允许添加新增数据。

7.8 具有分级管控的安全物流箱设计

物流服务需要将物品装入方便运输的容器内，小的有信封、密封袋、纸箱等，大的有木箱、纸箱、固定架等，更大的有集装箱。小型的物品容器一般都是一次性的，随物品递交给物品的接收方（目的地）。一些中型或大型的容器需要返回给物流企业再利用，例如集装箱。

7.8.1 物流箱标准化的重要性

物流的一个重要环节是将物品装载到运输车辆内。正如 7.3 节所描述的那样，对一批大小形状不同的物品，如何以最大容量装入容积和载重量都固定上限的运输车辆内，是装箱过程的一个难题。除此之外，物品如果不能固定，则在运输过程中可能发生碰撞、移位、倾倒等现象，容易造成物品的损坏。物品在运输前的包装，特别是使用标准尺寸的包装容器进行包装，就是为了避免在运输中可能发生这些问题，而且使用标准尺寸的包装容器后，装箱优化问题变得非常容易。

在标准尺寸的包装容器中，集装箱是最具有代表性的一类。物品装入集装箱后，虽然集装箱的体积比它所装的物品的全部体积要大，有时可能大得多，但集装箱给装载带来的便利，远远超过空间冗余带来的浪费。标准化的集装箱使运输工具的变更也容易许多，例如从船舶到卡车再到火车，对标准大小、有限重量的集装箱，很容易计算需要安排哪种车辆及车辆的数量，也容易计算完成转运所需的时间。

小型包装很不规范。事实上，一些小的物品包装（例如纸箱）也类似于集装箱，包装后的效果是将形状不规则的物品变成形状规则的包装盒，在保护物品不受碰撞损坏的同时也方便运输。但是，小型包装型号众多，而且一般都不重复使用，这是一种浪费。

快递业务作为一种典型的物流服务行业，在信息技术的应用方面发展得也非常快。但在快递业务中，货物在快递过程中被替换、被盗窃等事件时有发生。随着物流行业规模的发展，物品在物流过程中的损坏、丢失、替换等问题日益严重，当终端用户接收到不满意的物品时，很难追溯原因来自原始厂商还是物流过程。

为了减少一次性包装材料造成的浪费，也为了减少物流过程中（特别是快递业务中）货物的丢失、替换等非法现象，使用尺寸规范的物流箱不但方便装载到运输工具上，也方便运输过程中的安全管理，减少物流过程中物品的丢失和替换现象。

7.8.2 分级管控安全物流箱的管理架构

本节所设计的安全物流箱使用密码算法和安全协议，满足分级安全管控的要求。与安全物流箱相关的管理机构和个人包括设备制造商、运营商、租赁方、收货人，其中除收货人外，其他三方都对安全物流箱有一定的控制权或一定阶段的控制权。

设备制造商生产制造安全物流箱，在将安全物流箱售出之前，对安全物流箱具有控制能力；运营商批量购买安全物流箱，在购买安全物流箱时获得管控能力，并将持续持有这种能力；租赁方从运营商那里租赁设备，具有对安全物流箱的使用权。在使用过程中，运营商将安全物流箱租赁给物流和快递公司等使用。设备制造商将安全物流箱的出厂密钥转交给运营商，运营商可以更新密钥；运营商将安全物流箱出租给租赁方后，租赁方可以更新其中的业务密钥，然后运营商不再掌握安全物流箱的开锁密钥，因此没有能力直接开启安全物流箱。但如果租赁方不能按合约缴纳租金，运营商可以强制修改安全物流箱的状态参数，使其暂时失去安全物流箱的正常使用功能，运营商还可以重新启动安全物流箱的功能，或重新设置安全物流箱的其他参数。

租赁方在使用安全物流箱时，其工作人员将要发送的物品放入安全物流箱内，输入收货人的手机号码，将安全物流箱锁上，这时安全物流箱随机产生一个验证码，分别发送到运营商的信息处理平台和收货人。发送给收货人的验证码可以在安全物流箱及其装载的货物到达收货人指定的地址后，在送货人的操作下再发送给收货人。收货人收到装有货物的安全物流箱后，扫描安全物流箱上的二维码，输入验证码，此时手机将安全物流箱 ID 信息和验证码信息发送到租赁方的信息处理平台，信息处理平台经过验证后，发送开锁指令。

7.8.3 安全物流箱的构成

安全物流箱需要存储一些数据，包括设备 ID、控制密钥 ck、业务密钥 k 等，还有一些存储域（用于存储容易变换的信息），这些存储域包括设备状态域 S、固定地址域 A、临时地址域 B 等。安全物流箱包括参数更新模块、安全验证模块、控制模块等。参数更新模块用于更新内部参数，而安全验证模块用于验证更新参数的指令是否合法。控制模块的任务是，在控制指令的指导下开锁、发送状态信息等。安全物流箱的构成如图 7.1 所示，其中设备的 ID 标识和临时地址域，都在设备工作过程中被用到。

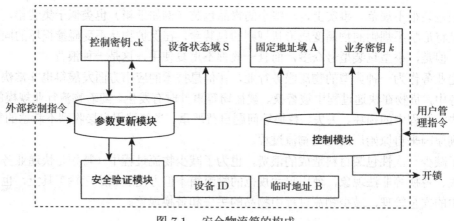

图 7.1　安全物流箱的构成

7.8.4　安全物流箱的配置

安全物流箱的配置包括如下几个方面。

1. 出厂设置

安全物流箱在出厂时，设备状态域 S 被设置为"正常工作"所对应的数值，同时将出厂密钥（控制密钥 ck 和业务密钥 k）的值告知运营商（购买者）。

2. 更新控制密钥

安全物流箱在出厂时的控制密钥 ck 一般不需要修改，也具有一定的安全性。但如果购买者是一个较大的运营商，不希望生产厂商掌握初始控制密钥 ck 所带来的风险，则可以启动控制密钥更新指令，步骤如下。

（1）向安全物流箱发送控制密钥更新指令，消息格式为 $h||\text{ID}_{\text{box}}||E_{\text{ck}_0}(\text{ID}_{\text{box}}||\text{ck}_1)$，其中的 h 为指令信息，ID_{box} 为安全物流箱的身份标识，确保只有合法的安全物流箱才处理该指令数据，E 为加密算法，ck_0 为安全物流箱目前存储的控制密钥，ck_1 为拟替换的新密钥，运算符 "||" 为两个数组的连接。

（2）安全物流箱收到上述消息后，根据 h 的值可知需要启动控制密钥更新操作过程，步骤如下。

① 解密消息 $E_{\text{ck}_0}(\text{ID}_{\text{box}}||\text{ck}_1)$，得到 ID_{box} 和 ck_1。

② 验证解密后的 ID_{box} 和自己的 ID_{box}（也是明文部分的 ID_{box}）是否一致，验证 ck_1 是否符合密钥大小。若验证通过，则使用 ck_1 替换 ck_0，完成对控制密钥的更新；否则报错并退出。

需要说明的是，若安全物流箱的控制密钥丢失，则对安全物流箱失去了最终控制权，但不影响安全物流箱的正常使用。

3. 更新业务密钥

安全物流箱在出租时，将业务密钥 k 告知租赁方。租赁方作为安全物流箱的实际使用者，可以使用业务密钥更新步骤来更新密钥。更新业务密钥时执行如下步骤。

（1）向安全物流箱发送业务密钥更新指令，消息格式为 $h||\text{ID}_\text{box}||E_{k_0}(\text{ID}_\text{box}||k_1)$，其中 k_0 为旧密钥，即安全物流箱目前存储的业务密钥，k_1 为新密钥。

（2）安全物流箱收到上述消息后，根据 h 的值可知需要启动业务密钥更新操作过程，步骤如下。

① 解密消息 $E_{k_0}(\text{ID}_\text{box}||k_1)$，得到 ID_box 和 k_1。

② 验证解密后的 ID_box 和自己的 ID_box 是否一致，验证 k_1 是否符合密钥大小。若验证通过，则使用 k_1 替换 k_0，完成对业务密钥的更新；否则报错并退出。

7.8.5　与数据平台绑定

安全物流箱的使用者还需要将自己的信息处理平台的地址 AD 录入安全物流箱的固定地址域 A，以便安全物流箱在工作时将关键数据发送到该信息处理平台。安全物流箱在正常工作状态下，如果需要更新其固定地址，则需要执行地址更新协议，其步骤如下。

（1）使用者向安全物流箱发送地址更新指令消息 $h||\text{ID}_\text{box}||E_k(\text{ID}_\text{box}||\text{AD})$。

（2）安全物流箱收到上述消息后，根据 h 的值可知需要启动地址更新操作过程，步骤如下。

① 解密消息 $E_k(\text{ID}_\text{box}||\text{AD})$，得到 ID_box 和地址信息 AD。

② 验证解密后的 ID_box 和自己的 ID_box 是否一致；检查地址 AD 是否符合格式要求。若验证检查通过，则使用 AD 替换地址域 A 所存储的信息，完成地址更新；否则报错并退出。

7.8.6　安全物流箱的使用

安全物流箱的使用者在将物品放入安全物流箱后，先输入收货人的手机号码，然后锁箱。安全物流箱在锁上之后，随机生成一个验证码，然后将自身 ID_box、验证码、收货人手机号码等信息发到固定地址域 A 所存储的地址，即使用者所管理的信息处理平台的地址。当安全物流箱到达收货人接收地址时，送货人员通过对安全物流箱上的物理开关进行手工操作或通过手机操作，使得安全物流箱将验证码发送到收货人的手机号码。这一过程不需要安全验证，而且可以多次重复发送。安全物流箱在锁闭状态下，无法修改收货人的手机号码。

收货人收到装有货物的安全物流箱后，扫描安全物流箱上的二维码，输入验证码，此时手机将安全物流箱 ID_box 信息、验证码等信息发送到使用者的信息处理平台，信息处理平台验证安全物流箱 ID_box 信息与验证码信息是否匹配，若匹配，则启动开锁过程，步骤如下。

（1）信息处理平台向安全物流箱发送开锁指令，消息格式为 $h||\text{ID}_\text{box}||E_k(\text{ID}_\text{box}||\text{Code})$。其中 Code 为验证码。

（2）安全物流箱收到上述消息后，根据 h 的值可知需要启动开锁过程，步骤如下。

① 解密消息 $E_k(\text{ID}_\text{box}||\text{Code})$，得到 ID_box 和 Code。

② 验证解密后的 ID_box 和自己的 ID_box 是否一致，验证 Code 与自己产生的验证码是否一致。若一致，则开锁；否则保持锁闭状态。

7.8.7 控制密钥的功能

如果安全物流箱的使用者不按规定缴纳租金，则运营商可以启动状态更新过程。状态更新过程的步骤如下：

（1）运营商向安全物流箱发送状态更新指令，消息格式为 $h||\text{ID}_{\text{box}}||E_{\text{ck}}(\text{ID}_{\text{box}}||s)$，其中的 h 为指令信息，ck 为控制密钥，s 为新的状态信息。

（2）安全物流箱收到上述消息后，根据 h 的值可知需要启动状态更新操作过程，执行步骤如下。

① 解密消息 $E_{\text{ck}}(\text{ID}_{\text{box}}||s)$，得到 ID_{box} 和 s。

② 验证解密后的 ID_{box} 和自己的 ID_{box} 是否一致；检查状态值 s 是否符合格式要求。若验证检查通过，则将状态值修改为 s，完成状态更新；否则报错并退出。

安全物流箱的状态参数可以有不同的值，分别代表不同的状态，包括参数设置状态、正常工作状态，怠工状态等。

（1）参数设置状态：在参数设置状态下，安全物流箱除状态值和控制密钥等少数几个关键参数外的所有参数都可随意设置和更新，不需安全验证。

（2）正常工作状态：在正常工作状态下，参数的更新需要安全验证，收货人手机号码除外。

（3）怠工状态：在怠工状态下，安全物流箱保持打开或锁闭状态，不能改变，因此也无法正常使用。

7.8.8 安全物流箱的安全性分析

本节设计的安全物流箱涉及制造商、运营商、租赁方这三级管理方。制造商将安全物流箱的密钥告知运营商，运营商更新密钥后，制造商不再知道密钥，保证了运营商对安全物流箱的管控权；运营商将业务密钥告知租赁方后，租赁方可以根据需要更新密钥，使得运营商不再掌握安全物流箱的业务密钥。虽然看上去租赁方最终控制了安全物流箱的使用，但在特殊情况下，如不按约定缴纳租金，则运营商可通过更新安全物流箱的状态值的方式，使安全物流箱不能正常工作，从而失去应有的使用价值。如果运营商担心设备制造商具有运营商一样的更新安全物流箱状态值的能力，可以针对控制密钥 ck 启动密钥更新协议（简易低配安全物流箱不一定有此功能）。这样，运营商和其他对安全物流箱具有所有权的用户可以掌握最终的控制权，实际使用设备的用户可以对设备掌握使用中的管控权，包括掌握安全物流箱业务密钥、安全物流箱的位置和工作状态、对安全物流箱发送开锁指令等，而运营商则不具备这些能力。

7.8.9 安全物流箱应用举例

假设安全物流箱在出厂时配置了控制密钥 ck（16 字节），业务密钥 k（16 字节，全零），并对状态信息做出如下定义。

定义通信数据的格式为 $h||\text{data}$，其中的 h 为 header，使用 1 字节定义指令内容；data 为需要具体操作的信息或数据，可以包括多项内容。例如，可以将 h 的值设置如下。

状态值	意义
0	无法操作，即由开启状态无法锁死，锁死状态无法开启。除非修改状态值，然后才能操作
1	正常工作状态，安全验证后开锁
255	参数设置状态，无安全验证过程；一般在测试阶段使用
其他	待定义

h 的值	意义
0	开锁指令
1	更新业务密钥
2	更新固定地址
16	更新控制密钥
17	更新状态值
其他	待定义

如果运营商向把设备状态更新为参数设置状态，则操作过程如下。

（1）运营商 P 向安全物流箱发送消息 $17\|\text{ID}_{\text{box}}\|E(\text{ck}, \text{ID}_{\text{box}}\|255)$。

（2）安全物流箱收到消息后，根据 $h = 17$，启动状态更新操作过程，包括如下步骤。

① 解密消息 $E_{\text{ck}}(\text{ID}_{\text{box}}\|255)$，得到 ID_{box} 和 $s = 255$。

② 验证解密后的 ID_{box} 和明文部分的 ID_{box} 是否一致，否则报错并退出。

③ 将状态值更新为 255，完成状态更新。

安全物流箱租赁给租户后，如果租户希望将密钥更新为 aabbccdd12345678，则操作过程如下。

（1）用户向安全物流箱发送消息 $1\|\text{ID}_{\text{box}}\|E_k(\text{ID}_{\text{box}}\|\text{aabbccdd12345678})$。其中，$k$ 为当前密钥。

（2）安全物流箱收到消息后，根据 $h = 1$，启动业务密钥更新操作过程，包括如下步骤。

① 解密消息 $E_k(\text{ID}_{\text{box}}\|\text{aabbccdd12345678})$，得到 ID_{box} 和 $k_1 = \text{aabbccdd12345678}$。

② 比对解密后的 ID_{box} 和自己的 ID_{box} 是否一致。若一致，则使用 aabbccdd12345678 替换当前业务密钥，完成对业务密钥的更新；否则报错并退出。

如果租户希望将信息处理平台地址改为 220.181.38.148，则执行地址更新操作，过程如下。

（1）运营商 P 向安全物流箱发送消息 $2\|\text{ID}_{\text{box}}\|E_k(\text{ID}_{\text{box}}\|220.181.38.148)$，其中的 k 为当前密钥。

（2）安全物流箱收到消息后，根据 $h = 2$，启动固定地址更新操作过程，包括如下步骤。

① 解密消息 $E_k(\text{ID}_{\text{box}}\|220.181.38.148)$，得到 ID_{box} 和 $\text{AD} = 220.181.38.148$。

② 验证解密后的 ID_{box} 和明文部分的 ID_{box} 是否一致，AD 是否符合地址格式要求。若验证通过，则将地址更新为 220.181.38.148；否则报错并退出。

7.9 小结

智慧物流是物联网的一种特殊行业应用。事实上，物联网概念最初提出时就与物品相关，通过对标识物品的 RFID 进行网络化管理，可以形成"物"的互联网，称为物联网。物品标识的目的就是在物流中方便物品识别和查找，包括物品在运输阶段、仓储阶段、零售阶段，以及商品在任何阶段（包括消费前后）的溯源需求。

智慧物流的智能性主要体现在装箱智能化、仓储智能化、配送智能化等技术上。智慧物流系统中基于网络的技术和服务主要包括数据通信、设备管控、物品监督和数据平台管理，因此，传统的网络安全技术基本能满足智慧物流的需求。

本章还讨论了一种安全物流箱的设计方案，该设计方案提供多级管控功能，符合运营商和租赁客户之间的独立信息管控关系。运营商有着对安全物流箱的最终管控权，但在租赁期间的正常使用中，运营商不能开启物流箱，从而不会牵扯到安全物流箱中的物品在物流阶段被损坏、被替换等事件中。租赁方也需要按时缴纳租金，否则，运营商有权使安全物流箱暂时停止正常工作。对于这种多重管理且相互之间不信任，需要针对安全需求设计专门的管理协议，并合理使用密码算法和密钥管理方法。

第 8 章

智慧交通物联网安全技术

8.1 引言

根据联合国的最新统计数据，近年来，全球每年约有 125 万人因道路交通事故丧生，受伤人数则高达 5000 万人。全球每年因为道路交通事故而造成的经济损失约为 1.85 万亿美元。

国内的城市化进程、城市人口的增长速率、私家车的生产与销售数量等，无疑在全世界是发展最快的，故中国目前面临的城市交通问题已毫不亚于发达国家。在许多城市，新马路不断修建，旧马路不断拓宽，但道路拥堵、无处停车的现象却日益严重，交通事故频频发生。

车辆拥有量是公路交通问题的主要原因，但经济的发展促进私家车消费是自然的事。在正常情况下，随着经济活力的提升，公路交通是短距离地面交通和运输的主要方式，而且交通和运输承载量也不断增加。

为了提高道路交通效率，在现有交通条件下提高交通设施的利用率、减少严重拥堵情况、适当缓解停车难的问题、提升交通事故认定效率和准确度，智慧交通物联网系统提供了多种综合解决方案。智慧交通是基于现代信息技术，综合考虑车辆、道路和驾乘人员等因素，系统地优化解决交通问题的综合技术。

智慧交通的概念于 1990 年由美国智慧交通学会（ITS America）提出，并在世界各国大力推广。智慧交通系统（Intelligent Transportation System，ITS）是将先进的科学技术（信息技术、计算机技术、数据通信技术、传感器技术、电子控制技术、自动控制理论、运筹学、人工智能等）有效地综合运用于交通运输、道路管理、停车管理等应用中，在现有道路交通条件下，可以更好地综合利用交通运输条件，使其提高效率、改善环境、节约能源、降低成本。

为了建设智慧交通系统，许多国家都早已开展了相关研究和应用。目前，美国已开始实施"智慧车辆与公路系统"（Intelligent Vehicle and Highway System，IVHS），为此建立了IVHS 协会。2015 年，美国交通部启动了互联网汽车项目，目前已经创建了较为完善的四大系统：车队管理、公交出行信息、电子收费和交通需求管理。美国的智慧交通系统分为七类，这些系统为其他智慧交通系统的研发提供了重要参考。

（1）先进交通管理系统（Advanced Traffic Management System，ATMS）。

（2）先进出行者信息系统（Advanced Traveler Information System，ATIS）。

（3）先进公共交通系统（Advanced Public Transportation System，APTS）。

（4）先进乡村运输系统（Advanced Rural Transportation System，ARTS）。

（5）商业车辆运营（Commercial Vehicle Operation，CVO）。

（6）先进车辆控制和安全系统（Advanced Vehicle Control & Safety System，AVC & SS）。

（7）自动高速公路系统（Automated Highway System，AHS）。

日本在智慧交通领域中开展了大量工作，先后开发了汽车（交通）综合控制系统（Comprehensive Automobile（Traffic）Control System，CACS）、道路/车辆通信系统（Road/Automobile Communication System，RACS）、先进的车辆交通信息与通信系统（Advanced Mobile Traffic Information & Communication System，AMTICS）、先进道路交通系统

（Advanced Road Transportation System，ARTS）、车辆信息与通信系统（Vehicle Information & Communication System，VICS）、下一代交通管理系统（Next Generation Traffic Management Systems，NGTMS）。总体上，日本在智慧交通领域的技术和应用处于国际先进行列。

欧洲由于地域广大、国家众多，并且各国交通运输环境不同，早期，各国分别进行智慧交通系统的研究。1991 年，欧洲各国政府单位、交通运输产业、电信与金融产业组成了欧洲道路交通远程通信协调组织（European Road Transport Telematics Implementation Coordination Organization，ERTICO，又称 ITS Europe），成为欧洲推动智慧交通的主要组织。

ERTICO 主要负责的任务包括协调欧洲各种 ITS 相关的研究，如 PREVENT、CIVS、SAFESPOT、COOPERS、Intelligent Car Initiative 等，同时也负责促进跨国合作。例如，2001—2006 年施行的 TEMPO 计划，目的是建立连接跨国道路网络的信息基础设施，如电子不停车收费系统（Electronic Toll Collection System，ETC）。而 EasyWay 则是在 2007—2013 年，继 TEMPO 计划之后实施的新计划，该计划更注重应用服务的发展。

在交通信息系统建设方面，欧洲开发了 SOCRATES、EURO SCOUT、Traffic-Master 和 RDS-TMC 等具有代表性的交通信息系统。其中，RDS-TMC 能将连续的交通流信息与地图导航有机结合，提高了车辆导航对前方路况预测的准确性，是应用最成功、使用范围最广的交通信息系统。

8.2 智慧交通系统的构成

交通和运输是密切关联的。交通关注的重点是路况，而运输关注的是运输形式和运输工具。与人相关的运输关注交通情况，与物相关的运输只关注运输情况。这是因为运输物品时只关心被运输的物品是否及时安全地从地点 A 到达地点 B，而运输人时不仅关心是否及时安全到达目的地，还关心沿途的舒适度（包括乘坐环境、沿途风光、信息交流等），而且还关心公共交通的车辆信息和私家车的停车服务。智慧交通是为交通运输提供综合信息服务的辅助系统。

交通运输分为航空运输、海洋运输和陆地运输。智慧交通也有航空领域的智慧交通、航海领域的智慧交通和陆地交通运输的智慧交通。由于航空领域和航海领域具有特殊性，而且大多数人出行乘坐的是陆地交通工具，因此智慧交通的服务对象主要集中在陆地交通运输领域。

航空运输领域的典型智慧交通系统是自动终端信息服务（Automatic Terminal Information Service，ATIS），这是一种方便飞行员和地面空管人员之间信息交互的系统，可为繁忙的机场提供自动连续播放信息服务。通常，在一个单独的无线电频率上进行广播，包括与飞行相关的信息，如天气、可用跑道、气压及高度等信息。飞行员通常在和航空管制人员等建立联系前收听信息播报，了解相关情况以减少管制员的工作量及避免频道拥挤。

航海领域的智慧交通系统主要使用卫星定位（如 GPS、北斗导航系统）来确定轮船的位置和航行速度，当然也可以包括天气信息，因为天气情况影响轮船如何航行。

陆地运输领域的智慧交通相对丰富，包括如下子系统：先进出行者信息系统（Advanced

Traveler Information System，ATIS）、先进公共交通系统（Advanced Public Transportation System，APTS）、先进车辆控制系统（Advanced Vehicle Control System，AVCS），电子不停车收费系统、紧急救援医疗服务（Emergency Medical Service，EMS）系统、智慧停车系统等。

8.2.1 先进出行者信息系统 ATIS

先进出行者信息系统 ATIS 与自动终端信息服务系统是一样的，但其内涵不同。也称为先进交通信息系统，后面这种翻译将 Traveler 翻译成交通，目的是与智慧交通的格调一致。

ATIS 包括如下子系统：（1）实时路况系统；（2）车载导航系统（On-board Navigation System）；（3）停车场引导系统；（4）目的地交通信息系统（天气、限行、临时管制等）。

ATIS 包括车辆导航辅助系统和交通信息中心（Transportation Information Center，TIC）。ATIS 系统可为出行者在出发前提供线路信息、目的地信息、天气信息等，也可以在出行过程中提供道路状况信息（如拥堵情况、路面冰雪情况、急转弯、大雾等）、路旁服务信息（如服务区、监测站、加油站等）、停车场引导服务（导航到某个停车场）、路网信息（如交通管制、道路维修、交通限行、交通事故等）。

8.2.2 先进公共交通系统 APTS

先进公共交通系统 APTS 的主要目的是采用各种智能技术促进公共运输业的发展，使公交系统实现安全、便捷、经济、运量大的目标。个人可通过计算机、闭路电视、公交电子信息牌等方式查询公交信息，选择最佳出行方式、路线和车次等。APTS 所涉及的技术包括智能化公交运营调度、乘客信息导乘服务、公交运营决策、公交应急指挥、智能化公交优化设计、智能公交评价分析和公交动静态数据采集传输处理技术等，目的是提升公共交通的服务质量。

APTS 应用实例：某城市快速公交系统 BRT（Bus Rapid Transit）线路采用先进的大容量公交车辆和高品质的服务设施，对节能降耗、降低空气污染有积极的促进作用。BRT 公交车在行驶途中，通过语音报站系统和车厢电子显示屏等，自动播报和显示下一站的站名，方便乘客提前做好下车准备。在 BRT 站台内，设置有 LED 显示屏，通过 GPS 传输系统，乘客可了解 BRT 走廊内公交车辆到站信息。

为了使公交系统更有效地提供服务，APTS 需要实时检测人流量，调整公交车辆的出车频率。公交车调度总控计算机可以随时监控各路公交车的乘客人流量，如果乘客人流量很大，通过报警联动机制，可调整公交车出车频率，及时解决该路段公交车乘客拥挤问题。反之，当乘客人数较少时，则降低出车频率从而降低运营成本。

根据需要，APTS 还可以具有如下增值服务：（1）通过人脸识别技术，检测到某些可疑人员，及时上报有关部门；（2）提供公交车辆联动信息，为乘客的换乘提供方便。

8.2.3 先进车辆控制系统 AVCS

先进车辆控制系统 AVCS 利用先进的传感器及时检测车辆周围信息，通过信息融合和处理，自动识别出潜在的危险状况，为车辆安全驾驶提供辅助服务或进行自动驾驶。AVCS

的目的是帮助车辆驾驶员进行车辆控制，特别是在应急情况下或车辆驾驶员误操作情况下的车辆控制，从而提高车辆行驶安全性。AVCS 提供对车辆驾驶员进行警告和帮助、避免障碍物等自动驾驶技术。

AVCS 包括安全预警系统、视觉强化系统、防碰撞系统、牵引控制系统、防抱死系统（ABS）、自适应导航控制系统（ACC）等。这些系统使用的技术包括多种传感器技术、通信技术、控制技术、信息显示技术等。障碍物传感器可以探测到车辆周围的障碍物，AVCS 则根据这些信息计算判断是否需要提醒车辆驾驶员及时采取措施，以避免可能的隐患发生；判断车辆状态的传感器可检测车辆的行驶速度、发动机转速、发动机温度、燃油剩余量、轮胎胎压等参数，让车辆驾驶员看到车辆是否处于安全行驶状态，或需要采取什么措施（如加油）；环境监测传感器监测车外温度、车外光照亮度（例如在自动照明模式下，通过环境亮度决定是否开启照明灯）。

AVCS 还可用于自动泊车，通过各类传感器监测到车辆与拟停车位置的关系，通过计算得到轮胎应有的角度，适当调整转向盘和发动机转速，使车辆安全停靠在目标车位，为停车技术不高的车辆驾驶员带来很大的方便。

AVCS 系统发展的至高点是自动驾驶系统。目前，已有多家企业都投入大量人力、物力研发自动驾驶技术，其中 AVCS 是不可缺少的组成部分。

AVCS 未来可以应用于长途物流运输方面。例如，长途货物运输驾驶员长时间疲劳驾驶容易发生交通事故，而自动驾驶技术可以帮助长途驾驶员减少交通事故的发生。

8.2.4　电子不停车收费系统 ETC

电子不停车收费系统 ETC 采用目前世界上最先进的路桥收费方式。用户需要在技术人员帮助下在汽车挡风玻璃的合适位置上安装一个 ETC 车载装置。当车辆通过 ETC 收费站时，车辆内部的 ETC 车载装置与收费站 ETC 车道上的微波天线之间进行短程通信，完成对 ETC 标签识别。如果是高速公路入口，则记录车辆信息；如果是高速公路出口，则在系统中找到车辆进入高速公路的入口，计算所需费用，检查 ETC 标签的账户中是否有足够的费用（或与银行系统后台结算），完成扣费指令，允许车辆通行，从而达到车辆通过路桥收费站不需要停车便能交付路桥费的目的。有研究表明，在高速公路现有的车道上安装 ETC，可以使车道的通行能力提高 3~5 倍，这样可以大大缓解收费站拥堵的情况。

ETC 通过路边车道设备控制系统的信号发射与接收装置（称为路边读写设备或路侧天线，即 Roadside Equipment，RSE），使用专用短距离通信（Dedicated Short Range Communications，DSRC）或其他通信技术，与车辆上的设备（称为车载器，即 On Board Equipment，OBE）进行通信，计算通行费用，并自动从车辆用户的专用账户中扣除通行费。使用 ETC 车道但未安装车载器或车载器无效的车辆，则视作违章车辆，实施图像抓拍和识别，会同交警部门进行事后处理。

ETC 可分为收费站电子不停车收费系统和自由流不停车收费系统。前者需要专门的 ETC 通道，后者则需要普通道路，由车内安装的车载单元（On-Board Unit，OBU）与路侧单元（Road Side Unit，RSU，也称为路侧天线 RSE）之间自动完成车辆识别和计费。为了同时对 ETC 用户和非 ETC 用户收费，高速公路收费站一般采取混合收费方式，既有不停车收费车道（ETC 专用车道），又保留半自动收费车道（人工收费车道）。不停车收费车道与半自动收费车道并列设置。在收费车道中，根据使用情况开设部分 ETC 专用收费车道。为了保证 ETC 收费系统正常工作，车辆通过 ETC 收费车道的车速不能太高，通常为 30~50km/h，通过率为 600~1000 辆每小时。

ETC 系统分为前台系统和后台系统。前台系统包括车辆自动识别系统（Automatic Vehicle Identification，AVI）、车辆自动分类系统（Automatic Vehicle Classification，AVC）和录像实施系统（Video Enforcement System，VES）。后台系统提供的服务包括向客户发售车载标识卡；接受客户补交金额和查询请求；处理前台收费数据文件，并完成交易和结算；处理收费口抓拍的图像等，以便实施相应措施。

在 ETC 的前台系统中，车辆自动识别系统 AVI、车辆自动分类系统 AVC 和录像实施系统 VES 各有其特点。

车辆自动识别系统 AVI 采用 RFID 技术识别用户的身份标识，判断其有效性。AVI 分为两大类：激光设备与无线电调频设备。激光设备采用条码技术，扫描贴于车辆前端的条码，获取用户的身份标识（ID）。其缺点是易受环境条件、距离、条码安装位置、条码完整性等因素的影响。RFID 设备采用无线电波来识别贴于车辆前端用于标识用户身份的 RFID 标签，具有更高的可靠性。目前，路桥收费站使用的 ETC 多采用 RFID 技术。

车辆自动分类系统 AVC 借助传感器组的信息确定车辆的收费类别。AVC 的物理特性包括车辆的体积、重量、装载人数、车轴或车轮的数目、车辆的用途等。AVC 与一系列车道传感器相连，传感器的信号发送到事务处理系统后，由车辆分类单元判定收费类型。AVC 包括前置线圈、感应踏板、发射光塔、扫描仪和高速摄像等设备。

录像实施系统 VES 利用图像识别技术捕获和识别违章车辆的车牌号码。由于车牌号码的特殊性，须使用特殊的图像处理技术，例如利用光学字符识别（OCR）技术从模糊的图像中识别出车辆的车牌号码。VES 摄录方式包括照片和动态影像等。VES 的工作过程包括感应触发、图像捕获、图像识别、图像存储、图像处理等。

ETC 后台系统与多个其他系统相关联，完成扣费、缴费、退费、违章处理等工作。这些系统包括计算机管理系统、道路运营管理系统、结算中心管理系统、客户服务中心管理系统、银行管理系统等。

8.2.5 紧急救援医疗服务 EMS

道路交通中的重要组成部分是高速公路。超过 100km 的远途出行一般都优先选择高速公路。尽管选择高速公路需要缴纳一定的费用，但不选择高速公路的代价是增加路途所用时间成本、增加油耗、降低旅行的舒适感，特别是对驾驶员来说，在高速公路上开车比在普通公路上开车要轻松。但是，高速公路一旦发生交通事故，则可能非常严重，会危害到人们的生命、财产安全，以及造成严重拥堵。

在高速公路发生交通事故时影响道路通行能力的因素如下：事故车辆的占道情况、占道时长、事故点其他车道的尚可通行宽度等。因此，建立完善的事故紧急救援系统、提高高速公路事故的处理效率，是降低事故当事人的损失、尽快疏通道路通行的重要措施。

在高速公路上发生较为严重的交通事故时，通常需要道路紧急救援服务，包括紧急救援医疗服务（EMS）。医疗服务关系到交通事故的身体受害者是否得到及时救援，因此是智慧交通系统中的重要组成部分。

紧急救援医疗服务（EMS）系统是一个特殊的系统，它的基础是先进出行者信息系统ATIS、先进交通管理系统 ATMS，以及有关的救援机构和设施。紧急救援医疗服务不仅包括救护车或拖车等设备和工具，更主要的是有资质的救护人员。事故处理过程还涉及大量信息处理，包括道路和事故信息的数据录入。通过 ATIS 和 ATMS 等系统，将交通监控中心与职业医疗救援机构连成有机整体，为交通事故中遭受伤害的人提供紧急救治，结合交通事故现场紧急处置、拖挪事故车辆、排除安全隐患等服务，快速处理高速公路交通事故。

一个与 EMS 紧密相关的服务是车载紧急呼叫系统，称为 eCall 系统。在发生严重车祸时，eCall 系统可以手动或自动拨打紧急呼救电话，同时通过语音信道将车祸相关信息发送到呼叫中心，这是系统 eCall 的基本功能。eCall 系统还可以自动发送车辆的型号、牌照、车架号、发动机号等关于车辆的信息，以及车辆的位置信息等。

eCall 系统已经在欧洲等地得到广泛应用。2015 年，欧盟宣布 eCall 系统的普及措施。自2018 年 3 月 31 日起，欧盟范围内所有上市新车强制搭载 eCall 系统。日本使用 eCall 系统后，可以将 30min 内得到救援现场的比例提升到 98%，使得交通事故死亡率降低至 0.9%左右。国内交通事故死亡率一直较高，因此对 eCall 系统的呼吁也从专家圈扩展到企业界。

8.2.6　智慧停车系统

停车难一直是城市交通中的严峻问题，特别在一线城市中更为突出。有限的停车场资源和汽车数量不成比例这一现实，使得停车问题难以解决。停车难这一问题不仅体现了停车位资源限制这一客观原因，停车资源的合理利用也是重要原因。例如，在一个大型停车场中还有少量停车位，但需要停车的车主不知道是否有停车位，即使知道，也不一定能快速找到这些停车位。这需要对停车场有更智能的管理技术，以提高停车位利用率，降低寻找停车位的难度。智慧停车（Smart Parking）系统就可以解决快速找到停车位的问题。另外，立体停车场的智能管理、停车收费的自动化管理，都属于智慧停车问题。

智慧停车系统不只是管理一个单独的停车场，而是将停车场进行信息化、智能化和网络化管理。

（1）**智慧停车系统的信息化**包括停车位自动监测功能。每个停车位安装有车辆探测器，用于探测停车位是否被占用。例如，当停车位空闲时，显示绿灯，说明车辆可预约停靠。当停车位被预约后，显示黄色，说明当前停车位被预定。当车辆停进停车位时，显示红灯。停车位的状态信息及时通过网络传输到智慧停车系统的数据处理平台。这样，需要停车的司机可以通过网络查找到空余停车位。

（2）**智慧停车系统的智能化**包括如下内容。

① 车辆识别功能。停车场出入口安装有专用摄像头，用来识别车辆的车牌，进入停车场时记录车辆入场时间；驶出停车场时计算车辆的停车时间、停车费，可以实现自动扣费，无人值守。为了避免车辆驶出停车场因拥堵而花费时间，停车计时还可以精确到从停放在停车位时开始到离开停车位时结束。但这种计时方式需要停车位能识别车辆信息，在停车场管理成本上是一个挑战。

② 出入口闸机控制功能。利用无线通信节点和电动机控制器实现闸机的抬杆和落杆。车辆入场时，在有空余停车位的情况下，如果完成对车辆信息的阅读，则抬杆；车辆出场时，识别车辆信息，比对收费是否完成，然后抬杆放行。

（3）**智慧停车系统的网络化**的工作原理如下。某地区公共停车场的实时停车位信息接入智慧交通管理系统，方便车主找到停车位，节约因寻找停车位而浪费的油费、时间和精力，同时又可解决一些停车场停车位长时间空置的问题。当车辆停放在某个停车位或从某个停车位离开时，停车位状态信息会及时发送给数据处理中心（或智能管控平台），方便其他车主了解空余停车位的信息。车主可使用定位系统（如果与智慧停车系统相关联的话）或手机 App 查找空余停车位，将停车位预定（避免到停车场后发现没有停车位的尴尬局面）并在有限时间内停车。

智慧停车系统通过对停车管理的信息化、智能化和网络化处理，使用扫描支付技术和图像识别技术，使得停车、缴费、离场更加方便与快捷，实现空余停车位与寻找停车位的车主之间的对接，提高停车位的使用率，降低寻找停车位的难度。

8.2.7 智慧交通的扩展

随着新型交通工具的设计制造和交通管理方式的改进，智慧交通的内涵也发生了变化。一些新的智慧交通子系统被研发出来，而旧的系统被改进、更新或替换。因此，智慧交通系统也在不断扩展和变化。目前已知的扩展包括如下方面。

1. 智能高速公路

传统上，智慧交通系统主要关注对交通工具的有效利用而形成的信息处理系统，很少关注道路的智慧功能。除了在路边增加服务站、电动汽车充电桩等服务，很少考虑如何让道路也具有智能化。2012 年，荷兰设计师 Daan Roosegaarde 与基础设施管理集团 Heijmans 联合设计了一种智能高速公路。这是一套整合电动车充电、节能路灯与气候警示等多项新科技的高速公路，包括配有专为电动环保车打造的绿色充电车道。公路两旁配备的节能路灯，在车辆行经附近时会亮，车辆远离后自动熄灭。路面上还导入温度感应涂料装置，当低温可能造成路面结冰时，系统就会直接在路面上显示雪花图案来提醒驾驶人。该设计获得了 2012 年 10 月荷兰设计大奖，并于 2013 年中期，在荷兰布拉班特省（Brabant）率先建成数百米的这种道路，预计还将陆续建设更多的这种高速公路。

2. 车联网

车联网有多种不同的形式。最简单的车联网是指车辆销售服务商通过一个数据管理平台与所服务的车辆进行通信。车辆不断将状态信息传送到数据管理平台，该平台分析车辆是否异常，从而做到提前预警或提醒车主进行检查，避免出现问题，造成车主出行的不方便。另外，在车主的请求下，数据管理平台还可以提供远程开启车门、开动汽车发动机等服务，甚至更多的远程控制。

更广义的车联网是在道路上行驶的车辆之间相互进行联网通信的一种网络形式。特别是当两个相距很近的车辆发生变道、转向等行为时，车辆之间通过信息交互，可以协商相互之间的避让规则，避免抢道和不必要的相互等待，实现安全、流畅的通行。但由于车辆之间的位置和距离都在时刻变化，两车相距较远时，网络连接会断开，而且常常遇到在近距离范围内有多个车辆相互连接的情况，由多个车辆组成的网络也在动态变化。行驶中车与车之间的联网技术有很大的挑战，因为车联网计算的结果不一定符合司机的驾车习惯，而且车联网技术本身还不够完善。目前这种行驶中的车与车之间的联网技术主要在理论上进行研究，在实际应用中还有很多尚未解决的技术和管理问题。车与车之间的联网技术在自动驾驶领域将有重要应用。当自动驾驶汽车数量较多时，车联网将可以优化车与车之间的协同，使得并道、变道、转弯等特殊场景比人驾驶的车辆更顺畅。

8.3 车联网的安全技术

智慧交通系统使用许多传感技术、电子技术、通信技术、计算技术等，涉及大量数据和信息处理，必然存在多种信息安全和控制安全问题。例如，在车联网和自动驾驶系统中，车辆的入侵与非法控制就是严重的信息安全和控制安全问题；在交通信息共享服务中，位置隐私、数据真实性都是信息安全问题；在停车管理系统中，停车位信息的伪造、非法篡改，以及收费信息的非法篡改，都需要信息安全技术保护；在车牌识别应用（包括 ETC 系统）中，也需要身份鉴别技术来加强对伪造车牌的身份鉴别。

由于车辆速度快，高速公路上发生的交通事故往往造成较大的经济损失和人身伤害。如何降低高速公路的事故率，以及对已经发生的交通事故如何及时发现和迅速施救，一直是交通领域的重要问题之一。那么，智慧交通系统如何解决这一问题？首先，尽早获知交通事故的地点和严重性，以便安排合适的施救措施。通过高速公路上车辆行驶的速度，可以判定哪个位置出现了交通事故，再根据报警信息等了解事故的严重性。如何获知高速公路上车辆的行驶速度？常用的方法如下。

（1）**沿公路铺设监控系统**。这显然是最直接、有效的方法，因为可以通过视频监控查看事故情况。但这种方法的建造成本高，维护（包括对大量监控数据的传输、存储和处理）的费用也高。目前，交通管理部门已经沿各条高速公路安装了大量监控摄像头，虽然还做不到无缝衔接，但对高速公路的监控起到重要作用。

（2）**沿高速公路铺设速度传感器，以监测车辆通行的速度**。这种方法的造价高，维护费用也高，而且测速传感器的准确度和测速装置的密集程度直接关系到数据的价值。

（3）**使用车联网技术**。这是智慧交通的新型技术，通过车联网技术可以掌握车辆位置、行驶速度等信息。系统安装成本低，只需要在每个车辆上安装车载终端，或在已有的车载终端中增加附加功能。通过车联网技术，数据管理平台掌握的数据不仅可以用于了解高速公路可能出现的交通事故，还可以用于更多应用，如导航、物流、调度等。

车联网包括多种不同的应用。目前，商业领域应用的车联网主要实现车辆与数据处理中心之间的连接，采用一种以数据处理中心为核心的星形结构。车辆将自身数据（如车辆状态数据、车辆位置信息、环境数据）不断上传到数据处理中心，数据处理中心根据用户需求或设备特殊状态发送控制指令，包括报警（如提示用户车辆可能存在的问题，建议检修）、限速（当监测到车辆可能存在严重问题）、开车门并启动发动机（应客户需求，在核实身份和需求之后）等。星形结构车联网系统的另一种应用是对专用工程车辆的定位与远程控制。例如，当车辆运营方将车辆出租给工程施工队时，如果工程施工队不能按要求缴纳租金，则车辆运营可以通过网络将车辆锁死，避免租赁方在拖欠租金的情况下继续使用。

车联网的另一种形式是车辆与车辆之间在一定的物理距离范围内自行联网，相互交互信息，以协商对道路的有效利用。这在将来自动驾驶领域有直接应用价值，特别是当道路上行驶的自动驾驶车辆达到一定数量之后。

车联网系统在远程控制方面需要对控制指令数据的安全保护；在车与车之间信息交互方面需要数据真实性验证；在遭受入侵之后需要一定的安全技术和策略，减少入侵攻击的危害。除车辆销售服务商对客户的车辆具有一定的远程管控能力外，共享汽车和机械车辆的租赁业务也需要远程管控车辆，而且对车辆的管控有着更高的权限。

从社会安全角度来看，车辆的远程管控可以及时诊断、预防和解决车辆可能存在的问题，防止出现更大的安全隐患。但是，如果执行特殊任务的车辆受控于他人，也就是说，如果车辆的管控方成为可能的攻击（例如战争攻击、内部攻击、入侵攻击等）者，则受控车辆反而成为危险工具。如何对网络管控过程进行安全保护是信息安全问题，如何管理网络管控的权限则是社会安全问题。

8.4　智能车辆存在的安全问题

8.4.1　车辆的智能系统

近年来，汽车制造中使用了越来越多的信息技术、控制技术、感知技术等高科技手段。即使一般的普通汽车，也包括电子控制单元（Electronic Control Unit，ECU）、微控制单元（Micro Control Unit，MCU）、车辆控制单元（Vehicle Control Unit，VCU）、混合动力控制单元（Hybrid Control Unit，HCU）等组成部分。

随着自动化和智能化程度的提高，一辆汽车可以拥有几十个 ECU。为了保护智能汽车遭受入侵攻击，一些智能汽车的 ECU 开始拥有信息安全保护功能。例如，在 ECU 中嵌入一个密码服务管理器（Crypto Service Manager，CSM），它包括多个不同的安全模块，具有密钥配置、数据加密、身份鉴别等功能。特别是对具有自动驾驶功能（或辅助驾驶功能）的智能汽车来说，还需要入侵检测等方面的安全防护，把汽车作为一个拥有信息系统和控制系统的智能设备进行安全防护。

8.4.2　智能车辆的特点和安全风险

当今的车辆一般都使用了许多高科技进行配置，包括配置感知模块、执行模块、计算模块、网络模块、娱乐信息系统、前端软件、后端数据处理平台等，车辆的自动化程度很高。这种自动化程度高的车辆比早期以机械控制为主的车辆有明显优点，包括驾乘舒适感、现代科技感、安全应急处理等。

感知模块是汽车智能系统的重要组成部分，特别是自动驾驶车辆配置了种类繁多、结构复杂的感知模块和感知系统。如果任何感知模块的数据被恶意篡改，则会造成安全问题，包括信息安全和行车安全。但是，修改感知模块的数据一般需要物理接触，而一般车辆的感知模块都有一定的物理保护，因此这种安全威胁性相当于物理破坏，不是信息安全保护的重点内容。

执行模块主要包括汽车的加减速和转向。由于对车辆的控制实际是对一种指令的执行，如果黑客入侵车辆的中心处理系统并非法控制节气门和转向，则可能造成很严重的交通事故。

计算模块根据各类传感数据计算出汽车的状态，并根据驾驶规则计算出应该采取什么措施。自动驾驶汽车通过计算模块的计算结果来调整对车辆的控制。如果车辆的计算模块被黑客控制，或黑客可以伪造计算模块的输出结果，则直接影响到对车辆的控制，相当于黑客控制了车辆。如果黑客不能修改计算模块的计算流程和计算结果，但可以提供错误的输入数据，也会导致错误的计算结果，直接影响车辆的行驶方式。

网络模块是车辆与外界的联系（特别是与后台数据处理中心的联系）通道。网络通信遭遇入侵的机会较多，特别是车辆使用无线通信，攻击者可以使用无线抓包等方法来获取传输的数据，从而分析传输的数据内容，然后有可能采取可行的攻击措施。

前端软件如果存在漏洞，则黑客有可能利用软件漏洞入侵车辆主控模块并实施非法控制。一旦黑客入侵车辆主控模块，则可以伪造指令非法控制车辆。任何软件都可能存在漏洞，因此车辆前端软件存在安全漏洞是很正常的。黑客可能掌握一些车辆服务厂商并不掌握的软件漏洞，因此黑客入侵汽车的主控模块是一种永远存在的安全威胁。

后端数据处理平台也可能遭受黑客入侵。黑客可以从后端数据处理平台发送非法控制指令来远程控制车辆。由于后端数据处理平台一般对多台车辆具有控制权，因此后端数据处理平台的安全保护更为重要。针对控制车辆后端数据处理平台，除使用传统的信息保护技术外，还应使用 OT 安全技术，使非法指令不被执行。

8.4.3 如何保护控制指令

对车辆的控制指令直接影响到车辆的安全，特别是正在行驶中的车辆。通过网络管控的车辆，控制指令一般来自某个数据管理中心（Data Processing Center，DPC）。例如，共享汽车的运营商通过数据处理中心来管控其拥有的汽车。如果来自网络的指令是伪造的，则可以对车辆造成严重的破坏；如果车辆正在高速行驶中，则可能导致车毁人亡的严重事故。非法控制指令可能来自数据处理中心之外，如图 8.1 (a) 所示；也可能来自数据处理中心本身如图 8.1 (b) 所示。

下面介绍几种不同的针对智能车辆的非法控制指令。

（1）如果黑客的非法控制指令来自数据处理中心之外，则只需要身份鉴别协议就可以识别真伪。传统的身份鉴别使用"挑战–应答"技术，这种技术需要在控制者和车辆之间建立通信通道并发送几轮的信息交互。基于"挑战–应答"的身份技术既可以建立在公钥证书基础上，也可以建立在共享密钥的基础上。

例如，假设数据处理中心 DPC 有自己的公钥证书 $Cert_{DPC}$，车辆 V 有能力验证公钥证书的真伪。当数据处理中心向车辆 V 发送控制指令 cmd 时，对指令做数字签名，就可以防止伪造。因此发送如下指令相关数据：

$$DPC \longrightarrow V: Cert_{DPC}, cmd, Sign_{sk_{DPC}}(cmd)$$

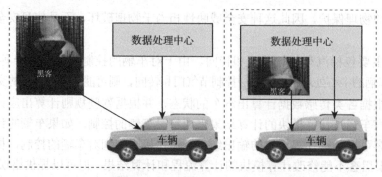

(a) 来自数据处理中心之外的攻击　　　(b) 来自数据处理中心的攻击

图 8.1　非法控制车辆

其中，$\mathrm{sk_{DPC}}$ 是数据处理中心的私钥。当车辆 V 接收到上述数据后，首先验证公钥证书 $\mathrm{Cert_{DPC}}$ 的合法性，从中提取数据处理中心的公钥，依此验证数字签名 $\mathrm{Sign_{sk_{DPC}}}(\mathrm{cmd})$ 是否合法。如果所有验证都能通过，则执行指令 cmd。虽然使用数字签名可以防止伪造和非法篡改，但是攻击者可以实施重放攻击，即截获指令并在一段时间之后再次发送给目标车辆。为了防止这种攻击发生，需要使用数据新鲜性保护，例如将发送指令 cmd 的消息格式改为如下形式：

$$\mathrm{DPC} \longrightarrow \mathrm{V}: \mathrm{Cert_{DPC}}, \mathrm{cmd}, T, \mathrm{Sign_{sk_{DPC}}}(\mathrm{cmd} \| T)$$

其中，T 是时间戳。在时间同步比较精准的情况下，可以将时间戳误差设定为能保证控制指令到达车辆所需的时间。这样，攻击者在截获指令后很短的时间内才能成功实施重放攻击，这种攻击的威胁不是很大。

假设数据处理中心与车辆 V 有一个预先配置的共享密钥 k，则控制指令 cmd 可按如下方式发送：

$$\mathrm{DPC} \longrightarrow \mathrm{V}: E_k(\mathrm{cmd} \| T)$$

其中，E_k 是使用密钥 k 的对称加密算法。当车辆接收到上述数据时，使用密钥 k 对消息进行解密，得到 $\mathrm{cmd} \| T$，验证时间戳 T 的有效性，然后执行控制指令 cmd。如果解密过程消耗一定的时间，则在验证时间戳的有效性时应与接收到数据时的系统时间进行比对，而不是与完成解密运算后的系统时间进行比对。

上述两种密钥设置情况似乎都没有进行身份鉴别。事实上，身份鉴别包含在对控制指令相关数据的合法性验证中。通过对数据合法性的验证，就可以判断控制指令来自合法的数据处理中心。考虑攻击者根据数据格式进行假冒攻击的可能性，对于使用数字签名的方案，假冒成功的可能性与数字签名被发现碰撞签名（同一个签名对应两个不同消息）的可能性一样，基于好的 Hash 函数的数字签名，这种碰撞发生的可能性微乎其微。

对于使用共享密钥的方案，攻击者由于不知道共享密钥 k，可以用一个随机数代替被加密的消息。当车辆 V 收到消息并进行解密后，解密后的数据相当于一个随机数，于是对应时间戳 T 那部分的数据也无异于一个随机数 R。如果时间戳 T 是一个 32bit（4Byte）的数，则与一个随机数 R 之差小于某个预设的可允许误差值 δ_t 的概率，即 $|R - T| \leqslant \delta_t$ 的概率，

也即 $T - \delta_t \leqslant R \leqslant T + \delta_t$ 的概率，约等于 $2\delta_t/2^{32}$。实际应用中，δ_t 的值不会很大，因此这个概率小得可以忽略不计。

（2）如果黑客的非法控制指令来自数据处理中心之内，也就是说黑客已经入侵了数据处理中心。在这种情况下，黑客对远程车辆的非法控制就是一种典型的 OT 攻击。对于 OT 攻击需要使用 OT 安全防护措施。但对车辆的远程控制，还没有有效可行的 OT 安全保护方法。

8.4.4 来自车辆端的攻击

上面讨论的是攻击者处在数据处理中心和被管理的车辆之外。但如果攻击者来自数据处理中心或来自车辆本身呢？对来自数据处理中心的攻击很难防护，就像车辆很难保护司机的误操作一样，因为对车辆来说，很难区分误操作和正常操作。即使使用人工智能技术，也只能对受质疑的操作指令进行报警，而不能不执行。但是，除数据处理中心遭受黑客入侵后可能攻击被控制的车辆外，在其他情况下，数据处理中心对所控制的车辆发起攻击的可能性很小。当然，在特殊情况下（如战争状态下），来自数据处理中心的攻击是可能的。在这种特殊时期或类似的特殊情况下，最好不使用不可信的数据处理中心所管控的车辆。

相比攻击来自数据处理中心的情况来说，攻击来自车辆的情况更为普遍和现实。例如，若车辆租赁方不想缴纳租金但仍然希望继续使用车辆，则会试图断开车辆的网络连接；车辆盗窃分子会努力破坏车辆的网络连接设备；一些获取非法利益的个人和组织可能通过技术手段切断车辆的网络连接，试图免受数据处理中心的控制。

如果车辆断开网络连接，则导致数据处理平台无法对车辆进行管控。这会对车辆运营商造成损失。为了避免来自车辆的这类攻击，仅依靠法律手段是不够的，因为取证过程很困难，挽回经济损失更困难。因此，对于需要进行网络管控的车辆，特别是通过租赁使用的大型机械设备，需要采取一些安全保护措施。目前比较有效的方法是，在车辆设备上安装一个安全执行模块（称为 T-box）。T-box 的部分功能如下：使用 GPS 或北斗定位，与数据处理中心进行通信，上传设备的状态（如工作、待机等）和位置信息，接收来自数据处理中心的控制指令。

但是，攻击者可能拆除或破坏这个 T-box。为此，提出了以下几种不同的解决方案。

（1）使用特殊技术固定 T-box，使其难以被拆除。这是一些大型设备制造商和运营商所使用的方法。但其安全隐患是，这种特殊固定技术对内部工程师是不保密的，内部人员知道如何拆除 T-box。一些擅长拆解工作的人也可以安全拆除 T-box。因此，通过特殊固定技术来保护 T-box 的方法只能增加拆除难度，虽然也有一定效果，但存在明显的安全隐患。

（2）使用特殊技术，将 T-box 的工作与机械车辆内部控制相连接，拆除 T-box 将导致设备无法被正常使用。例如，T-box 内有一个授权模块，车辆在启动时，车辆的控制模块查询 T-box 内授权模块的状态值，若为正常授权，则正常启动；若为非授权状态，则不启动车辆设备。T-box 与车辆控制模块的通信使用电池供电，无须启动车辆就可以正常工作。T-box 对车辆控制的影响如图 8.2 所示。

但是，T-box 内的授权状态值是由网络控制的。攻击者可以通过如下方式修改授权状态。

① 使用数据重放技术。当网络控制指令将授权状态设为正常时，这段通信被截获、记

录，并在车辆状态为非授权时，重新发送该消息，使得车辆误认为是来自数据处理中心的控制指令，其效果等价于绕开网络管控。

② 修改 T-box 的执行代码，使其在接收到非授权指令时改为授权。这样，车辆便永远处于授权状态。但是，修改代码不是一件容易的事。掌握 T-box 源代码的内部工程师，如果需要修改的代码量不大，则可以实施这种攻击。否则，修改 T-box 的执行代码后，有可能导致整个车辆不能正常工作。

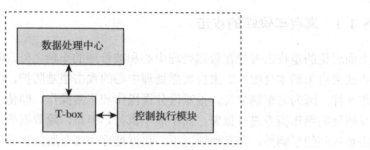

图 8.2　T-box 对车辆控制的影响

如果保持与数据处理中心的数据通信，则上述两种情况很容易被数据处理中心发现，因为已经非授权的设备仍然传来正常工作的数据。这种异常现象很容易引起注意，并发现车辆可能被非法改动了。为了防止这种情况，攻击者或者让 T-box 与数据处理中心之间不进行网络连接，或者强行屏蔽网络信号。

上述两种保护方法都被证明是不可靠的，而且曾经发生大型机械车辆被内部工程师刷机后在管理中心消失的安全事件。考虑到实际操作的可行性，攻击者（包括内部工程师）一般只能对 T-box 的部分代码进行刷机，而不能对 T-box 之外的计算处理模块随意篡改。

8.4.5　如何保护网络控制指令不被屏蔽

通过网络管控车辆时，还存在一种刷机攻击方式：攻击者将车辆主机的部分执行代码进行更新，使其不连接网络，从而导致网络控制失效。这种攻击已经在实际中发生。例如，某大型机械设备的网络管控中心发现在短期内陆续有大量设备失联，报警后经过几年的侦破工作，终于将贩子分子抓捕归案，但给设备厂商造成的巨大损失难以弥补。

这种攻击来自设备厂商内部工程师和社会上不法分子的勾结。设备厂商的内部工程师知道如何修改车辆的 T-box 执行代码，使其可以任意断开网络连接。针对一些安全保护措施，这类攻击可以被修改为伪造攻击，即伪造与数据处理中心的通信数据，或忽略数据处理中心发送的指令。

为了抵抗这种刷机攻击，一种有效的方法是使用密码技术对数据进行保护。一般来说，可以在车辆的 T-box 和数据处理中心之间实现身份鉴别、数据机密性保护和数据完整性保护等安全保护措施。例如，在数据处理中心与车辆的 T-box 之间配置一个共享密钥，数据处理中心与车辆的 T-box 之间的通信以密文形式传输，T-box 接收到的数据经过必要的合法性验证后，以密文形式存储。当车辆控制执行模块查询 T-box 的授权状态时，T-box 解密存储的授权状态值并应答车辆控制执行模块的查询。

为了说明这种使用密码技术对数据实现的安全保护，给出下面的框架性步骤，这些步骤从数据处理中心向车辆的 T-box 发送授权状态值 Permit 开始，其中 CM 为车辆的控制执行模块。

（1）DPC⟶ T-box：$E_k(\text{Permit}\|\text{validtime}\|T)$。

（2）T-box：解密 $E_k(\text{Permit}\|\text{validtime}\|T)$ 得到 Permit‖validtime‖T；检查时间戳 T 的有效性；存储或更新 $E_k(\text{Permit}\|\text{validtime}\|T)$。

（3）CM ⟶ T-box：授权状态 Permit。

（4）T-box：解密 $E_k(\text{Permit}\|\text{validtime}\|T)$ 得到 Permit‖validtime‖T；检查 validtime 是否仍然在有效期。如果 validtime 已过期，即 $T_{\text{current}} - T > \text{validtime}$ 时，回复错误信息。其中，T_{current} 是系统当前时间。

（5）T-box ⟶ CM：Permit。

（6）CM：根据 Permit 的值进行操作。

上述 Permit 是授权状态，Permit 的值决定车辆正常启动 (如 Permit = 1)，或限功率启动 (如 Permit = 2)，或现工作时长 (如 Permit = 3)，或不允许启动 (如 Permit = 0)；validtime 是授权状态的有效期。如果 Permit = 0 表示未授权，则 validtime 的值没有意义。

下面分析上述方案的安全性。假设攻击者掌握 T-box 的源代码，理论上可以随意修改，但密钥 k 由另外的运维人员配置，则攻击者无法产生新的密文 $E_k(\text{Permit}\|\text{validtime}\|T)$。如果攻击者修改 T-box 的流程，使其省略对时间戳 T 和有效期 validtime 的检查，则一旦存储某个密文 $E_k(\text{Permit}\|\text{validtime}\|T)$，其中 Permit 的值表示正常启动，就可以让 T-box 不再更新密文数据，从而使设备一直能正常工作，因为 Permit 一直保持正常启动对应的值，每次控制执行模块 CM 查询授权状态时，都得到正常启动的应答。

为了防止掌握 T-box 源代码的技术人员随意修改并重新安装 T-box 的执行代码，需要将一些安全检查功能深入控制执行模块 CM。例如，当 T-box 应答 CM 的查询请求时，在应答消息中除 Permit 外，还包括 validtime 和时间戳 T，即解密整个密文 $E_k(\text{Permit}\|\text{validtime}\|T)$ 后的明文。控制执行模块 CM 在收到消息 Permit‖validtime‖T 后，获取系统时间 T_{current}，检查是否满足 $T_{\text{current}} - T > \text{validtime}$。如果是，则授权状态已过期，否则根据 Permit 的值执行相应的操作。信息安全保护下的授权控制工作流程如图 8.3 所示。

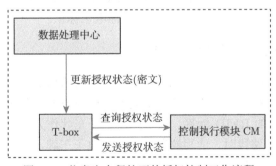

图 8.3　信息安全保护下的授权控制工作流程

上述这种解决方案的代价是修改控制执行模块 CM 的执行流程，使得 CM 的通用性受到很大的限制。同时也假设攻击者没有能力修改 CM 的执行流程，这一假设符合实际情况，因为 CM 的制造商与 T-box 的制造商一般不是同一家。

安全保护和非法攻击是一对矛盾。随着攻击手段的提升和攻击者能力的提升，安全保护的技术深度也要提高。通过加强 CM 与 T-box 之间的安全数据交互，可以有效避免刷机攻击。但由于 CM 与 T-box 不属于同一个制造商，建立它们之间的安全通信需要更多的行业标准规范。

如果 CM 的制造商的内部工程师恶意修改 CM 的执行代码会有什么安全威胁？首先，T-box 会将车辆状态信息传输到数据处理中心。当数据处理中心下发非授权指令后，如果被控制的车辆仍然处在工作状态，则很容易被发现。因此这种攻击的难度大且风险高。

8.5　车辆号牌安全技术

8.5.1　车辆号牌造假和套牌现象严重

据有关报道，深圳交警从 2016 年到 2018 年的 3 年期间共查处 2111 辆假牌套牌车辆。由此可见，假牌套牌车辆数量很大，存在严重的安全隐患。假牌套牌车辆往往不怕违章，因此增加了发生交通事故的风险，而且在发生交通事故后，如果司机逃逸，则查找车辆主人或事故责任人的难度比正常牌照车辆更高。既带来多方面的社会安全隐患，又造成社会混乱和资源浪费。一些犯罪分子在作案时使用假牌套牌车辆，给侦破工作带来很大难度。因此，假牌套牌车辆一直是交通管理的重点任务之一。

尽管今天的交通大数据容易发现假牌套牌车辆，但往往在车辆被摄像头记录下来之后，经过大数据的处理，才发现可能是假牌套牌车辆。等到分析结果发现某车辆是假牌套牌车辆后，该车辆已经行驶到其他地方了。如果不涉及刑事案件或其他严重问题，可能不去进一步追踪假牌套牌车辆，因为这将耗费很大的人力、物力成本。

交通大数据虽然有助于鉴别可疑的假牌套牌车辆，但在实时识别假牌套牌车辆方面，还有明显欠缺。对假牌套牌车辆的有效处理是当场查扣。

如何能现场识别假牌套牌车辆呢？仅依赖摄像头是不够的，即使连接交通大数据，也需要一定时间才能得到结果，这时往往车辆已经离去，无法做到当场查扣。为了能实时识别套牌假牌车辆，一种可行的方法是使用电子车牌（Electronic Vehicle Identification，EVI），也叫电子身份标识（Electronic Identification）或简称电子标识。

8.5.2　电子车牌是未来的发展趋势

电子车牌是基于 RFID 技术的物联网的一种应用。它的基本原理是，利用 RFID 高精度识别、快速无接触采集等技术特点，在机动车辆上装有一个电子车牌，即含有车辆号码及其他车辆标识（如车架号）的 RFID 标签。该 RFID 电子车牌作为车辆信息的载体，并在通过有授权的 RFID 读写器的路段时，读写器获取车辆的电子车牌，识别电子车牌的真伪，在必要的时候还可以写入一些数据（如对某种违规的首次警告处理，下次则不再警告），达到各类综合交通管理的目的。

电子车牌如同路桥收费使用的 ETC 系统，相当于一个车载 RFID 标签。与 ETC 类似，车辆的电子车牌需要固定在车辆的某个位置，易于读取但不容易拆卸。不同的是，ETC 相对容易拆卸和安装。除此之外，车辆的电子车牌与 ETC 标签的区别还包括应用目的不同、管理部门不同、标签种类不同、技术指标不同。电子车牌与 ETC 标签的区别如表 8.1 所示。

表 8.1　电子车牌与 ETC 的区别

不同项	电子车牌	ETC 标签
目的	车辆唯一身份标识	道路不停车收费
标准制定部门	公安部	交通部
应用场景	车辆管理、交通管理、限行、小额支付	高速公路不用停车可完成收费
RFID 种类	无源 RFID 芯片	有源芯片，需要车载供电设备
系统安全技术	国家密码算法标准 SM7，车主终端防篡改、防拆卸、防复制	使用 DES 加密算法。需要技术人员协助拆卸和安装
产品生命周期	伴随车辆终身，直至车辆销毁	5 年以内
标签识读速率	空中识读 20ms/次，车速 240km/h 时也能读取	空中交易 200ms/次，要求车速低于 60km/h

电子车牌具有诸多优势，国内许多城市开始了电子车牌的试点。由于汽车是一个运动型物品，电子车牌在部分地区使用的意义不大，而且如果不同地区使用不同的标准，则电子车牌到异地便不能用，这显然背离电子车牌的初衷。因此，电子车牌的使用需要全国性制定统一标准，在此标准下可以分布实施。

由于车辆的电子标识也拥有 ETC 标签的扣费功能，而且在性能方面要高于 ETC 标签，因此有可能将 ETC 的功能合并到车辆的电子标识中。由于 ETC 标签已经大规模使用，即使 ETC 的扣费功能可合并到电子标识中，也需要一个过渡过程，即允许使用 ETC 或电子标识中的任何一种方式缴纳道路通行费。

8.5.3　电子车牌的相关国家标准

从 2013 年开始，中国稳步推进汽车电子车牌的标准规范。2017 年年底，原国家质量监督检验检疫总局和原国家标准化管理委员会批准发布了机动车电子标识六项国家推荐性标准，包括《机动车电子标识通用规范第 1 部分：汽车》（GB/T 35789.1—2017）、《机动车电子标识安全技术要求》（GB/T 35788—2017）、《机动车电子标识安装规范第 1 部分：汽车》（GB/T 35790.1—2017）、《机动车电子标识读写设备通用规范》（GB/T 35786—2017）、《机动车电子标识读写设备安全技术要求》（GB/T 35787—2017）、《机动车电子标识读写设备安装规范》（GB/T 35785—2017）。这些标准从空口协议、读写标准到安装规范给出了详细的推荐性标准。标准中的机动车电子标识就是车辆的电子车牌。

2018 年 1 月，原国家标准化管理委员会发布了《机动车运行安全技术条件》(GB 7258—2017)，明确指出 2018 年新出厂机动车应在前挡风玻璃不影响驾驶视野的位置预留微波窗口，以保证汽车电子标识的安装与读取。六项国家推荐性标准和一项强制性标准的实施，加快了电子车牌向全国推广的步伐，大规模产业化的趋势也更加明朗。继标准实施后，2018 年 5 月，天津启动电子标识试点工程；2019 年 1 月，武汉市也启动新一轮电子标识试点项目，产业继续加速发展。符合国家标准规范的其他城市试点也在不断增加。

从形式上看，机动车电子标识就是金属车牌的电子化。金属车牌可以通过摄像头读取，而机动车电子标识可以通过 RFID 阅读器读取。在使用摄像头读取金属车牌时，车辆与摄像头应保持正对，不能偏差太大，但机动车电子标识则可以不受这个限制。因此，机动车电子标识有着诸多方便，同时也带来制作成本的提高和新增机动车电子标识的管理成本。

既然机动车电子标识是金属车牌的电子化形式，原则上也可以克隆机动车电子标识，而且克隆的机动车电子标识与原来的电子标识一模一样，而且仅从电子标识本身很难区分哪个是真正的车牌，哪个是套牌。当然，当与车辆的其他信息（如车架号）关联后就可以识别哪个是套牌。但这并没有解决假牌套牌问题。

8.5.4 机动车电子标识的安全标准

《机动车电子标识安全技术要求》（GB/T 35788—2017）标准规定了电子标识安全的一般要求（安全等级、密码算法、密钥、身份鉴别等）和生存周期（生产、初始化、个性化、使用、报废）等安全要求，旨在构建基于国家密码标准（简称国密）算法的双向身份鉴别安全机制，满足电子标识在标识机动车这类应用中的芯片存储数据安全和社会公共安全的基本要求。

《机动车电子标识安全技术要求》的核心内容总结如下：电子标识芯片分为几个数据区，分别称为芯片标识符区、机动车登记信息区、用户区和安全区。这些数据区的功能如下：

（1）芯片标识符区记录电子标识的身份，出厂后永久有效，不可更改。因此，读写器对芯片标识区没有权限写入数据，包括修改数据。

（2）机动车登记信息区记录与电子标识芯片匹配的车辆信息，由公安机关授权的机构负责管理访问该区数据的密钥。

（3）用户区记录用户的有关信息，其访问密钥由应用行业主管部门负责管理。

（4）安全区存储密钥，这些密钥将由内部的加密函数调用，读写器没有权限读取安全区的数据，但可以写入、替换。

对机动车登记信息区的数据应进行加密保护。对用户区的数据可根据需要选择加密保护，并由授权的读写设备写入指定的存储区。读写器在访问电子标识时，应使用密码算法实现对读写器设备身份的真实性鉴别。应使用身份鉴别和口令验证安全机制对各存储区进行访问控制。机动车电子标识与读写器应进行双向身份鉴别，机动车电子标识不应响应读写设备的非授权访问命令。

芯片标识符在芯片生产过程中被按照一定的规则定义并写入，具有唯一性。初始密钥在芯片生产过程中被写入，但可以在使用过程中被更新。

电子标识芯片在初次使用时，电子标识的密钥由国家机动车登记主管部门进行更新，并写入机动车登记信息区和用户区的口令。由主管部门核发的芯片标识符和标识序列号等信息，需要记录到全国公安交通信息系统中。在实际安装过程中，电子标识芯片安装到车辆上后，还要验证其是否正常工作。

8.6 机动车电子标识安全技术设计

《机动车电子标识安全技术要求》虽然对如何保护电子标识提出了安全要求，要求电子标识可抵抗伪造、假冒、信息泄露、信息篡改等攻击，但没有给出具体措施。站在标准制定的角度，这种安全要求是合理的，而具体的技术实现方案不应该在标准中规定，否则可能限制了技术方法的灵活性。针对标准所提出的要求，不同的厂商可能设计不同的技术方案。本节针对《机动车电子标识安全技术要求》设计一种技术实现方案，并分析如何满足《机动车电子标识安全技术要求》的相关规定。本节介绍的技术方案独立于各生产厂商设计的技术方案。

为了便于描述所设计的技术方案如何满足标准的要求，下面针对《机动车电子标识安全技术要求》的有关方面，分别讨论初始化过程、双向身份鉴别、数据加密与解密、密钥更新等。

8.6.1 初始化过程

车辆电子标识的初始化包括电子标识出厂前的初始化和注册使用阶段的初始化。

1. 出厂前的初始化

车辆电子标识在出厂前，在机动车登记信息区和用户区写入两个初始密钥，分别记为 k_I 和 k_U。这两个密钥分别由国家机动车登记主管部门 AUT_I 和行业主管部门 AUT_U 进行更新。这两个出厂初始密钥无须严格保密，因为机动车电子标识芯片在使用前没有需要保密的数据。如果某个机动车电子标识芯片在使用前就被恶意修改了初始密钥，结果仅导致芯片的密钥不能被更新，其结果是不能被正常使用。为了避免这种可能的恶意行为造成的电子标识芯片废弃，厂商可以设计一种方式，即只有生产厂商或授权的机构才能操作的方式，使电子标识芯片在任何状态下都可以硬性恢复到出厂状态。该功能既可以使用一个厂商密钥来控制，也可以通过一个特殊的物理接口和特殊设备来操作，或者将这两种技术相结合。

2. 注册使用阶段的初始化

当机动车电子标识芯片被安装到某个车辆上作为电子车牌使用时，有关部门需要对自己管理的区域密钥进行更新。初始密钥更新过程等同于使用过程中的密钥更新过程，具体流程见后面的讨论。

注册使用时在安全区中写入口令，这个过程容易操作。为了避免非法人员恶意修改口令，在初次写入口令时，系统检查口令的存储空间是否已经被赋值（如非空字符串）；当口令被再次写入时，需要经过口令更新过程。

无论是密钥还是口令，都存储在安全区，以免被外部设备读取而泄露密钥信息。但密钥和口令可以通过内部的函数（如加解密算法）调用。

8.6.2 双向身份鉴别

根据上述初始化过程，在机动车电子标识芯片内预置了与某个管理中心 AUT 的共享密钥 k。电子标识芯片和管理中心 AUT 都配置对应的密码算法，例如可以使用国家密码标准算法 SM4；假设都有随机数生成器（可用伪随机数生成器代替），即电子标识芯片的身份信息为 ID_{box}，管理中心的身份信息为 ID_{aut}，则在管理中心和电子标识之间通过如下步骤实现双向身份鉴别。

（1）**AUT**⟶ **Tag**: ID_{aut}, R_1。

（2）**Tag** ⟶ **AUT**: $ID_{box}, E_k(R_1, R_2)$。

（3）**AUT**：根据 ID_{box} 查询共享密钥 k，解密 $E_k(R_1, R_2)$ 得到 R_1 和 R_2；验证解密后得到的 R_1 是否与自己产生的一致。若不一致，则对 Tag 的身份鉴别失败。否则执行如下步骤。

（4）**AUT**⟶ **Tag**: R_2。

（5）**Tag**：验证收到的 R_2 是否与自己产生的一致。若不一致，则对 AUT 的身份鉴别失败。否则即完成双向身份鉴别。

在上述身份鉴别协议中，R_1 是 AUT 产生的一个随机数，R_2 是 Tag 产生的一个随机数。但是，在实际操作中，管理中心 AUT 并不在现场，身份鉴别是通过管理中心授权的一个读写器和现场的电子标识芯片内部完成的。如何让读写器掌握所有电子标识芯片的密钥？下面讨论几种不同的方法，并分析哪些方法可行，哪些方法不可行。

（1）给授权的读写器分发所有电子标识的密钥。这种方法存在两个问题。

① 在实用方面，由于使用中的电子标识是个动态集合，新的电子标识不断被机动车使用，而一些废弃的电子标识也需要从数据库中清除。因此，让每个读写器维护这样一个动态数据库是不现实的。

② 在安全方面，一旦某个读写器的密钥数据库被泄露，攻击者可以制造出假的读写器，任意修改机动车电子标识中的数据，造成社会混乱。

因此，这种方法是不可行的。

（2）让授权的读写器作为中间通信环节，实际通信由电子标识和管理中心 AUT 的数据库完成。在如图 8.4 所示的流程中，AUT 的身份标识可以提前写入读写器。读写器主要负责发起鉴别请求和在 Tag 和 AUT 之间传递消息。这样，数据加密和解密分别在 Tag 和 AUT 的数据库中完成，读写器不参与加解密过程，因此不存在方法（1）中的那些问题。

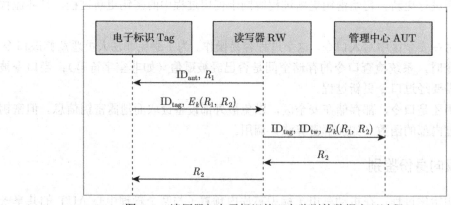

图 8.4　读写器与电子标识的双向鉴别的数据交互过程

但是，通过读写器与 AUT 之间传递消息会造成时间延迟，而电子车牌要求允许车辆 240km/h 的速度通过时仍能完成身份鉴别和数据交换（读、写）。由于无源 RFID 读写距离一般不超过 10m，假设读写器与车辆距离 10m 时开始通信，超过 10m 后通信断开，那么车辆经过读写器的路段至多 20m 长。按照 240km/h 的速度，通过 20m 长的距离只需要 0.3s，也就是说，读写器与电子标识之间的通信需要在 0.3s 内完成，这的确是一个不小的技术挑战。由于道路限速一般不超过 120km/h，为什么要求满足 240km/h 的快速识别要求呢？这是为了能识别一些违规车辆。如果高速行驶下识别率很低的话，会给飙车、偷车等人更大的胆量。因此，应确保在高速行驶下较高的识别率。由于消息传输和接收需要消耗一定的时间，因此应尽量减少消息传输的次数。在图 8.4 中，需要 5 次消息传输，这才仅完成了身份鉴别。当电子标识将数据传送给 AUT 时，需要另外两个消息传输；如果 AUT 需要应答消息或发送指令（如修改数据），则需要另外两个消息传输。这种方案由于消息传输次数较多，不适合在短时间内完成，因此从效率上来说也不是好的方案。但如果让读写器直接鉴别电子标识，并且将身份鉴别与数据传输相结合，即在完成数据保密传输的同时，也完成了对消息来源的身份鉴别，则可以减少消息传输次数，从而提高效率。

8.6.3 使用密钥生成函数，将数据交互与身份鉴别相结合

如果使用不同的设计方案，在身份鉴别过程中可以不需要读写器掌握电子标识数据库，也不需要读写器在身份鉴别过程中与管理中心 AUT 进行通信。该方案的设计如下：假设管理中心 AUT 有一个系统密钥 k、一个密钥生成函数 KGF。对每个电子标识 $\mathrm{ID_{box}}$，$k_t = \mathrm{KGF}(k, \mathrm{ID_{box}})$ 是电子标识的密钥。对每个授权的读写器，管理中心将系统密钥 k 和密钥生成函数 KGF 写入读写器。当电子标识通过读写器时，可以将身份鉴别与数据交互一次性完成，其工作流程如图 8.5 所示。

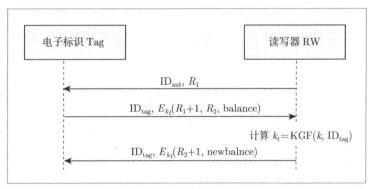

图 8.5　使用密钥生成函数且将数据交互与身份鉴别相结合的工作流程

在图 8.5 中，读写器 RW 产生随机数 R_1，将管理中心的身份标识 $\mathrm{ID_{aut}}$ 连同 R_1 一同发给电子标识 Tag。电子标识产生随机数 R_2，读取卡内记录的余额数据 balance，将自己的身份信息 $\mathrm{ID_{box}}$ 连同密文 $E_{k_t}(R_1+1, R_2, \mathrm{balance})$ 一起发给读写器。读写器 RW 根据电子标识的身份标识 $\mathrm{ID_{box}}$ 可以计算 Tag 的密钥 k_t，然后使用 k_t 解密 $E_{k_t}(R_1+1, R_2, \mathrm{balance})$，比对解密后的 R_1+1 是否与自己产生的随机数 R_1 的差值为 1，如果是，则完成对电子标识的身份鉴别，然后执行下列计算：是否产生费用（如停车费），从 balance 中减去应缴费用得到扣费后的余额 newbalance，使用密钥 k_t 加密 R_2+1 和扣费后的余额 newbalance，将密文发给电子标识 Tag，同时将电子标识的身份信息和新余额信息发给管理中心或财务中心。为了明

确这个消息是给哪个电子标识的，需要将电子标识的身份信息 ID_{box} 也同时传输。考虑到对车辆不仅扣款，有时还扣分，因此电子标识的余额 balance 可以包括资金余额和交通扣分余额。例如，将 balance 写为 $\text{balance} = (b_1, b_2)$，其中 b_1 是资金余额，b_2 是扣分后的余额。当 $b_1 < 0$ 时，通知车主及时缴费；当 $b_2 < 0$ 时，车辆被限制通行，一些交通限制口和停车场将不予抬杆放行。当余额 balance 没有任何更新时，电子标识可以检查 $\text{newbalance} = \text{balance}$ 是否成立。若成立，则不需要改写数据这一过程。也可以通过一个特殊的数据 header 来简化验证过程，这些问题是具体实现时的处理技巧。

电子标识 Tag 在收到读写器 RW 发回的 $E_{k_t}(R_2 + 1, \text{newbalance})$ 后，使用自己的密钥解密消息，对比 $R_2 + 1$ 是否与自己产生的随机数 R_2 相差 1。如果是，则说明读写器是合法的，然后更新卡内记录的账号余额。

在图 8.5 中，R_1 是读写器 RW 对电子标识 Tag 的身份鉴别挑战信息。在电子标识 Tag 对读写器 RW 的应答消息 $E_{k_t}(R_1 + 1, R_2, \text{balance})$ 中，读写器解密后验证 R_1 的正确性，就等价于验证电子标识的应答是否合法，因为非法的电子标识不应该有密钥 k_t，因此不能产生一个密文消息，使其被解密后恰好含有 $R_1 + 1$ 的信息。这两个消息交互完成了读写器对电子标识的身份鉴别，同时电子标识将其余额信息发给读写器。

在读写器最后的应答消息 $E_{k_t}(R_2 + 1, \text{newbalance})$ 中，电子标识解密后验证揭秘部分的 $R_2 + 1$ 是否正确。如果读写器不掌握密钥 k_t 的信息，不可能产生一个解密后刚好一部分为 $R_2 + 1$ 的密文消息。因此，解密后对 $R_2 + 1$ 的检查，实际就是对读写器合法性的身份鉴别。这种鉴别不是鉴别读写器是哪一个，对电子标识来说，只需要判断读写器是否合法即可。

从安全性方面考虑，如果电子标识的密钥被窃取，则假冒该电子标识是容易的。对假冒的电子标识来说，虽然电子标识卡内余额被当场修改，但数据库更新后一般还要通知车辆主人，因此即使机动车电子标识因密钥丢失而被假冒，对原始车牌的车主来说，只需要及时发现错误扣费并在扣费平台进行确认即可。

如果读写器内的密钥被窃取，即管理中心的系统密钥 k 被盗窃，则整个系统对掌握系统密钥 k 的攻击者来说不再具有安全性。这说明使用盗取的密钥来克隆的"合法"读写器可以任意修改电子标识内部的数据，也可以将某些电子标识的数据上传到数据处理中心即管理中心 AUT，以修改数据处理中心记录的数据。这种安全威胁是很严重的，但可以通过技术和管理相结合的方法减弱这种问题的影响。在实际操作中，每个读写器都有自己的身份标识 ID_{rw}，上传数据时需提供读写器自己的身份标识。在数据处理中心和每个读写器之间共享一个单独的密钥 k_1，该密钥与管理中心的系统密钥 k 不同。这样，除非攻击者获取某个合法读写器内的密钥 k 和读写器自己的密钥 k_1，才能假冒这个读写器，否则无法假冒。同时，读写器在上传数据时应同时上传自己的位置信息。这样，通过数据库中记录的读写器身份标识、位置信息、处理车辆电子标识的情况，就可以发现异常，及时加以制止，尽快更新密钥。

下面讨论数据重放攻击是否有效。不难看出，如果一个假冒的读写器重放合法读写器的挑战消息 $(\text{ID}_{\text{aut}}, R_1)$ 时，电子标识回复消息 $E_{k_t}(R_1 + 1, R_2, \text{balance}')$，假冒的读写器不掌握密钥 k_t，因此解密此消息，也无法做出正确应答。如果假冒读写器重放之前截获的某个应答消息 $E_{k_t}(R_2' + 1, \text{newbalance})$，由于等式关系 $R_2' = R_2$ 不再成立，因此不能通过验证。

攻击者也可能尝试假冒电子标识，以便逃费、逃责，或嫁祸到其他人车辆名下。但由于读写器的挑战消息中包括一个随机数 R_1，这个随机数每次都不同，因此重放攻击不适用。

需要说明的是，虽然《机动车电子标识安全技术要求》中要求机动车电子标识不应响应读写设备的非授权访问命令，但重放合法读写器设备的最初查询请求时，车辆的电子标识无法区分消息是来自合法读写器还是非法读写器，因此仍然正常响应。但是，当非法读写器试图改写车辆电子标识的数据时，将无法通过验证。

8.6.4 隐藏读写器内的密钥

为了避免攻击者从一个合法的读写器中读取管理中心 AUT 的密钥 k，可以将密钥生成函数与密钥 k 进行充分融合，使得计算 $\text{KGF}(k, x)$ 的过程不泄露密钥 k 的信息。这种处理是可能的，例如白盒密码 [7] 就具有这种功能。虽然大多数的白盒密码被发现安全性不高，即其安全性不能与非白盒状态下相比，但对电子标识来说，获得全部执行代码本身就是一个挑战，如果再对代码进行分析以猜测系统密钥 k，则难度很大，攻击者实施攻击所付出的代价，有可能比系统弥补问题所付出的代价还要大，因此不构成实际威胁。为方便起见，在使用密钥生成函数产生电子标识的密钥 k_t 时，只需要输入电子标识的身份信息，不需要输入密钥 k，即可记为 $k_t = \text{KGF}(\text{ID}_{\text{box}})$。

攻击者可能以某种方式获取读写器的执行代码（例如在代码更新时），然后写入一个空白的读写器，就可以假冒那个合法读写器的一切行为了。但这仍然不构成有效攻击，因为那个克隆假冒的读写器实际相当于一个合法的读写器，并不受攻击者的随意控制。

8.6.5 使用双重密钥生成函数

假设 KGF 是密钥生成函数。给定电子标识的身份信息 ID_{box}，则 $k_t = \text{KGF}(\text{ID}_{\text{box}})$ 就是电子标识的密钥。为了让不同的读写器拥有不同的密钥生成函数，从而在读写器被克隆后容易查询到被克隆的是哪个读写器，这里对 KGF 做一些变换。设 F 是一个简单加密算法，给定密钥 t，$F_t(x)$ 是 x 的密文。F 对应的解密算法是 G，即 $G_t(F_t(x)) = x$。给读写器预置一个复合后的函数 $K(x) = F_t(\text{KGF}(x))$，其中参数 k 和 t 固定，可以隐藏到函数 K 中。这样，当读写器收到一个电子标识的身份信息 ID_{box} 时，计算 $k' = K(\text{ID}_{\text{box}})$，然后计算 $G_t(k') = k_t$，则 $k_t = \text{KGF}(\text{ID}_{\text{box}})$ 就是电子标识的密钥。

这种实现方式的好处是，每个读写器拥有自己独有的密钥生成函数，如果读写器被克隆，也容易查找。假设密钥存储在不能通过外部设备读取的安全区，则克隆设备是困难的。

8.6.6 数据机密性与完整性保护

在图 8.5 中，电子标识发送给读写器的消息格式为 $E_{k_t}(R_1 + 1, R_2, \text{balance})$，其中需要加密的业务数据是 balance，而 $R_1 + 1$ 和 R_2 是用于身份鉴别的应答消息和挑战消息。当读写器解密并验证 $R_1 + 1$ 的正确性后，完成了对电子标识的身份鉴别，同时保证了密文消息的完整性，因为对密文的任何修改都可能导致整个解密结果变成一个随机数。从读写器返回给电子标识的消息 $E_{k_t}(R_2 + 1, \text{newbalance})$ 也有同样的功能。

但是，如果加密使用的是流密码，则修改某个位的数字不影响其他位对应的明文。在这种情况下，破坏 balance 消息的完整性而不被检测到是可能的。考虑到实际应用环境，这两个数据通过无线传输，在很短的时间内就完成了，因此在数据传输过程中破坏数据完整性的可能性很小。如果在应用中发现数据完整性经常被破坏，则可以通过更新系统来弥补。

8.6.7 密钥更新

如果管理中心 AUT 的系统密钥 k 疑似被窃，则需要更新系统密钥 k。如果车辆电子标识的密钥疑似被泄露，则需要更新电子标识的密钥。

在基于身份标识和密钥生成函数产生电子标识密钥的方案下，更新一个电子标识的密钥不能简单地用新密钥替换旧密钥，因为不方便对所有读写器都进行同样的密钥更新。因此，最有效的方式是赋予电子标识一个新的身份标识 ID，这样，新的身份便对应一个新的密钥，同时在数据处理中心记录废弃的电子标识的 ID。这种密钥更新方式对系统的影响是，当读写器将电子标识的数据 ID_{box} 和 newbalance 传给数据处理中心时，数据处理中心首先查看 ID_{box} 是否在被废弃的电子标识列表里，然后再进行计算和记录。如果发现 ID_{box} 是已经废弃的电子标识，则说明该标识被克隆，需要通过其他方式追查。如果废弃的电子标识数量不多，也可以将废弃的电子标识列表发给每个合法的读写器，这样在读写器与电子标识进行交互时，就可以直接发现电子标识是非法的。

如果需要将系统密钥 k 更新为 k'，则整个系统所有设备的密钥都需要被更新，这相当于系统重建。但对于一个正在运行的系统，对每个设备重新建立密钥会影响系统的正常运行，因此需要逐步更新。下面给出一种如何逐步更新系统密钥的方法和流程。

（1）更新读写器的密钥。根据新的系统密钥 k'，对某个读写器，可以更新其密钥生成函数和独立密钥 t，同时保留原来的密钥生成函数。记原来的密钥生成函数为 KGF_0，更新后的函数为 KGF_1；这样，更新密钥后的读写器有两个密钥生成函数，而那些尚未更新密钥的读写器只有一个密钥生成函数。

（2）更新电子标识的密钥。如果一个读写器没有更新密钥，则对电子标识的识别方法如图 8.5 所示。如果一个读写器已经更新了密钥，则对电子标识的识别方法可以与密钥更新相结合，按如下步骤完成。

① $RW \longrightarrow Tag$：ID_{aut}，R_1，key_id。

② $Tag \longrightarrow RW$：ID_{box}，key_id_old，$E_{k_t}(R_1+1, R_2, balance)$。

③ AUT：检查 key_id_old $=$ key_id 是否成立。如果成立，则说明电子标识已经更新了密钥，于是根据 ID_{box} 计算 $k_t = KGF_1(ID_{box})$；否则，说明电子标识尚未更新密钥，于是根据 ID_{box} 计算 $k_t = KGF_0(ID_{box})$。然后执行如下步骤：使用密钥 k_t 解密 $E_{k_t}(R_1+1, R_2)$ 得到 R_1+1 和 R_2；验证解密后得到的 R_1+1 是否正确。若不正确，则对 Tag 的身份鉴别失败。否则执行如下步骤。

④ $AUT \longrightarrow Tag$：ID_{box}，$E_{k_t}(R_2+1, newbalance)$。

⑤ Tag：解密 $E_{k_t}(R_2+1, newbalance)$，验证收到的 R_2 是否正确。若不正确，则对 AUT 的身份鉴别失败。否则即完成对 AUT 的身份鉴别，并且更新 newbalance。

从上述过程可以看出，为了允许电子标识能更新密钥，需要记录密钥的版本号或密钥标识符，即 key·id。这一信息仅在需要更新密钥时有用。在实际协议实现中，一般都有一个协议头，协议头中包括协议版本信息，这一版本信息就可以代替 key·id 的功能。

上述密钥更新过程存在这样的问题：如果一个更新过密钥后的电子标识遇到一个尚未更新密钥的读写器，则协议不能正常执行，即标识不能被识别，因为读写器生成的密钥与电子标识的密钥不同。为了避免这种情况发生，可以在读写器密钥更新完成之后，再启动电子标识的密钥更新。

密钥更新流程启动后需要维持一段时间（如 12 个月），以确保绝大多数车辆的电子标识已经被更新了密钥。车辆在进行年审时也可以更新密钥。如果一个车辆在密钥更新流程启动后的 12 个月时间内没有更新密钥，则可以认定车辆没有经过年审。但新车不需要每年年审，如果在 12 个月时间内没经过任何一个读写器，这种情况可以当作故障来处理，车主需要到指定的地点进行密钥更新。如果被读写器识别为旧密钥，可以向电子标识发送提醒消息，提醒车主尽快更新电子标识的密钥。

8.6.8　口令更新

口令也是一种密钥，因此更新口令也是一种更新密钥的方式。但是，口令是一种特殊用途的密钥，通常存储在人的记忆中，通过手工输入来使用。因此，口令的更新方式也应该与传统密钥更新方式不同。

在实际应用中，许多数据和服务系统需要使用口令登录，口令更新是经常发生的事，因此可以借用成熟的口令更新方法来更新电子标识的口令。

8.6.9　在机动车电子标识中使用公钥密码算法

相比对称密码算法来说，公钥密码有着使用方便的优势。特别是基于身份的公钥密码，只需要知道身份信息便得到不可伪造和假冒的公钥，因为电子标识的身份信息存储在数据处理平台的数据库中，不可伪造、不可假冒，而且身份信息本身就是公钥。如果在车辆的电子标识中使用公钥密码，比如使用基于身份的公钥密码，则无论哪种车辆都可以直接鉴别真伪，不需要区分是特种车辆还是普通车辆。

但是，在机动车电子标识的鉴别中使用公钥密码算法存在如下缺点。

（1）基于公钥密码的身份鉴别只能判断所提供的身份标识是否拥有其对应的公钥。当公钥密码算法种类和基本参数已知时，攻击者可以随意伪造机动车的电子标识，并依照伪造的电子标识构造公私钥对。这样构造的公私钥对显然能通过读写器的身份鉴别过程，即无法区分是合法车辆的电子标识还是伪造的电子标识。

（2）公钥密码的执行速度往往比传统密码算法要慢得多。要在短时间内完成身份鉴别，需要电子标识芯片和读写器都有良好的计算能力，可能因此而增加设备的成本。

由于具有如上缺点，公钥密码算法不适合用于机动车电子标识的身份鉴别。

8.7　智慧停车系统的安全技术

智慧停车系统是智慧交通系统的重要组成部分。智慧停车系统包括智能停车助手和智慧停车场管理。

智能停车助手主要使用自动化技术和一些优化算法，将车辆停在立体停车场的恰当位置，使得取车平均消耗的时间最短。在一些空间高度紧张的大城市中，立体停车场可以在有限的占地面积内停放更多的车辆。但由于当今车辆的种类繁多，立体停车场的使用限制较大，例如有些立体停车位只能停放普通轿车，不能停放 SUV 或更大的车辆。从信息安全角度考虑，对立体停车场主要是现场控制，不涉及网络控制，因此没有特别的信息安全问题。

智慧停车场管理主要指公共停车场管理，包括车辆进出识别、停车位预约、停车位状态更新、停车缴费等。许多过程需要通过网络交互信息，因此涉及网络信息安全问题。下面介绍停车场管理中的几个问题。

8.7.1　智慧停车场的停车位预约

为了确保到达某个停车场后能找到停车位，司机可提前在智慧停车场管理平台（Intelligent Parking Platform，IPP）进行搜索、预约，并在规定的时间内到达。这种操作与约车业务类似，目前这种业务已经有成熟的技术解决方案和商业模式，可以直接用于智慧停车系统中。如果司机预约某个停车位后未能在规定的时间到达停车场，既可以继续预约（付费），也可以任其超时后自动取消。如果预约后又不想用了，也可以及时取消，避免因预约而未履行而留下不良记录。为了鼓励人们讲信用，可以通过管理和经济手段，对经常预约而弃用的用户进行一定的惩罚，或给用户添加一些违约记录，增加其预约车位的难度。

8.7.2　车位状态管理

为了让需要停车的司机能尽快找到附近的停车位，停车场的车位状态应该能从管理平台看到。这表明停车场的车位状态应及时更新到管理平台。对需要停车的司机来说，车位的典型状态分为"被占用"和"未被占用"两种，对应数值为 $s=1$ 和 $s=0$。对管理者来说，车位的状态还包括"未启用"（如在建状态）和"不能用"（如故障）等。

在停车场现场，车位状态可以通过不同颜色的指示灯来区分。例如，绿灯表示车位可用，红灯表示车位已被预约。如果车位已被占用，可以将灯灭掉。这种灯制可以通过传感器和网络信息共同控制。每次车位状态发生变化时，该信息被传输到管理平台进行更新。当车位被预约后，车位上的指示灯变为红色；当车辆停到车位上后，车位指示灯熄灭；当车辆离开车位时，车位指示灯变为绿色。为了避免车辆因调整位置而离开车位传感网的位置，或一辆车离开后，另一辆车马上停到车位上，这种情况下将车位状态频繁更新到管理平台容易造成混乱，因此应该在车辆离开车位一段时间（例如 1min）后，再将车位状态改为可用，并亮起绿灯。

为了避免车位信息被恶意伪造，在更新车位状态信息时需要有数据安全保护。假设在智慧停车场管理平台 IPP 和公共停车场之间共享一个独有的密钥 k。假设停车场 Park 的身份标识为 ID_{Park}。当车位 abc 的状态更新为 s 时，车位传感器通过停车场向管理平台发送如下消息：

$$Park \longrightarrow IPP: \ ID_{Park}, T, abc, s, MAC(k, T, abc, s)$$

其中，T 为时间戳，MAC 是消息认证码，用于保护消息的完整性。当管理平台收到上述消息后，根据 ID_{Park} 可以找到密钥 k，验证 $MAC(k, T, abc, s)$ 的正确性，检查时间戳 T 是否合法。如果验证通过，则将车位 abc 的状态更新为 s。

8.7.3　停车缴费

目前，大多数停车场可以根据车辆进出时间准确计算出车辆的停车时长和应收的停车费。有些停车场还提供了离场前扫描缴费的方式，这样可以有效减少车辆出口因等待缴费而造成的拥堵。

在线支付方式大大方便了财务记录。如果将车辆进场、出场、所缴停车费、车位整体状态等信息结合起来，停车场的收入是一笔明白账，不存在个人私自收取公共停车场的停车费问题。停车场收费信息可以定期汇总到数据管理中心，也可以将每辆车的缴费信息实时上传到数据管理中心。为避免商业数据泄露，收费信息在上传时应采取数据机密性保护措施。这是一种普通数据的机密性保护，有许多成熟的技术可以使用。

8.7.4　违规车辆识别

如果将智慧停车系统与机动车电子标识系统相结合，则智慧停车系统可以增加一项额外的作用：识别假车牌（伪造）、克隆车牌（套牌）、违章严重（例如未年检、扣分超过 12 分等）情况。这是目前通过视频识别读取金属车牌这种方式无法实现的。即使两个系统不结合，在智慧停车场安装一个机动车辆电子标识读写器也是检测问题车辆的有效手段。

8.8　特种车辆防伪安全技术

为了给执行特殊任务的车辆提供通行方便，一些特种车辆可以免检免费通过路桥。据报道，一些不法分子利用特种车辆的这些优待政策，大肆租用、盗用特种车辆，甚至伪造特种车辆号牌，进行运营或从事非法活动。虽然刑法对此有严厉的惩罚措施，但总有人铤而走险，给社会带来严重的安全隐患，也给执法部门造成不小的干扰。

部队使用的特种车辆由军队部门管理，地方交警发现这些车辆的违规行为也无权处理，只能移送军队处理。即使遇到疑似假号牌，如果没有 100% 的把握，也不敢轻易处置，这也是不法分子热衷于假冒部队车辆号牌的原因之一。

除了部队的特种车辆号牌，其他特种车辆的号牌也可能被伪造，例如警车号牌、救护车号牌。但由于救护车仅用于少数几种特殊车型，而且救护车辆一般不在路边随意停放，因此假冒救护车号牌，容易被识破。假冒警车号牌虽然可以像私家车一样随意停放，但由于行驶在路上常遇到真警察，而警察对警用车号牌非常熟悉，因此，假冒警用车车牌容易被识破。因此，不法分子更多选择假冒（包括盗用和克隆）部队的特种车辆号牌。

使用传统方法识别特种车辆号牌内容是容易的。但如何才能鉴别真伪呢？传统的金属车牌辨别真伪难度大，全凭执法者的经验，对那些印刷质量好的假车牌很难通过眼睛识别。如果使用机动车电子标识，则情况会有实质性改变。但是，一些特种车辆号牌的管理权不在交通管理部门，而机动车电子标识的读写器一般由交通管理部门安装。如何通过交通管理部门安装的读写器对军队管理的特种车辆号牌进行真伪鉴别呢？下面给出一种理论上可行的方法。

由特种车辆管理部门产生一个密钥生成函数 KGFJ，车辆电子标识的密钥为

$$k_t = \text{KGFJ}(\text{ID}_{\text{box}})$$

特种车辆管理部门可以委托交通管理部门将 KGFJ 函数写入每个合法读写器。这样，当特种车辆的电子标识被读写器检测到时，读写器可以根据电子标识的身份信息 ID_{box} 识别出使用哪个密钥生成函数，从而可以产生正确的电子标识的密钥。按照这种方法，不仅是部队的特种车辆号牌，其他特殊车辆的电子标识也可以类似地通过读写器直接鉴别真伪，不需要通过对应的管理部门。这种方法相当于将多种类型的机动车电子标识读写器合为一体，技术上容易实现。

如果密钥生成函数 KGFJ 不慎泄露，则不法分子可以伪造特种车辆的电子标识，并能通过合法读写器的鉴别验证。可以通过技术手段与管理手段相结合解决这个问题。当读写器获取车辆身份信息后，将车辆身份信息、车辆状态信息（是否违规、违章）、读写器信息（包括时间和位置）等上传到管理中心 AUT，然后 AUT 可以根据车辆信息判断其主管部门，并将相关信息转交到车辆主管部门，车辆主管部门则根据车辆的出行信息判断是否存在电子标识伪造、假冒（套牌）等情况，以及出车是否有授权。

8.9 智慧轨道交通系统的信息安全技术

轨道交通具有多种形式。常见的轨道交通包括城市轨道交通和铁路系统。铁路系统又分为普通铁路和高速铁路。在管理上，城市轨道交通与铁路系统是独立的系统。

8.9.1 轨道交通的特点

与公路交通相比，轨道交通具有以下共同特点。

（1）与公路交通独立运行，不受公路交通状况的影响。

（2）具有固定的行驶路线、发车时间、运行时间、停车时间。

（3）除非常特殊的天气和意外事故（如洪水、山体滑坡、轨道故障等）外，一般天气不影响轨道交通的正常运行。

8.9.2 轨道交通的构成

轨道交通一般包括如下子系统：通信系统、信号系统、电力系统和信息系统。城市轨道交通还有一个区别于铁路系统的子系统，即一卡通管理系统。

（1）通信系统为轨道交通提供通信服务，包括语音、数据、图像等。用于一般通信服务的网络可使用公共通信网络，如移动通信网络或有线网络。车站信息系统一般使用有线网络。轨道交通的通信网络是铁路通信专用网络，例如车辆调度、应急救援、数据监控等都使用该专用网络。

（2）信号系统是轨道交通专有的系统，负责给轨道交通车辆在发车前或行驶中经过岔道口或车站时发送交通信号，指示车辆正常行驶、缓慢行驶、暂停等，这是保障轨道交通运行

安全的重要系统。信号系统一般与车辆运行控制系统、行车指挥系统（又称为调度集中控制系统 CTC）、计算机联锁系统、电务集中检测系统、信号电源系统等联合工作。

（3）电力系统主要负责给轨道机动车辆提供可靠的电力，包括动力电（牵引供电）和普通用电（车内照明、通风、取暖、制冷等），还负责供电网络和变电系统的设计与维护。

（4）信息系统包括客运服务系统、运营管理系统、安全监控系统等。其中，客运服务系统包括票务系统、办公自动化系统、公安信息管理系统等。

8.9.3　轨道交通的信息安全技术

轨道交通的安全问题主要源自其子系统的安全问题。轨道交通中的通信系统的安全问题与传统网络通信的安全问题类似，包括数据的机密性、完整性和数据来源的真实性。由于轨道交通服务的目标是社会公众，无论是监控数据还是监控视频，其机密性保护的需求不大，因此重点在于保护通信数据的完整性和数据来源的真实性。如果使用数字签名方案，则可以同时提供数据完整性保护和数据来源真实性证明。对数字签名的验证需要掌握签名方的公钥，在轨道交通系统中，由于同一个轨道交通系统的管理方是同一个，容易建立可信的公钥（或根证书），因此，轨道交通的通信系统可以使用传统信息安全技术提供必要的数据安全保护，包括数据完整性保护和数据来源真实性保护。

轨道交通中的信号系统是保障轨道交通安全运行的重要系统，交通信号可以理解为某种指令，而不仅是一种数据。交通信号的内容不具有很高的机密性，但其可靠性和完整性却非常重要。如果轨道交通信号不能正常传输或被恶意篡改，则可能导致严重的轨道交通事故。由于轨道交通的车辆重、乘客多，一旦发生交通事故，在多数情况下，后果都非常严重。因此，轨道交通中的信号系统所关心的信息安全问题主要是通信可靠性和数据完整性。通信可靠性可采用多通信信道（或信道冗余）技术来提高，数据完整性保护可使用密码学中的数据完整性保护算法 MAC 来实现。

轨道交通中的电力系统是一种保障系统，其中的信息系统是辅助系统。对辅助信息系统的安全保护可采用传统信息系统安全保护措施。

但是，轨道交通还包括控制系统，控制系统所需的信息技术应针对具体需求设计信息安全保护方案。例如，铁路的票务系统就涉及支付、订座、取消等行为和对应的数据处理，而城市轨道交通的票务系统则需要与公交系统关联，允许乘客使用一卡通。随着技术的发展，一些城市轨道交通系统允许乘客使用手机支付软件进行扫描支付，非常方便、快捷。

8.9.4　铁路系统信号可靠性方案

为了提高数据计算处理系统的可靠性，工业系统常使用设备备份策略，即对重要设备准备一个替换设备。一旦原设备出现故障，可以快速启用备份设备。为了缩短切换到备份设备所需要的时间和设备配置所需要的时间，包括备份设备的参数更新，一些系统使用了热备份策略，即有两个同样配置的主机设备在运行，其中一个是工作主机，另一个是热备份。当工作主机出现故障时，可以快速切换角色，将热备份设备变成工作主机。

在铁路系统中，对可靠性的要求更高，常使用一种称为"二乘二取二"的联锁系统。在如图 8.6 所示的二乘二取二连锁系统中，对同一输入分别使用两个计算模组进行处理，每个模组有两个计算模块。如果模组 A 的计算模块 A1 和 A2 输出相同，则比较器 A 输出计算结果，切换器也首选模组 A 的计算结果；如果模组 A 的两个计算模块得到不同的输出，则比较器 A 输出报警信号，切换器选择模组 B 的计算结果。如果模组 B 也输出报警信号，则切换器最终输出报警信号。

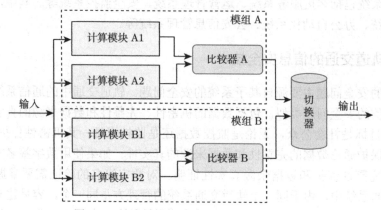

图 8.6　铁路系统使用的二乘二取二联锁系统

　　参照二乘二取二联锁系统的设计思路，可以设计"二乘二取二"信号传输方案，即对同一信号使用两种不同的通信方式（记为通信方式 A 和通信方式 B）进行传输，每种通信方式使用两个设备实现，这就形成四个通信通道（A1、A2、B1、B2）。铁路信号通过四个通信模块以两种通信方式传输。接收方有四个对应的接收器。当收到两个通信线路的信号，且这两个信号一致时，接收该信号为正常信号，并执行相应的操作，如停车、慢慢通过、正常通过等。

　　正常情况下应该能接收到四路相同的信号，但受各种因素的影响，可能一些信号受到干扰，实际接收的信号是干扰之后的信号，或信号被遮挡未能正常传输，或接收端因故未能正常接收。这将导致接收端出现如下情况。

　　（1）收到四路信号且完全一致。

　　（2）收到四路信号，但只有三路信号一致。

　　（3）收到四路信号，但只有两路信号一致，另外两路信号各不相同。

　　（4）收到四路信号，其中两路信号一致，另外两路信号也一致，但内容与前两路信号的内容不同。

　　（5）收到四路信号，内容各不相同。

　　（6）收到三路信号，内容完全一致。

　　（7）收到三路信号，只有两路信号一致。

　　（8）收到三路信号，但信号各不相同。

　　（9）收到两路信号，内容相同。

　　（10）收到两路信号，内容不同。

　　（11）收到一路信号。

　　（12）没收到任何信号。

虽然上述情况发生的可能性非常低，但理论上来说各种情况都可能发生。按照"二乘二取二"的原则，只要有两路信号相同，就接收这种信号。但是，如果遇到上述第（4）种情况，则取错信号的概率高达 50%。当然，实际中发生第（4）种情况的可能性非常低，而且除第（1）种情况和最后一种情况外，对其他情况都应报警，在这些情况下需要人工检查。

如果存在第三种通信方式，使用"三取二"的通信原则也是一种提高通信可靠性的有效方法。在连锁系统中，也有一种称为"三取二"的系统结构。通信中使用的"三取二"模式，就是使用三个通信模块（A、B、C），分别基于不同的通信方式，接收端有对应的接收模块。当接收端有两路线路接收到同样的信号时，接收该信号为合法信号。类似地，如果少于三路通信信道接收到信号，或接收的信号不一致，则报警并提醒人工检查。

无论是采用"二乘二取二"还是"三取二"的通信方案，都能提高信号的可靠性。该方案具有如下特点。

（1）**抵抗信号失败**。铁路信号可能出于各种原因导致传输失败，如信号被阻挡、大雾天气使信号强度不够、发送信号的器件故障或接收信号的器件故障等。如果使用"二乘二取二"或"三取二"的通信方案，可以在偶尔单路信号失效的情况下，仍能保证信号正常传递。

（2）**抵抗有限入侵攻击**。即使某个信号发射源或信号接收器遭受入侵或物理破坏，仍然可以保证信号正常传递；如果多个信号发射源或接收器遭受入侵或物理破坏，则会影响信号的传递，但对网络攻击者来说，能同时入侵一个以上不同系统的可能性非常低。

8.10 小结

本章介绍了智慧交通中的一些安全问题，包括车联网安全技术、机动车电子标识（电子车牌）的安全技术和智慧停车场安全技术等。车联网安全技术主要考虑两种情况：（1）由一个管理中心管控多个车辆，构成一种简单的星形结构；（2）在道路上行驶的车辆与车辆之间形成临时网络，以便更好地利用道路资源，这是一种 Ad-hoc 网络。两种网络架构不同，因此需要不同的安全保护技术。机动车电子标识安全技术主要通过身份鉴别，达到防伪造、防假冒等安全目的，同时可能伴随小额支付。机动车电子标识安全技术的主要挑战是，要满足车辆高速通过读写器的前提要求，车牌的身份鉴别需要车辆在距离读写器充分近的短暂时间内完成，因此需要快速的密码算法、简洁的安全协议，尽量减少通信次数，同时要符合有关国家标准要求。智慧停车场管理的安全问题是数据真实性问题，可以使用对称加密算法，特别是轻量级密码算法，实现身份鉴别和数据保密性安全服务。

需要说明的是，本章介绍的安全方案主要介绍主体数据的内容。例如，在机动车电子标识身份鉴别协议中，实际需要一个协议字头 header、一个数据尾标识。该 header 可以携带许多信息，例如可以让读写器知道使用哪个密钥生成函数 KGF 来生成机动车电子标识的密钥，这样就可以允许读写器同时配置多个种类的密钥生成函数，包括密钥生成函数的新旧版本。

本章描述的智慧交通安全方案是架构性的，具体应用时还要添加其他附加信息。方案的效率、安全性都有待进一步分析和改进。

第9章

智慧城市物联网安全技术

9.1 引言

智慧城市就是综合运用多种现代信息技术，构建大数据平台，通过网络化办公和管理手段，使城市管理更加有效、智能、低碳环保，提高城市运行效率，提高城市生活质量。

智慧城市所涉及的信息和电子技术包括射频技术、传感技术、物联网技术、云计算技术、移动通信技术、大数据处理技术等。这些技术的应用能够实现对城市的精细化和智能化管理，有效减少资源消耗和安全隐患，实现城市的可持续发展。

9.2 智慧城市架构

智慧城市是物联网技术和其他前沿信息技术的综合应用。从不同角度理解智慧城市，则有不同的架构。

站在物联网的角度理解智慧城市，则智慧城市是多种物联网行业应用系统的综合，其架构类似于物联网，包括数据采集、数据传输、数据处理和数据应用部分，因此可以分为感知层、网络层、平台层和应用层。其中，感知层的主要内容是数据采集，为不同行业的物联网系统采集相关数据；网络层的主要内容是网络传输，是数据从本地传输到处理平台的必要途径；平台层的主要内容是多个行业数据的汇聚、融合和处理；应用层则是平台数据在不同行业中的应用。

9.2.1 智慧城市的感知层

对智慧城市来说，感知层是不同行业的物联网系统采集的感知数据，包括如下不同类型。

（1）传感器数据。例如，环境温湿度监测、家庭煤气浓度监测、工厂周围有毒气体浓度监测等。

（2）红外感应数据，主要用来感应具有体温的动物信息。例如，动物的出现和移动情况、物品表面温度变换情况等。

（3）视频监控数据，主要是视频监控设备录制的视频资料。有些视频资料是实时监控视频，如实时监控某广场的视频资料；有些视频资料是环境变换时拍摄的监控视频数据，如仓库监控视频资料，只上传变化图像；有些视频资料可能是经过数据处理后的，如汽车车牌监控视频资料。

（4）电子标签身份识别数据。例如，RFID 标签数据，以确定物品所在的位置（由读写器位置确定），或通过 RFID 关联的快速支付账号付账（如 ETC）。

（5）定位数据。例如，卫星定位数据、移动网络定位数据、室内定位数据、地下矿区定位数据等。

从广义上来说，红外感应、声音感应、视频监控等都属于传感器类别，因此都可以看作传感器数据或感知数据。由于传感器种类繁多，甚至使用的技术也千差万别，因此很难一一列举。电子标识身份识别数据不仅是 RFID 标签数据，还包括条形码数据、二维码数据、特殊标识数据（如系统标识、数据标识、进程标识等非实体的身份标识）。

9.2.2 智慧城市的网络层

智慧城市的网络层与物联网的网络传输层一样，一般指用于传输感知层数据的广域网络，包括有线宽带和移动通信网络。移动通信网络作为物联网传输层的一个选项，是因为从第四代移动通信网络之后，特别是 5G 网络，其数据带宽可以满足大部分物联网行业应用的需求，部分网络（如 5G 网络）也能满足智慧城市数据传输的需求。

由于智慧城市融合了多个物联网行业的数据，也融合了传统信息系统的数据，因此智慧城市的网络层同时包括多种不同的宽带网络。

9.2.3 智慧城市的平台层

智慧城市的平台层既是综合数据处理平台，也是智慧城市的核心。综合数据处理平台需要面向大数据的数据发送和接收技术、数据存储技术、数据分析技术、数据应用方式与服务模式等。因此，智慧城市的平台层的主要技术是云服务平台，不仅服务于多种物联网行业，还服务于多种传统的信息处理，而且具有数据融合处理、数据协同、态势感知等能力，比单个行业的物联网数据处理具有更强大的处理能力、更大的数据关联能力和行为分析能力等。

9.2.4 智慧城市的应用层

相比物联网的架构来说，智慧城市的应用层应该单独划分出来。因为智慧城市平台的服务对象更广泛，提高的应用服务种类更多，覆盖多种行业，包括电子政务、智慧交通、智慧医疗、城市安防等。

智慧城市不仅服务于商业领域，更重要的是服务于政府管理、城市管理、社会服务等领域。例如，电子政务、城市安防、应急指挥、舆情监测等都是提升城市管理水平的公共服务。智慧城市所服务的商业领域也与社会服务有密切关系，例如智慧交通服务于人们的出行，智慧医疗服务于人们的健康和医疗救护。

9.3 智慧城市的典型应用

智慧城市的典型应用包括城市安防、警民协同、出警救援、协同办公、电子政务、城市资源信息等。另外，一些物联网行业的数据平台也可以融入到智慧城市平台中，典型的与智慧城市直接相关的物联网行业包括智慧交通、智慧医疗、智能家居等。

9.3.1 城市安防

城市安防是城市治理的重中之重。信息技术在城市安防中的重要作用是视频监控。视频监控的布设给犯罪分子造成很大的心理压力，许多犯罪企图因此被打消，许多案情在视频监控的帮助下迅速侦破。因此，视频监控是智慧城市在城市安防方面的重要应用。一些城市的市区范围内视频监控基本上能达到全覆盖。

视频监控不仅给犯罪事件提供事后证据，也可以用于舆情监控，对一些潜在的非法活动也可以提前报警。例如，某个特殊时间和特殊地点，如果聚集的人数超过正常情况，就足以引起警察部门的关注，提前做好对潜在事件的预防工作。

城市安防还包括对地下管道网络的监管、对城市供水系统的监管、对城市蔬菜副食供应链和交易市场的管理等。集成到智慧城市服务平台的信息化系统将为这些方面的管控提供便利和可供查验的数据。例如，地下管网可以通过物联网技术形成专门的地下管网物联网系统，实时掌握不同用途的地下管道布网情况和管道状态，及时发现潜在的问题（如气体或液体泄漏、管道堵塞等），更准确地确定发生问题的位置，以最小的成本和最短的时间，完成对问题的修复。

城市供水系统也可以通过分布在不同水域的传感器探测水的状态，包括水位、流速、有害物质含量等。蔬菜供应和副食供应主要依赖物流供应链，智慧物流有助于这方面的有效管理。

9.3.2 警民协同

安全问题是人们生活中最重要的问题，也是城市管理最高优先级的问题。一旦发生安全事故，城市安防部门将在第一时间展开营救。

居民家中的重大安全事故主要源自火灾和煤气中毒。造成火灾的原因有很多，但对火灾的早期发现和报警可以最大限度地减少损失。智慧城市系统可以集家庭安防于一体，一旦家中的煤气传感器或烟雾报警器发出报警，可在第一时间通知主人和城市安防中心。如果主人因故没报警，城市安防中心评估险情后做出是否出警的决定。

9.3.3 出警救援

出警救援与多种因素有关：从哪里出警，出警多少，携带什么装备，联合哪些警种，通过哪些路线等，都需要在短时间内做出规划。智慧城市的智能数据分析系统可以协助给出有效方案，特别在路线规划方面，目前的导航系统就能给出最佳路线的建议。但是，出警路线除了考虑距离和拥堵情况，还要考虑更多因素，包括道路宽度、限高、扰民等。因此，出警路线的规划需要专门的导航软件。除此之外，出警救援还要保留完整的记录，包括事前（原因）、事中（方案）、事后（结果）的相关记录和描述。

9.3.4 协同办公

协同办公又称 OA（Office Automation，办公自动化），是利用网络、计算机系统、数据库管理软件等信息或技术，提供数据共享、业务审批的协同操作等服务，给办公人员提供方便、快捷、高效的在线软件。协同办公实现办公流程的自动化服务，包括自动推送、自动提醒等功能，可以满足日常办公、业务审批、资产管理、人事管理等业务需求。

协同办公是智慧城市服务平台的一个功能，针对不同的业务需要多种软件。协同办公系统作为一种信息化软件，包括 ERP（Enterprise Resource Planning，企业资源计划）软件和协同软件两种类型。其中，ERP 软件系统包括财务软件、物流软件、客户关系管理（Customer Relationship Management，CRM）软件、人力资源管理软件、各种行业性业务管理软件等，这类软件主要用于企业的业务管理。协同办公软件系统包括不同的功能组件，例如协同办公自动化、绩效管理、网络管理、邮件管理等，这类软件主要用于帮助企业实现更有效、方便的管理。

9.3.5　电子政务

电子政务类似于协同办公，区别是，协同办公服务的目标是企事业单位，而电子政务服务的目标是国家机关和政府单位。电子政务是指国家机关在政务活动中，全面应用现代信息技术、网络技术、办公自动化技术等进行办公和管理，以及为社会提供公共服务的一种全新的管理模式。

电子政务平台提供的信息包括政府公开的文件、管理政策、服务信息、政府无纸化办公、政府采购电子化等业务。其主要特点是服务于广大人民群众，保护人们群众的权力和财产安全。

与协同办公相比，电子政务的特点是要求信息公开透明，而协同办公则要求信息对外保密，只供单位内部职工使用。

9.3.6　城市资源信息

智慧城市平台一般针对某个城市进行建设，因此每个智慧城市平台的建设方式和服务方式可能不尽相同。但总体上，服务内容类似。智慧城市最基本的信息服务是提供城市的信息窗口，方便人们获取城市的资源信息。不仅方便本城市的居民，有些信息对游客更有用处。城市信息服务包括旅游信息（景点、特色、照片和多媒体展示）、接待服务信息（宾馆、场馆等）、交通信息（城市公共交通信息、城市轨道交通信息、商务客运信息等）、文化信息（文化展览、表演、赛事、品鉴会等）、医疗服务信息、劳务市场信息、风土人情等。

9.3.7　智慧城市的服务协作

智慧城市不同的服务之间不是独立的，而是需要相互协作，甚至关联调配。例如，当安全监测系统发现有紧急火情时，有关机构可以通过智慧城市关联平台发起调度出警救援的指令。消防部门接收到该指令后，通过调度系统将任务分配到某个消防指挥所。消防指挥所通过智慧城市平台的某些功能规划路线，出警救援。同时，刑警也要到现场进行勘探，查找起火原因。这一系列的关联调度都离不开数据的支持，而且不是单一数据，需要多种数据的相关协调和关联。

9.4　智慧城市的信息安全技术

基于新一代信息网络技术发展起来的智慧城市，可以实现信息资源的高度集中和共享。信息资源越集中，其价值就越高，攻击者的攻击动机就越强烈，因此网络安全也越重要。从智慧城市的目标看，智慧城市系统的复杂性和功能性都比较高。因此，在智慧城市系统的设计初期，智慧城市的网络安全保护机制就应该成为智慧城市建设的一部分。根据信息系统的发展历史，信息系统的安全保护总是在后期发现安全问题后予以增加（包括网络安全协议，也是在计算机网络系统商业化之后才添加进去的）。对智慧城市来说，安全保护应该在最初设计阶段就成为智慧城市的核心组成部分。

当前，世界城市规模持续扩大，城市管理难度越来越高。智慧城市通过物联网、云计算等前沿信息技术，给城市管理提供了一种有效的工具。目前，很多城市纷纷制定和出台各自的智慧城市建设发展规划及目标。但值得担忧的是，伴随智慧城市的建设进程和逐步应用，智慧城市的网络安全隐患也不容忽视，需要各级政府高度关注，采取有效措施加以应对。

智慧城市的安全防护机制应包括如下几个方面：数据安全、网络安全、平台安全、服务安全、安全教育和网络安全相关的法律法规的制定与实施。

9.4.1 智慧城市的数据安全

无论是智慧城市还是其他物联网系统，对数据安全的要求是类似的，即包括数据机密性保护机制、数据完整性保护机制、数据来源鉴别机制、数据新鲜性鉴别机制等。

智慧城市的数据来源主要是各个行业的物联网平台，它们构成智慧城市的子平台。假设各个物联网行业对其数据进行了合理的安全性保护，那么智慧城市的数据安全就是平台之间数据传输的安全和平台数据存储阶段的数据安全。

数据机密性保护机制可以通过简单的加密算法来实现，但与之关联的密钥管理需要精心设计。

数据完整性保护机制也可以通过多种密码学手段（例如使用密码学中的消息认证码算法）来实现，其中参与运算的数据完整性保护密钥需要合理的密钥管理。

数据来源鉴别机制就是对平台之间身份的鉴别，或者说数据来源和数据目标的身份鉴别，许多身份鉴别方案可供使用，前提是在这些平台之间已经建立了一定的信任。由于智慧城市有一个政府主导的数据服务平台，与各个行业物联网系统的信任机制可以在政府主导下建立，例如建立共享密钥或使用公钥证书。

数据新鲜性鉴别机制不一定应用于智慧城市平台的所有数据，只有少数种类的特殊数据需要新鲜性保护，例如对智能表的开关控制指令就需要新鲜性保护。数据新鲜性保护需要数据发送方的"保护"功能和数据接收方的"验证"功能，两个功能相互配合才有效。

智慧城市的数据安全不仅体现数据内容机密性、数据完整性和数据来源的真实性等，还体现数据可用性。数据可用性体现在数据遭受破坏后，不仅被检测到破坏的存在，还应该有应对措施。传统的数据可用性技术主要包括数据备份和数据恢复，以防数据遭受严重破坏时，能恢复出历史数据。如果历史数据是最近的，则对智慧城市整体服务的影响不大。进行数据备份，有许多成熟的机制，包括备份数据存储方式、备份数据传输方式（备份设备与数据平台进行网络连接）、数据备份频率（实时或一定的时间间隔）、数据备份份数（可以有多个备份，以防备份数据也遭受破坏）、备份数据存储地的物理位置（如异地备份，防止地质灾难造成的损坏）等。智慧城市的数据备份应针对数据量的大小和数据重要程度使用不同的备份机制。由于智慧城市涉及多种不同类型的数据，数据的重要程度差别较大，因此智慧城市数据备份应使用混合式备份机制，针对不同的数据使用不同的备份策略，包括备份频次、方法、存储地等。如果备份数据被除智慧城市管理平台之外的用户访问，则有可能泄露数据内容，因此需要对重要数据进行机密性保护，涉及隐私信息的数据在备份时则需要适当的隐私保护措施。

9.4.2 智慧城市的隐私保护

智慧城市涉及海量数据。一类特殊的数据是与个人有关的数据信息，包括个人标识（如姓名、身份证号码、电话号码、电子邮件地址、社交平台号码等）、个人特征（性别、身高、年龄、体重、职业、血型等）、个人唯一性生物信息（如指纹、虹膜、声音、笔迹等）、个人行为（如某时在某地、移动轨迹、网络购物信息等）、个人历史（如获奖记录、犯罪记录、信誉记录等）、个人财产（如房产、汽车、图书绘画、知识产权、股权期货等）。这类有关个人的数据信息关系到个人隐私，因此需要使用个人隐私保护技术。

虽然个人隐私保护是一类特殊数据的机密性保护，但与传统的数据机密性保护有很大区别。数据机密性保护是对一般数据的安全保护方法。但是，针对个人隐私信息保护，根据应用场景不同，可以使用数据机密性保护方法，也存在比数据机密性保护更有效的保护方法。

如果某种数据涉及个人隐私信息，则在数据被他人使用时（例如当这些数据被用于科学研究时）进行隐私保护处理。考虑到数据库处理平台可能遭受网络入侵，因此涉及个人隐私信息的数据在存储时就应该采取适当的隐私保护处理。

一般地，常用的隐私保护技术包括如下几种。

（1）**数据删除法**：将包含个人隐私信息的数据直接删除。通常，这种删除也包括对数据标识的删除。例如，当删除电子病历数据中的患者姓名时，可以连"姓名"这个数据字段的标识符也一起删除。这种方法对所保护的那部分数据是最彻底的，但其缺点是这一过程不可逆。如果需要恢复部分隐私数据，这种删除方法则无法恢复已经删除了的数据。

（2）**随机数替换法**：用一个随机数替换数据中包含个人隐私信息的部分数据。这种方法与数据删除法类似，隐私保护效果很好，但去隐私化的过程不可逆。随机替换法将保留数据中各个字段的标识符。

（3）**假名映射法**：使用假名替换数据中包含个人隐私信息的部分数据。假名与被替换的数据之间的关联由某个保密数据库进行管理。假名替换与随机数替换看上去类似，但其根本区别是，假名替换后的数据可以恢复原状，只要用元素数据替换假名即可，而原始数据与假名之间的关联关系保存在某个数据库中。

（4）**数据加密法**：顾名思义，这种方法就是将数据中包含个人隐私信息的部分数据进行加密，然后用密文替换明文。这种替换看上去类似于使用假名进行替换，但其区别是，假名与原始数据之间的关联由某个数据库进行管理，而密文是由加密算法得到的。如果需要将去隐私化的数据进行恢复，只需要对密文进行解密即可。

相比其他几种方法，数据加密法使用了密码学的技术方法，技术和技巧较高，但也存在一些值得注意的以下问题。

（1）密文长度。如果密文长度远大于明文长度，例如使用公钥密码算法加密一两个字节产生的密文可能是 16 字节或 32 字节，这可能导致出现密文替换后数据格式的合规性问题。基于密文长度的考虑，建议使用密文长度与明文长度相同的加密算法，例如流密码或分组密码的 CTR 模式。

（2）密文的表示。即使密文长度与明文长度相同，因为密文是二进制字符串，原始数据可能是符合某种编码格式（如 ASCII 或 Unicode），因此需要将密文转化为对应的编码格式。

（3）密钥管理。如何管理加密算法所使用的密钥，直接关系到数据加密法用于隐私保护的实际安全性。许多安全系统存在的漏洞不是加密算法而是密钥管理方法不当造成的。

（4）多级加密。一种数据中可能包括多种不同的隐私属性的数据字段，对不同的隐私属性的数据字段使用不同的密钥进行加密，则是一种多级加密的隐私保护方法。例如，电子病历中就包括患者的姓名、年龄、职业、身份证号码、家庭住址、血型等信息。其中，姓名、身份证号码是需要保护的个人隐私信息，应使用加密算法进行保护；家庭住址、职业也是要保护的隐私信息，但这两类数据的隐私程度不同，因此将家庭住址和职业等信息使用另外的密钥进行加密。当需要提供家庭住址和职业信息，又要保持姓名和身份证号码的隐私性时，只需要对相应的数据进行解密即可。这种多级加密隐私保护技术在许多领域中都有应用需求。

数据的隐私保护技术称为去隐私化技术。去隐私化指隐藏或去除数据中涉及隐私信息的部分数据，与之相反的过程称为隐私挖掘，指从不同数据源中通过数据关联、数据特征匹配等技术寻找可能的隐私信息。

9.4.3 智慧城市的网络安全

智慧城市数据传输使用的网络包括有线宽带和移动通信网络。随着移动通信网络技术和服务质量的提升，其在智慧城市应用中的作用越来越大。基于移动终端的智慧城市业务基本都使用移动通信网络。

基于 TCP/IP 的数据传输网络有多个标准的安全协议，包括介于 IP 层和 TCP 层的 IPSec，以及介于 TCP 层和应用层的 SSL/TLS 协议。这些安全协议都是协议簇，包括多个子协议，有着较为完善的安全机制和成熟的商业产品，可以在许多应用中直接被调用。

基于移动通信网络的数据传输也有安全标准。3GPP 国际组织在第二代移动通信网络中就设计了数据加密标准，在 3G 移动网络之后增添了数据完整性保护功能。LTE 网络和 5G 网络有着较为完善的数据安全保护技术，为智慧城市应用的网络安全保护提供了成熟的技术和产品。

一般地，网络安全不仅包括网络传输过程的安全问题，还包括通过网络造成的对数据平台的各类攻击。对智慧城市数据平台的网络攻击，将作为数据平台安全问题考虑。

9.4.4 智慧城市的平台安全

智慧城市的最大安全威胁是对数据服务平台的攻击。复杂的网络环境是智慧城市要面临的实际问题，因此，智慧城市的数据服务平台可能遭受多种攻击，包括如下类型的攻击。

1. 盗号攻击

智慧城市的数据服务平台提供许多数据服务。这些数据服务都需要用户有合法授权的账户。但是，用户的账户密码容易被窃，这类事件已被多次披露。一旦攻击者窃取某个用户的账户密码，就可以登录该用户的账户，以被入侵的用户的名义进行用户权限范围内的任何操作。防止账户被非法登录的关键是管理好账户的口令密码，包括口令密码的复杂度和更换频率。

2. 非法入侵

对系统的非法入侵是对网络环境下系统安全的重要挑战，也是对智慧城市数据服务平台的重要挑战。即使攻击者不能窃取用户的账户密码，有时也能入侵到系统和数据服务平台。非法入侵有多种手段，包括蠕虫病毒、木马邮件、钓鱼网站等。许多入侵的发生是因为用户安全意识不强造成的。但是，智慧城市对普通用户使用了虚拟环境，用户操作造成的入侵仅影响到用户的虚拟环境，对其他用户不构成安全威胁。

对智慧城市数据服务平台进行入侵的最大原因可能是操作系统和应用软件的漏洞被攻击者利用。这类通过软件漏洞造成的入侵很难预防，因此，可采取类似于传统信息系统安全防护机制，包括入侵防护（Intrusion Provision）、入侵检测（Intrusion Detection）、系统恢复等不同阶段的安全防护技术。

（1）入侵防护是事前措施，即在平台遭受入侵前进行安全防护，包括对已知漏洞的及时修补、使用防火墙等安全保护系统。

（2）入侵检测是事中措施，即在平台遭受入侵且入侵者正在进行破坏时，通过入侵者行为的不正常性检测到可能的入侵，然后进一步跟踪、甄别，通过行为分析、代码分析等手段，判断是否为网络病毒，从而采取一定的安全保护措施，包括数据隔离、进程隔离、杀死进程等。

（3）系统恢复是事后措施，即对入侵攻击造成的破坏进行弥补。数据备份与恢复就是事后措施的一种。

3. DDoS 攻击

如果攻击者不能入侵系统，则可以使用暴力手段发起拒绝服务攻击（DoS 攻击）。传统的来自单个设备的 DoS 攻击对云平台不构成威胁，但来自数量庞大的分布式拒绝服务攻击（DDoS 攻击）则可能给许多数据服务平台造成严重的破坏。随着物联网应用的发展，连接互联网的物联网设备数量在快速增长，而且物联网设备的安全防护能力比传统信息系统的安全防护能力差，因此容易成为攻击者非法控制的对象，攻击者可将这些受控的设备组织成一个大规模僵尸网络，从而对某个数据服务平台发起强力 DDoS 攻击。

不同类型的攻击需要不同的防护技术。有些安全防护技术需要硬件设备，如终端用户的U-key；有些安全防护需要相关软件，如杀毒软件；有些安全防护需要安全意识和行为，如使用安全性高的口令密码；有些安全防护需要一系列系统方法，如防止数据服务平台的非法入侵和 DDoS 攻击。

9.4.5 智慧城市的服务安全

智慧城市服务于多种行业，保护企业单位、事业单位及普通城市居民。不同用户对数据安全和业务的需求不同，例如企业用户对数据安全的需求不同于事业单位用户，也不同于普通城市居民。智慧城市还为城市居民之外的用户（原则上包括全球用户）提供服务，例如旅游服务就不限于用户的来源。

智慧城市的服务安全是指基于不同类型的服务，提供不同的数据安全保护，包括账户管理、资产确权、行为非否认、信任体系管理等。

1. 账户管理

针对不同类型的用户，智慧城市应对账户进行分类（例如企业用户、政府部门、教育部门、普通个人用户等）管理。针对不同类型的用户，提供不同的数据访问模式。例如，企业用户主要上传数据，政府部门主要使用在线办公 OA 系统，教育部门主要进行教学管理，普通用户主要进行数据查询等。

2. 资产确权

无论是实物资产还是数字资产，其所有权都应受到法律保护。但是，法律保护要有依据，而资产确权就是重要的法律依据。智慧城市所提供的服务应该包含这类服务。资产确权所涉及的技术包括原始资料的保存和可信度支撑材料，例如得到有资质的机构的认证，包括对所认证的资产记录进行数字签名。资产确权的一个相关安全参数是可信度，即资产确权数据达到什么样的可信度。

3. 行为非否认

非否认是信息安全中的一项安全需求。一些用户可能对自己的行为进行否认。例如，通过代理进行股票交易就是典型的这类应用场景，因为对错误行为的否认是一种普遍的自我保护意识导致的。智慧城市应提供行为非否认服务，通过技术手段，使违法行为有技术难度、违法行为有数字记录、违法行为有法律依据。在技术上，使用数字签名技术可以提高行为非否认服务。

4. 信用体系管理

为了人与人之间的和谐相处和社会和平发展，国家开始建立信用体系。一个人如果信用记录差，很多行为将受到限制，包括贷款、高消费等。智慧城市管理平台也应该建立类似的体系，对那些表现不好的用户，降低其信用等级；对表现好的用户，可以提升其信用等级。这样，智慧城市平台的整体服务质量才能有效减少人为因素的影响。在技术上，可以根据不同的操作行为制定量化信用参数，每个人的信用等级都是这些信用参数的加权平均值。一开始制定的参数可能不很合理，但根据用户的评估和反馈，以及数据分析技术，可以通过调整参数使其更符合实际情况。

智慧城市的服务安全还可以包括更多方面。根据智慧城市的运营和发展情况，可以找到更多的智慧城市的服务安全内容。

9.4.6 智慧城市的网络安全教育

许多安全问题的产生原因是，用户的安全意识不高、安全操作不规范。例如，网络病毒非法入侵系统，可能是因为用户点击了有安全问题的网络链接，或打开来源不明的邮件附件造成的。钓鱼网站也可以造成用户秘密信息的泄露。因此，用户的网络安全意识影响到智慧城市平台的安全性。为了智慧城市平台的可靠运行，平台用户应该接受一定的网络安全教育。网络安全教育包括如下方面。

1. 口令密码的设置

口令密码是用户进入账户的安全保护。一些网络平台泄露的用户信息显示，许多用户使用安全性很低的口令密码。即使那些看上去有一定复杂度的口令密码，也因为在不同平台使用同一个口令密码而容易泄露。如果遇到一个恶意网站（如"钓鱼网站"），用户注册时使用的口令密码很可能与该用户在其他平台使用的口令密码相同，则恶意网站很容易将这种口令密码"钓"（窃取）走。对此，网络用户，特别是智慧城市平台的用户，应该引起高度重视，口令密码泄露的风险很高。

为了使口令密码具有最根本的安全保障，用户设置口令密码时应遵循如下原则。

（1）**口令密码应难以猜测**。为了提高口令密码的猜测难度，一些网络服务平台对密码格式给出了具体要求。例如，口令密码的长度不能少于 8 个字符；必须有两种或以上类型的字符，字符类型包括数字、英文小写、英文大写、其他键盘能输入的符号。有些服务平台甚至要求至少包括三类字符。这些措施对提升口令密码的复杂度起到重要作用。

（2）**口令密码应定期更换**。对于一些安全性比较高的业务平台，口令密码应该定期更换。更换的频繁程度取决于业务的重要程度。例如，平台管理员账户的密码应该每三个月更换一次，普通用户的口令密码不必更换频繁。

（3）**尽量避免共用口令密码**。如果用户在不同的网络平台使用同一个口令密码，通过任何一个网络平台对口令密码的泄露都可能影响到其他平台的账户安全性。特别是，有些钓鱼网站平台可以恶意收录用户的口令密码，用户在注册阶段就使自己常用的口令密码被该平台窃取了，无论注册过程是否完成。

很明显，口令密码看上去越随机，越不容易被攻击者猜到，但同时也越不容易记住。如果用户把口令密码存储到计算机文件中，则在计算机系统遭病毒入侵后，存储的口令密码会被病毒发送到攻击者手里。因此，如何设置具有一定随机性且又容易记忆的口令密码，是口令密码管理的重要问题。

2. 谨慎对待陌生链接和邮件附件

无论是社交平台还是某些网站，都可能提供一些链接。安全意识高的用户一般不去点击没有明确目的的链接。有些链接使用了很具有诱惑力的描述语言，或者通过网站信息诱惑访问者，或者其本身就是一个攻击网站。

同样，对待电子邮件附件也应如此，对来源不明的电子邮件，不要轻易打开。对于貌似重要的附件，尽量使用非传统的方式打开。例如，使用 vi 打开一个 Word 文件，可以大概了解文件的主要内容；使用记事本打开一个可执行文件，也能大概了解文件的部分内容。当然，这类安全防范不适合普通用户，但对系统管理员这类有着丰富计算机技能的用户来说，这种处理方式可以有效地降低木马病毒攻击的机会。

9.4.7　网络安全法律法规

智慧城市的安全除需要技术支撑外，用户还需要遵守有关的法律法规。近几年，国家先后发布了多个与网络安全相关的法律法规和标准规范，包括《中华人民共和国网络安全法》（2016 年 11 月 7 日通过；2017 年 6 月 1 日起施行），《中华人民共和国密码法》（2019 年 10 月 26 日通过；2020 年 1 月 1 日起施行），《中华人民共和国数据安全法》（2021 年 6 月 10 日通过；2021 年 9 月 1 日起施行），《中华人民共和国个人信息保护法》（2021 年 8 月 20 日通过；2021 年 11 月 1 日起施行），《关键信息基础设施安全保护条例》（中华人民共和国国务院令第 745 号，2021 年 7 月 5 日通过；2021 年 10 月 1 日起施行）等。网络用户应该知晓这些法律法规，其在网络环境中的行为也要遵纪守法。

除相关法律法规外，近几年还出台了多项网络安全领域的国家标准，这些标准规范对指导行业用户具有重要的指导作用。智慧城市综合了多种物联网行业，因此相关标准规范对智慧城市的设计和建设具有重要指导作用。

9.5 小结

智慧城市是一个大型综合性信息系统，包括大量终端设备、网络设施、综合数据服务平台和不同类型的用户。智慧城市需要多方面的网络安全保护。本章归纳了智慧城市所涉及的多种安全问题，包括智慧城市的数据安全、隐私保护、网络安全、平台安全、服务安全及网络安全教育等。有些问题的解决可以直接使用已有的信息安全技术，包括密码技术和安全认证协议，但有些问题还有待进一步研究。

从本章讨论的问题可以看出，智慧城市的数据安全保护可以使用已有的密码技术，这方面的技术基本成熟。但是，智慧城市面临的隐私保护却仍然存在许多有待进一步研究的问题。本章提出的隐私保护多级加密是针对一些特殊的应用场景提出的，目前这方面的成熟技术尚不多，这方面的问题和相关技术有待进一步深入研究。

第 10 章

工业物联网安全技术

10.1　引言

在德国"工业 4.0"发展战略 [27] 等行动计划的背景下，为了适应新形式下的工业生产技术革新和竞争环境，工业控制系统将从独立的生态环境逐步走向网络化环境。在这种情况下，工业控制网络所面临的安全威胁日益严峻。传统的生存于独立环境中的工业控制系统，不能抵挡网络时代的安全威胁，需要有另外的为工业控制网络专门定制的网络安全保护措施。

工业控制网络主要分为生产网络和管理网络两个逻辑区域，两种网络之间可以进行数据通信，但需要在网络边界设置安全防护。这些工业网络结合工业数据处理中心，构成工业物联网系统。

随着智能制造技术、网络通信技术、大数据处理技术等前沿技术的发展，对许多行业来说，工业控制系统走向工业物联网是发展的必然趋势，否则，很难满足用户对产品（特别是一些个性化要求高的产品，如服装、汽车等），不断提高的需求，容易在竞争中被市场淘汰。

网络化的工业生产系统虽然能更好地满足个性化要求、提高生产效率、优化生产规划，但工业物联网的安全问题也非常严峻。许多工业控制系统的入侵攻击事件表明，脱离网络连接，虽然可以降低网络攻击的风险，但不能完全免于攻击。相反，那些不联网的工业生产系统由于没有采用应对网络攻击的安全保护措施，一旦遭受入侵攻击，往往显得很脆弱。通过互联网传播的震网病毒最终感染伊朗核电站，就是典型的对非联网系统的入侵事件。因此，积极发展工业物联网系统，同时重视工业物联网的安全保护，包括安全架构设计、安全技术实施、安全运维管理，才是工业物联网发展的正确思路。

10.2　工业物联网的概念和内涵

顾名思义，工业物联网就是工业领域的物联网，是物联网技术在工业控制系统中的应用。物联网在其他领域中的应用一般称为智能系统或智慧系统，例如智能家居、智慧医疗等；但物联网技术在工业领域中的应用称为工业物联网，因为工业领域非常重要，也非常特殊，工业物联网技术与其他领域的物联网技术有许多不同之处。

同物联网的概念一样，对工业物联网的概念也很难给出一个标准定义。从广义上说，工业物联网是所有工业物联网相关行业的统称，包括生产系统物联网、运输系统物联网、监控和管理系统物联网等。

工业物联网是物联网技术与工业生产、加工、运输过程的高度融合，将工业生产系统、工业监控系统、工业管理系统、物资运输系统、消费反馈系统等融为一体，通过数据中心的智能处理，可以提高工业生产效率，实现多品种少批量的灵活生产模式，提高产品质量和用户满意度。

广义的工业物联网系统包括工业控制系统（以工业生产系统为主）、工业监控系统和工业管理系统等。由于工业物联网的特殊性，一些安全政策是专门针对工业物联网系统制定的。

在工业物联网的概念被提出之前，工业互联网的概念就已经存在了，而且国外一些企业早在 2014 年就成立了"工业互联网联盟"（Industrial Internet Consortium，IIC）。相应地，国内成立了"工业互联网产业联盟"（Alliance of Industrial Internet，AII）。在工业互联网产业联盟于 2016 年关于《工业互联网体系架构》的研究报告中指出："工业互联网是互联网和新一代信息技术与工业系统全方位深度融合所形成的产业及应用生态，是工业智能化发展的关键综合信息基础设施。其本质是以机器、原材料、控制系统、信息系统、产品及人之间的网络互联为基础，通过对工业数据的全面深度感知、实时传输交换、快速计算处理和高级建模分析，实现智能控制、运营优化和生产组织方式变革"。该研究报告还指出工业互联网包括"网络"、"数据"和"安全"三个方面。

不难看出，工业互联网的内涵与工业物联网没有本质区别，都包括工业网络和工业控制设备，是一个连接工业生产系统的物理实体和互联网的系统，而不是单纯的网络，因此是实际意义的物联网。由于工业互联网的概念比工业物联网的概念更早被广泛接受，特别是几个工业互联网联盟的成立，强化了工业互联网的概念，因此工业互联网这一概念才比较流行。在本书中，工业互联网系统与工业物联网系统没有本质区别，仅是侧重点不同。工业互联网侧重"网络"属性，而工业物联网则侧重"物"（工业生产设备）的属性。

工业互联网最初的目的是优化工业控制系统的网络通信资源，有效利用业务数据，提供可靠安全的数据处理。相比之下，工业物联网除包括互联网、工业网络外，还包括工业生产设备、网络通信设备及用户终端设备等。一般来说，工业互联网的侧重点在于工业系统所处理的信息，而工业物联网的测重点在于工业设备的安全和控制。

2017 年，中国电子技术标准化研究院协同多家单位共同撰写了《工业物联网白皮书》[55]，其中描述了工业物联网的本质（如图 10.1 所示），充分融合了系统、网络和数据等元素，分为不同的层次和联动机制，内容非常丰富。

图 10.1　工业物联网的本质

10.3　工业控制系统是工业物联网的基础

10.3.1　工业控制系统的发展

工业控制网络的发展历经了从最初的 CCS（Computer Control System，计算机控制系统），到第二代的 DCS（Distributed Control System，分散控制系统），再到 FCS（Fieldbus Control System，现场总线控制系统）。对图像、语音信号等这类大数据量、高速率传输的要求，又催生了以太网与控制网络的组合。工业控制系统网络化又将嵌入式技术、多标准工业控制互联、无线技术等多种技术融合进来，结合智能化数据处理中心、大数据态势感知技术等，使工业控制网络逐步发展成工业物联网系统。

工业控制系统进入嵌入式智能发展阶段，全球化的生产和分工合作使工业控制系统必须具备自组织的功能；互联网技术与工业自动化技术的融合，使工业控制系统全球互联成为可能，从而走向真正的工业物联网时代。可以预见，工业控制系统正在向智能化、网络化和集成化方向发展，由封闭式系统演变到开放式网络系统，并采用开放的硬件体系和开放的协议体系。同时，工业控制网络的通信方式也向有线和无线相结合的方向发展，在一些特殊环境下有效弥补有线网络的不足，进一步完善工业控制网络的通信性能。

随着工业生产系统的信息化、网络化和智能化程度的推进，工业生产方式将从传统固定的工业生产流程向智能制造和工业物联网系统发展，更好地满足工业生产高效率、小批量、多样化等个性化市场需求。

10.3.2　工业控制系统的安全防护政策

为贯彻落实《国务院关于深化制造业与互联网融合发展的指南意见》文件精神，应对新时期工控安全形势，提升工业企业工控安全防护水平，2016 年 10 月，工业和信息化部印发《工业控制系统信息安全防护指南》（以下简称《指南》），指导工业企业开展工控安全防护工作。

《指南》坚持"安全是发展的前提，发展是安全的保障"，以当前国内工业控制系统面临的安全问题为出发点，注重防护要求的可执行性，从管理、技术两方面明确工业企业对工业控制系统安全防护方面的要求。

（1）落实《中华人民共和国网络安全法》（以下简称《国家网络安全法》）要求。

《指南》所列 11 项要求充分体现了《国家网络安全法》中网络安全支持与促进、网络运行安全、网络信息安全、监测预警与应急处置等法规在工控安全领域的要求，是《国家网络安全法》在工业领域的具体应用。

（2）突出工业企业主体责任。

《指南》根据我国工控安全管理工作实践经验，面向工业企业提出工控安全防护要求，确立企业作为工控安全责任主体，要求企业明确工控安全管理责任人，落实工控安全责任制。

（3）考虑我国工控安全现状。

《指南》编制以近五年我部工控安全检查工作掌握的有关情况为基础，充分考虑当前工控安全防护意识不到位、管理责任不明晰、访问控制策略不完善等问题，明确了《指南》的各项要求。

（4）借鉴发达国家工控安全防护经验。

《指南》参考了美国、欧盟、日本等发达国家工控安全相关政策、标准和最佳实践做法，对安全软件选择与管理、配置与补丁管理、边界安全防护等措施进行了论证，提高了《指南》的科学性、合理性和可操作性。

（5）强调工业控制系统全生命周期安全防护。

《指南》涵盖工业控制系统设计、选型、建设、测试、运行、检修、废弃各阶段防护工作要求，从安全软件选型、访问控制策略构建、数据安全保护、资产配置管理等方面提出了具体实施细则。

同时，各行业密切跟踪网络安全发展动态，紧密围绕国家信息化和信息安全发展战略，实施一系列安全措施，逐步提升工业控制系统的信息安全防护水平。

10.3.3 工业控制系统的网络通信协议及其安全性分析

工业控制系统的数据通信使用的网络通信协议有多种不同的标准。常用的工业网络通信协议包括 MODBUS、PROFIBUS、CANBUS、OPC、DNP3.0、Ethernet、EtherCAT、TCP/IP等。但这些协议提供的信息安全保护功能非常有限，有些协议甚至没有信息安全保护功能。

1. MODBUS

MODBUS 是由 Modicon 公司（现为施耐德电气公司的一个品牌）在 1979 年发明的一种工业控制总线协议，是全球第一个真正用于工业现场的总线协议。

MODBUS 协议封装的是应用数据单元（Application Data Unit，ADU），数据以明文传输，通过网络抓包技术可以获得所传输数据的明文。MODBUS 也不提供身份鉴别功能，任何人如果能通过 MODBUS 连接到目标设备上，则可以与设备通信甚至控制设备。

MODBUS 是为可编程控制器（Programmable Controller，PLC）设计的，因此可以通过 MODBUS 向远程终端单元（Remote Terminal Unit，RTU）或 PLC 中输入恶意代码，这也是造成许多工业控制系统的安全事故的主要原因。

2. PROFIBUS

PROFIBUS 是过程现场总线（Process Field Bus）的缩写。PROFIBUS 于 1989 年正式成为现场总线的国际标准。PROFIBUS 是一种国际化、开放式、不依赖于设备生产商的现场总线标准，在多种自动化（包括制造业自动化、流程工业自动化，以及楼宇、交通电力等自动化）领域中占据主导地位。

PROFIBUS 的目的是提供主站和从站之间的快速连接，包括地址分配、输入/输出数据交换，不具有数据安全保护功能。

3. CANBUS

CANBUS 是控制器局域网总线（Controller Area Network Bus）的缩写。CANBUS 是制造厂中连接现场设备（如传感器、执行器、控制器等）、面向广播的一种串行总线系统。它最初由美国通用汽车公司（GM）开发用于汽车工业，后来被逐渐应用到制造自动化行业中，并成为 ISO11898CAN 标准。CANBUS 与 PROFIBUS 类似，也不提供数据安全保护功能。

4. OPC

OPC 是 OLE for Process Control 的缩写。OPC 是一个用于过程控制的工业标准协议。它以微软公司的 OLE（Object Linking and Embedding，对象链接与嵌入）技术为基础，通过提供一套标准的 OLE/COM 接口，实现多台微机之间的数据（包括文档、图形等）交换。OPC 包括一整套接口、属性和方法标准集，用于过程控制和制造业自动化系统。

OPC 通信标准化的目的提供互通性（Interoperability），使其与平台无关，可在任何系统上运行。OPC 基金会在 2006 年发布了 OPC 统一体系架构（OPCUA），涵盖了安全协议（OPCSecurity），但 OPC 安全问题依然严重。典型的安全隐患来源于远程过程调用（Remote Procedure Call，RPC）漏洞威胁，因为 OPC 使用 RPC，通过 RPC 漏洞攻击底层 RPC 可导致非法代码被设备执行，或造成 DoS 攻击。

5. DNP3.0

DNP（Distributed Network Protocol，分布式网络协议）是一种应用于自动化组件之间的通信协议，包括数据链路层、传输层、应用层和数据的协议规范，常用于电力、水处理等行业。DNP 可以用于 SCADA（Supervisory Control And Data Acquisition，数据采集与监视控制系统）实现主站、RTU（Remote Terminal Unit，远程终端单元）、IED（Intelligent Electronic Device，智能电子装置）之间的通信连接。DNP3.0 是该协议的一个比较成熟的版本。

DNP3.0 提供数据帧完整性保护，但不提供数据内容的机密性保护。事实上，由于数据格式固定，在人为恶意攻击下，非法篡改 DNP3.0 的会话数据是可能的。

6. Ethernet

Ethernet（以太网）是一种基带局域网标准通信协议，符合 IEEE 802.3 标准。该协议由 Xerox 公司设计并由 Xerox、Intel 和 DEC 公司联合开发。

Ethernet 的目的是数据传输，没有定义安全机制，甚至连数据传输的完整性校验、数据包的顺序都不能保证，容易被攻击者注入伪造的数据，或使用注入 IGMP（Internet Group Management Protocol，Internet 组管理协议）控制报文操控传输途径。

7. EtherCAT

EtherCAT（以太网控制自动化技术）是一个以以太网为基础的开放架构的现场总线系统，是一种 IEC 标准（IEC/PAS 62407）。EtherCAT 具有高精度设备同步、可选线缆冗余等功能，功能性安全协议可以达到安全完整性等级 3（SIL3）的水平。

EtherCAT 是实时以太网协议，因此以太网的漏洞也影响到 EtherCAT，而且实时性容易遭受 DoS 攻击。

8. TCP/IP

TCP/IP 是计算机通信系统的标准通信协议，是一组通信协议栈，由若干不同的协议组成。TCP/IP 是为互联网设计的，但随着工业控制系统的网络化发展趋势，许多工业控制网络中大量使用 TCP/IP。因此，TCP/IP 也成为工业物联网系统的重要通信协议。

TCP/IP 协议栈本身不提供数据安全服务，但在应用过程中另外开发了两个安全协议（称为 SSL 和 IPSec），分别处在 TCP 层 IP 层。许多基于 Web 的应用已经使用了 SSL 使其成为具有安全性的应用协议。

10.4 工业物联网的架构

10.4.1 工业物联网的特点

工业物联网既是工业领域的物联网，也是一类特殊的物联网。工业物联网的重要性体现在如下方面。

（1）工业领域对信息化的需求较其他领域更强烈，而且也有更多可以投入的资金。事实上，在物联网的概念被提出之前，在工业领域中已经有实际使用的工业物联网系统。特别是在电力行业，物联网技术的使用从很早就开始了，因为需要远程监控环境参数，控制发电、输电等设备。

（2）在物联网安全事件中，多数属于工业控制领域，虽然有些工业控制领域的物联网程度还不是很高。在工业领域之外的其他行业的物联网系统在近几年才开始建设，而且主要是示范应用，其重要程度比不上工业物联网。一个信息系统遭受威胁的程度，不仅取决于系统所采取的安全保护技术，更取决于受敌手关注的程度。物联网应用示范系统受敌手关注程度不高，因此发生的安全事故也不多，即使发生安全事故，受的影响也很小。

工业物联网的安全技术覆盖工业物联网的各个逻辑层。工业物联网的工业控制层和监督管理层是一个庞大的工业生产系统，对该系统的网络入侵具有严重的危害性。

目前，工业物联网系统在工业生产领域的占比还不大，多数工业控制系统还没有形成工业物联网的形态，个别已经形成工业物联网形态的系统，数据处理中心也是一个业务范围有限的私有云平台。

10.4.2 工业控制系统的架构

物联网的架构分为三个逻辑层，即感知层、传输层和处理层。在工业物联网系统中，感知层的数据主要来自工业生产，而工业生产过程主要由工业控制系统来完成。因此，工业控制系统是工业物联网系统的基础。

工业控制系统包括工业控制层和监督管理层，其基本架构如图 10.2 所示。

工业控制系统的第 0 层和第 1 层可以作为工业控制层，第 2 层和第 3 层作为监督管理层。

10.4.3 工业物联网的架构

根据工业控制系统的架构，结合数据传输和数据处理，就形成工业物联网的四层架构，如图 10.3 所示。

工业控制层将生产数据传给监督管理层，监督管理层进行相应的管理和配置。监督管理层将系统数据通过数据传输层上传到数据处理层（通常为工业云），用于跨部门、跨企业甚至跨行业的管理和应用，从而形成更加有效的生产、运输、消费产业链，以及生产中需要的材料供应链，提高工业生产的整体效率。

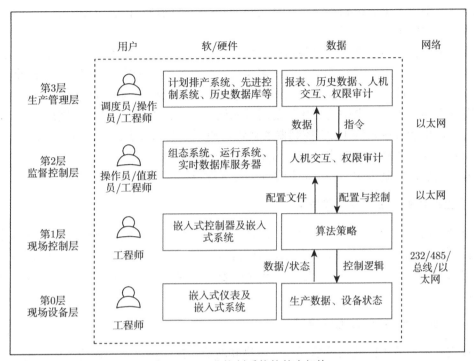

图 10.2 工业控制系统的基本架构

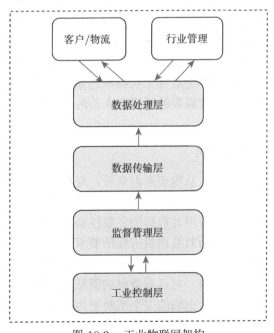

图 10.3 工业物联网架构

1. 工业物联网系统的工业控制层

从图 10.2 和图 10.3 的关系可以看出，工业物联网系统包括现场设备层和现场控制层，这两个逻辑层都属于工业控制系统，有时这两个逻辑层连同现场控制所使用的内部网络（如现场总线）统称为工业控制层。

工业控制层包括生产现场的设备和控制设备，这些设备由上位机进行控制。上位机根据生产设备反馈的数据进行实时控制反馈，实现对生产设备的实时控制和调整。在这个小循环中，上位机的安全性是至关重要的。入侵者如果能控制上位机，则可以破坏其所控制的受控设备。震网病毒对伊朗核电站的破坏就是通过入侵到上位机中实施的。近年来还发现一种不需要通过上位机能直接入侵 PLC 控制器的病毒，即不需要通过上位机而直接进行传播感染，这又给应对工业物联网系统的安全威胁带来更为严峻的挑战。

工业控制层以控制为主，安全防护的重点是 OT 安全。

2. 工业物联网系统的监督管理层

监督管理层与工业控制层密切相关，这两个逻辑层是工业控制系统的主要组成部分。相比工业控制层对系统响应的实时性要求，监督管理层在数据实时性方面的要求要宽松一些，而且处理的数据量也较大，属于信息系统和操作系统的混合体。因此，IT 安全技术和 OT 安全技术都是监督管理层需要的安全保护技术。

3. 工业物联网系统的数据传输层

工业物联网系统中的数据传输层与一般物联网的数据传输层是一致的。从工业物联网架构来看，在工业控制层和监督管理层之上是数据传输层。但数据传输层采用的一般是按照国际标准或行业标准搭建的通信网络，如互联网、3G 或 4G 移动网络。近年来，针对物联网这一特殊应用的低功耗广域网（Low Power Wide Area Network，LPWAN）技术发展迅速，一些技术已经产品化并已规模生产，但其安全问题还没有得到充分论证分析。5G 移动通信技术也在快速发展中，其应用目标也包括物联网相关产业。根据工业系统对数据实时性要求较高的特点，5G 移动通信技术或许更适合工业物联网系统。同样，5G 移动通信中的安全技术仍然处在研究阶段，其安全程度需要经过研究人员的充分分析和产品的市场验证后才有结论。

4. 工业物联网系统的数据处理层

工业物联网系统的数据处理层，从物理形态来看，与其他物联网行业的数据处理中心没有区别，也是一个云平台。但针对工业应用，这个云平台应该拥有一些工业系统专用的处理过程和应用软件。例如，许多工业应用对数据的完整性和对身份的鉴别能力要求很高，因为不希望控制指令得到伪造和篡改，而对数据机密性的要求没那么高，反而要求快速，而且一般不需要很复杂的隐私保护技术，因为工业云平台一般不处理复杂的个人隐私信息，可能会涉及用户的姓名、地址、联系方式等，对这类数据的隐私保护处理还是比较容易的。

与其他云平台相比，工业云平台面临的安全威胁更为严重，因为工业系统的价值高、影响大。造成工业云平台安全威胁的，除了云平台本身的系统和应用软件可能存在漏洞，云平台与工业控制层和监督管理层之间的通信协议也可能带来安全问题。广泛服务于网络通信安全的 OpenSSL 协议，在 2014 年被发现有严重的安全漏洞，被称为"heart bleed"（心脏出血），黑客通过这一漏洞，可以入侵使用 OpenSSL 进行"安全通信"的终端设备，从而进行非法控制。

10.5　工业物联网的安全现状

全球工业控制网络安全态势依然严峻。2015 年，美国 ICS-CERT 小组共收集到 427 个全球工业控制安全漏洞，其中能源、关键制造业及水处理是工业控制安全漏洞分布较广泛的行业。因各类工业控制安全漏洞造成的攻击事件数量达到 295 件，2010—2015 年全球工业控制领域安全事件呈现逐步增长态势，其中关键制造业、能源、水处理成为被攻击最多的三个行业，占比分别达到 33%、16%、8%；攻击者的攻击手段众多，工业控制设备与物联网的连接使鱼叉式攻击成为 2015 年使用最为广泛的攻击方式，占比达到 37%，给全球的网络安全环境带来了极其严重的灾难。

工业控制网络是工业物联网的核心，是构成工业物联网工业控制层和监督管理的基础设施和核心数据来源。作为工业物联网系统，除工业控制系统的安全问题外，在数据传输和数据处理阶段还面临其他安全威胁。因此，工业物联网系统面临的安全威胁更为严峻。

10.5.1　工业物联网系统漏洞不断

随着工业物联网的快速发展，工业物联网系统漏洞逐步成为网络空间的关注重点之一。工业物联网漏洞也呈现出较快的增长趋势。根据 ICS-CERT 记录的漏洞统计数据，2011—2015 年是工业物联网暴露漏洞快速增长的阶段。其中，在 2014—2015 年期间，工业物联网暴露的漏洞从 249 个迅速增加到 371 个，增长率为 49%。在 2016 年前两个季度，美国报告的工业物联网关键基础设施漏洞超过 600 个，工业物联网漏洞增长了 60% 以上。

根据有关对工业物联网漏洞按威胁类型的分析结果，危害最严重的越权执行类漏洞数量是最多的。这类漏洞又以缓冲区溢出类漏洞最多，占该类漏洞的一半以上。从 PC 软件上看，近年来缓冲区溢出类漏洞无论是绝对数量还是相对比例都呈现下降趋势，而在工业控制系统领域却出现较多的缓冲区溢出类漏洞的现象，其主要原因可能是以前研究者对此类漏洞关注较少，所以很多软件中累积了大量此类漏洞，而当研究者开始对这些软件进行检查时，积累多年的漏洞就暴露了出来。

另外，在 Web 应用方面，很多软件为了实现通过浏览器控制管理的功能，自己实现了 Web 服务器。发现这些自己实现的 Web 服务器几乎都存在安全漏洞。而 Web 应用也是工业物联网系统的组成部分。

在 2016 年发现的漏洞中，根据漏洞危害程度的大小，下面选取前 10 种漏洞作为代表进行简单介绍。虽然大多数漏洞已经被系统修补，但对系统漏洞的了解，可以帮助人们理解为什么完全防止网络入侵是困难的，这有助于更科学地设计安全保护方案，以避免侥幸心理和不切实际的保护方法。

（1）TCP 侧信道漏洞。

漏洞编号：CVE-2016-5696。

该漏洞采用侧信道攻击方式，攻击者不需要处在通信路径中，同时被攻击的服务器和客户端不需要植入任何恶意程序。黑客利用漏洞可劫持未加密 Web 流量。

该漏洞的特点是，攻击方式较为新奇。漏洞的发现者之一曹越，曾因为重现黑客凯文米特尼克的 TCP 劫持，获得"最大脑洞奖"。

（2）Linux 远程利用漏洞。

漏洞编号：CVE-2016-4484。

对该漏洞的使用方法是，攻击者通过长按 Enter 键 70s 或输入 93 次空白密码，就可获得访问根 initramfs shell 的权限。

（3）Linux 内核提权漏洞。

漏洞编号：CVE-2016-5195。

Linux 内核的内存子系统在处理写入时复制（Copy-on-Write）的情况下存在条件竞争漏洞，导致可以破坏私有只读内存映射。一个低权限的本地用户能够利用此漏洞获取其他只读内存映射的写权限，从而进一步导致提权漏洞。

该漏洞的特点是，一个潜藏长达 9 年之久的 Linux 内核漏洞，其影响范围广。

（4）用户特权提升漏洞。

漏洞编号：CVE-2016-8869、CVE-2016-8870。

利用这两个漏洞，攻击者可以在网站关闭注册的情况下注册并提升为特权用户。该漏洞的影响范围颇大，存在于中国以高校和政府为主要使用者的系统中。

（5）三星 Smartthings 平台漏洞。

漏洞编号：无 CVE 编号。

通过平台上的多个设计缺陷，利用软件漏洞可以解锁车门，未经主人允许可以设置新的虚拟按键，通过虚假的信息设置打开智能锁，甚至还可以通过发送虚假信息触发火灾报警器及关闭度假模式（主人离开后自动调节照明和安全的设置）等。这是 2016 年典型的物联网安全漏洞之一。

（6）Intel 芯片中的 BTB 组件漏洞。

漏洞编号：无 CVE 编号。

Intel 芯片中的 BTB 组件漏洞：通过采取碰撞攻击，绕过 ASLR，60ms 实现系统攻击。这种攻击方式较为新奇。

（7）高通"Quadrooter"漏洞。

漏洞编号：CVE-2016-2503、CVE-2016-2504、CVE-2016-2059、CVE-2016-5340。

利用这种漏洞，黑客可以欺骗用户安装恶意应用，在安装应用后，黑客可以获得根权限，随后完全控制受影响的 Android 设备，包括数据和硬件。此外，"Quadrooter"还允许攻击者将应用程序的级别从 User-level（用户级别）升级到 Root-level（Root 级别），授予攻击者访问任意手机功能的权限。

该漏洞影响全球超过 9 亿部安卓手机和平板电脑，黑客在入侵成功后，可以获得根权限，随之完全控制被入侵设备。

（8）海康威视远程系统 XXE 漏洞。

漏洞编号：无 CVE 编号。

该漏洞是在对非安全的外部实体数据进行处理时引发的安全问题，是 2016 年曝出的具有代表性的物联网安全漏洞之一。

（9）思科 ASA 系列防火墙漏洞。

漏洞编号：CVE-2016-6415。

这种漏洞存在于思科 IOS、思科 IOS XE、思科 IOS XR 软件中的 IKEv1 数据包处理代码中，未经身份验证的远程攻击者可以利用这个漏洞获取到目标设备内存中的数据内容，同时意味着，该漏洞能够通过远程发送数据包来提取出思科 VPN 密钥。漏洞产生的原因主要是对软件中负责处理 IKEv1 安全会话请求的那部分代码没有进行足够有效的条件审查。

利用此漏洞，方程式组织开发利用工具"BENIGNCERTAIN"，而这只是方程式组织诸多利用工具之一。

（10）"BadTunnel"漏洞。

漏洞编号：CVE-2016-3213。

该漏洞主要由一系列各自单独设计的协议和特性协同工作所导致。一个成功的漏洞利用需要伪造 NetBIOS（最初由 IBM 开发）连接，使不同设备上的软件通过局域网进行通信。即使攻击者不在目标网络中，仍然可以绕过防火墙和 NAT 设备，通过猜出正确的网络设备标识符，在网络中建立可信的交互，将网络流量全部重定向到攻击者的计算机。这是 Windows 历史上影响最广泛的漏洞，从 Windows 95 到 Windows 10 都受影响。

10.5.2　工业物联网系统的安全挑战

工业物联网系统比传统信息系统在抵抗网络攻击方面存在更大的脆弱性，包括如下方面。

（1）系统安全问题。工业物联网系统的维护者优先考虑系统的可靠性，容易在侥幸心理下忽视对系统的信息安全保护。对许多老旧主控机，不敢轻易更新系统，这可能导致系统存在大量严重漏洞，一旦遇到病毒入侵，几乎无力抵抗。

（2）软件安全问题。工业控制系统使用专用组态软件，这类软件的更新没有传统信息系统软件更新频繁。即使有更新版本，用户也担心更新软件会导致系统不能正常运转。因此，使用中的工业组态软件可能一直存在被公布的严重漏洞，这些漏洞可能已经被攻击者利用。

（3）数据安全保护问题。对数据进行安全保护，特别是对指令数据进行安全保护，例如使用加密技术。但是，数据安全保护服务会消耗系统资源，降低系统性能。因此，在工业物联网系统（或工业控制系统）遭受网络攻击前，运营商可能不愿意对数据进行安全保护，这也是工业控制系统安全性差的原因之一。

（4）登录口令安全问题。虽然系统管理员和一般用户都要求使用随机性强的口令，但实际中，口令从来不随机，甚至有些安全意识淡漠的人可能使用弱口令。这种情况虽然是少数，但任何让攻击者猜到用户口令的机会都可能造成严重的网络攻击事件。

10.5.3　相关厂商已开展工业物联网方面的建设

工业物联网的基础是工业控制系统，工业控制系统的核心是工业控制产品。典型的工业控制设备包括可编程逻辑控制器（PLC）和分散控制系统（DCS）。

在全球范围内，PLC 的主要厂商来自美国、欧洲和日本，例如美国的 Allen-Bradley 公司、通用电器公司、莫迪康公司，欧洲的西门子公司、AEG 公司、TE 公司，日本的三菱、欧姆龙、松下等。韩国的三星、LG 等公司在 PLC 方面也占有一定的市场份额。国内 PLC 市场仍以国外产品为主，国内厂商的产品数量和规模还有待提高。

DCS 的厂商主要来自美国、日本和德国。国内的 DSC 市场也以国外产品为主。近年来，国产 DCS 的市场份额也在不断提升。

工业物联网平台是工业物联网的重要组成部分，也是工业控制系统发展为物联网系统的制高点。根据有关行业的调研分析，工业物联网平台产业呈现以下三个特点。

（1）工业制造领域的巨头在积极布局工业物联网平台，推动制造业转型升级。典型的这类平台包括西门子的 MindSphere、菲尼克斯电气的 ProfiCloud、通用电气的 Predix 等。国内制造业也在积极推进工业物联网平台建设，如三一重工的根云、海尔的 COSMOPlat 等。

（2）IT 巨头基于已有的云平台，积极发展工业物联网平台。虽然工业物联网平台与传统 IT 云平台有一些本质区别，但也有许多共同的关键技术，如处理并发能力、抵抗网络攻击的能力、数据备份与恢复能力等。微软的 Azure、亚马逊的 AES、IMB 的 Watson、SAP 的 HANA 等都是为工业物联网服务而建设的云平台。国内的 IT 巨头，如百度、阿里巴巴、京东、腾讯等也都推出面向工业物联网的服务平台。

（3）企业之间开展优势互补，合作建设工业物联网生态圈。优势互补、合作共赢往往能事半功倍，在工业物联网平台建设方面也是如此。例如，GE 于 2016 年宣布 Predix 登录微软 Azure 云平台；ABB 于 2017 年宣布依托微软 Azure 平台提高工业云服务，与 IBM 在工业数据计算和分析方面开展合作。西门子称 MindSphere 在云服务方面已与亚马逊 AWS、微软和 SAP 开展合作。

10.6 工业物联网的安全技术

网络安全威胁是物联网发展的挑战，网络安全保护是物联网健康发展的前提。工业物联网系统更需要网络安全保护。

10.6.1 工业物联网安全的重要性

工业物联网是一种特殊的物联网，也是物联网的核心。原因如下。

（1）工业领域对信息化的需求较其他领域更强烈，而且也有更多可以投入的资金。事实上，在物联网的概念被提出之前，在工业领域已经有实际使用的工业物联网系统了。特别是在电力行业，物联网技术的使用从很早就开始了，因为需要远程监控环境参数，控制发电、输电等设备。

（2）在物联网安全事件中，造成严重损害的往往是工业控制领域的网络安全事件，虽然有些工业控制领域的物联网程度还不是很高。

2016 年 10 月 21 日，美国遭遇史上最严重分布式拒绝服务（DDoS）攻击，导致无法访问 Twitter、Spotify、Netflix、Github、Airbnb、Visa、CNN、华尔街日报等上百家网站。参与这次攻击的设备，包括大量以网络摄像头为主的物联网终端设备。继美国的 DDoS 攻击之后，新加坡电信运营商星和（StarHub）也遭受了 DDoS 网络攻击，造成部分家庭宽带用户在 10 月 22—24 日断网。据星和介绍，他们遭受的两波攻击来自该公司自己用户的设备，因为这些设备遭到了病毒感染，成为所谓的"肉鸡"，被操控实施攻击。星和首席技术官 Mock Pak Lum 称，被感染的设备包括宽带路由器和网络摄像头。

但是，相比工业物联网事件来说，这种普通物联网设备的入侵所造成的影响相对较小。2010 年震网病毒对伊朗核电站入侵造成的损失远大于这次 DDoS 攻击事件。虽然说伊朗核电站不是严格意义上的工业物联网系统，但这并不影响工业物联网系统对攻击者的吸引力。因为对入侵者来说，入侵工业物联网系统，比入侵其他行业的物联网系统能引起更大的关注，或者获得更多利益。因此，保护工业物联网系统的安全，是物联网安全的重中之重。

10.6.2 工业物联网的安全保护范围

工业物联网的安全技术覆盖工业物联网的各个逻辑层。工业物联网的工业控制层和监督管理层是一个庞大的工业生产系统，对这一系统的入侵可造成非常严重的影响。目前，工业物联网的规模还不大，多数工业控制系统还没有形成工业物联网的形态，个别已经形成工业物联网形态的系统，其数据处理中心也是一个业务范围有限的私有云平台。因此，工业物联网的安全威胁主要来自工业控制层和监督管理层。随着工业物联网的发展，数据处理层的安全问题，表现为工业控制系统的安全问题，仍然是整个工业物联网系统安全保护的重点。

在工业物联网系统的不同逻辑层，安全技术所保护的目标不同。工业控制层和监督管理层安全保护的目标是工业生产设施的安全，数据传输层安全保护的目标是网络服务功能的安全，数据处理层安全保护的目标是工业数据的安全。

目前，工业控制层和监督管理层的安全威胁主要是，工业控制系统的专用蠕虫病毒针对工业控制系统和组态软件的安全漏洞进行感染和传播，达到有针对性地进行破坏工业设施的目的。

在工业物联网的数据传输层，其安全保护基于目前的网络基础设施所拥有的安全保护技术，如第三代 3G 和第四代 LTE-4G 移动通信网络中的标准安全技术。新发展的 LPWAN 技术和 5G 移动通信所采用的安全技术，也可以为工业物联网的数据传输层提供不同程度的安全保护。

10.6.3 如何应对工业物联网系统的漏洞

所有大型软件都存在安全漏洞，因此工业物联网系统的漏洞不可能完全避免。事实上，由于工业物联网系统，特别是其工业控制层和监督管理层所使用的系统和组态软件可能长时间不更新，随着时间的推移，有更多的漏洞被发现和利用，于是被黑客入侵攻击的机会也逐渐增多。

为了降低工业物联网系统的安全风险度，在对所用系统和组态软件的漏洞无法及时弥补的情况下，应采取安全防护措施。毋庸置疑，不同的工业物联网系统会采取不同的安全防护措施，但安全体系有共同之处。基本的安全防护体系包括预防（防止非法入侵）、检测（万一预防失败，则在系统内检测是否有非法入侵行为）、响应（如果查到入侵，应采取什么行动）、恢复（对受破坏的数据和系统，如何尽快恢复）等阶段。也就是说，信息系统的 PDRR

（Protection，Detection，Reaction，Recovery，预防、检测、响应、恢复）安全模型在工业物联网系统中仍然适用。

但是，一些高级入侵可能会完全控制系统，使系统失去自我检测能力，更不用说响应和恢复了。当然，有时候，恢复过程是在入侵破坏行为发生后通过人工干预方式来完成的。但检测和响应就需要系统本身的能力了。对于一些关键系统，需要额外的力量来辅助其完成检测与响应。许多工业物联网系统就是这样的关键系统，因此建议使用辅助检测系统，即一个独立于工业物联网系统之外的检测或监控系统。该系统可通过对工业物联网系统的数据分析，判断系统是否遭受入侵。在这种情况下，即使工业物联网系统本身在入侵控制下失去自我检测能力，外部的检测系统也可以独立工作。这是工业物联网系统和其他重要物联网系统特有的需求，称之为独立监控网络。独立监控网络的主要工作是"检测"，如果需要"控制"功能，也可以在人工干预（人工确认）情况下开启。

这种独立监控网络的工作目标单一，一般不需要联网，因此其本身遭受网络攻击的可能性较小。独立监控网络所使用的设备可以及时更新系统，特别是更新最新发现的漏洞信息，从而比工业物联网系统本身具有更高的防护能力。可以使用在线更新（如果联网的话）或离线更新（工作人员现场操作）的方式进行，不影响工业物联网系统的正常运转，只影响检测网络设备本身在更新过程中的工作状态。

虽然国内近几年来在工业物联网领域的发展明显，但在工业物联网系统的安全保护方面仍然存在许多亟待解决的问题。在工业物联网数据采集安全技术方面，主要产品是对工业控制系统的安全保护。

在工业物联网的数据传输层，低功耗广域网（LPWAN）技术近年来在世界范围内得到跳跃式发展，可以解决物联网终端在远距离传输数据时的功耗问题，也可以部分解决远距离传输数据过程中的安全问题，但对一个完整的物联网行业来说，实现完整的信息安全解决方案还有很大距离。华为等企业在推进 NB-IoT 技术的产业应用，提供物联网数据的低功耗安全传输；中国移动运营商则以物联网 SIM 卡为主要技术，实现物联网数据的安全传输。在工业物联网的数据处理层，虽然许多云计算平台都有自己的安全保护技术，包括云计算平台本身的安全和平台对所处理数据的安全服务，但针对工业云领域的安全服务仍然较少。

10.6.4　工业物联网的安全举措

简单地说，工业物联网系统就是物联网技术与工业生产系统和监管系统的结合。不同于传统物联网系统，工业物联网系统对信息传输的实时性要求很严格，有时甚至很苛刻，因为在工业生产过程中，对信息反馈的实时性要求很高，即使在工业监管系统中，对数据的实时性要求也比很多其他物联网行业的要求高。因此，工业物联网系统的安全技术挑战更为严峻。

信息化与工业化的深度融合实际上就是工业物联网技术。因此，在今后的发展中，作为物联网技术在工业领域之应用的工业物联网技术，将成为物联网技术发展的一项其独有特色的技术。同时，工业物联网系统的安全技术，也将成为物联网安全领域的具有其重要特色的新技术。

传统工业生产系统的信息安全防护手段是网络隔离，即将生产控制系统与其他信息系统的网络进行物理隔离。但物理隔离并不能完全避免网络攻击。

随着信息管理系统对数据业务需求的提高，要求生产过程的数据能实时上报，于是不得不将生产控制系统与生产管理系统的网络进行连接，但通常使用网闸技术进行防护，使数据只能进行单向传输，因此生产管理系统即使遭受入侵攻击，也不会对生产控制系统造成严重影响。随着生产自动化和信息化的深度融合，这种信息隔离不能提供更高效的生产，特别对一些定制化产品的生产更是如此。因此，从生产控制系统到生产管理系统，需要有双向的信息交互。

工业物联网系统与许多其他物联网行业的区别是，在工业物联网系统中，一般会涉及许多工业生产设备。这些设备的特点是，系统响应的实时性要求高，无论是感知数据的传输，还是控制指令的发放，都需要在很短的时间内完成，这就给安全防护技术的实施带来了挑战。另外，控制系统中的主机设备的系统老旧，更新困难，在生产过程中很难对一个控制系统进行维护和软件更新，包括对操作系统和安全防护软件的更新，以及硬件设备的添加，因此许多防护措施只能通过旁路方式进行，这种方式只能对一些非正常数据提供报警，不能对攻击行为实施隔离等措施。

但是，针对物联网系统的入侵攻击，特别是工业物联网系统所面对的入侵攻击，与传统信息系统的入侵攻击，有着明显的区别。对于传统信息系统的入侵攻击，其攻击目标就是被入侵的主机系统，其表现行为从早期的破坏主机系统，到后来的获取主机系统信息，逐步到后来将主机系统变为攻击其他主机系统的僵尸节点。对于工业物联网系统的入侵攻击，其攻击目标一般不是被入侵的主机系统，因为无论是破坏主机系统还是从主机系统获取信息，都达不到攻击工业设施的目的。攻击者一般会通过入侵的主机系统非法控制该主机系统所能控制的受控设备，这些受控设备有些可能根本不具有智能判断能力，如 PLC 设备。

基于这种特点，对待入侵攻击的防护措施也应该进行调整。传统信息系统的防护手段是边界防护（防火墙）和入侵检测系统，一些异常数据在边界防护过程中就能被拒之门外。个别通过边界防护系统的恶意软件和远程控制行为，当在主机系统中进行不正常的操作时，入侵检测系统一般能识别并进行制止。当然，这一过程有时需要人的参与才能做出正确判决。工业物联网系统中的主机也有类似的安全防护，但对工业物联网系统中的主机来说，边界防护系统由于不能及时更新，基于系统漏洞的恶意软件和远程入侵很容易无障碍越过边界防护；对于一些新型的入侵，过时的入侵检测系统也基本不能识别，甚至有些入侵病毒可以拥有比入侵检测系统更高的权限。

在系统安全防护方面，对未知病毒的防护是困难的，因为不知道病毒的工作机制，特别是不知道病毒利用了什么样的系统漏洞进行入侵和传播。而病毒攻击系统只所以能成功，是因为病毒设计者在设计时掌握目标系统的情况。能否将这种不对称的状态扭转过来呢？其实无须扭转，但需要改变一下防护思路。防止病毒入侵是困难的，但降低甚至阻止病毒入侵后造成的破坏是可能的。针对工业物联网系统的特点，需要建立一种新的安全防护架构，即入侵容忍系统。入侵容忍系统不是一个主机，而是由主机和被控制单元构成的一个工业物联网系统，其基本原理是让入侵者不能偷偷摸摸地对终端设备进行非法控制。该系统的特点是，如果某个主机遭受入侵攻击，无论该入侵攻击是一个恶意软件还是非法远程控制，都不能对该主机所控制的受控设备进行非法控制。这种入侵容忍系统是针对工业物联网系统而专门设计的，不适合对传统信息系统的安全保护。同时，现有传统信息系统的安全保护都不具有入侵容忍性。因此，要想给工业物联网系统提供自主可控的安全防护，需要进一步发展入侵容忍技术。

入侵容忍技术针对的是 OT 攻击，对相关技术已在第 4 章中进行了描述。

10.6.5　工业控制网络边界防护与监测技术

针对工业控制（简称为"工控"）网络边界防护与监测的产品可以分为以下几类：对网络进行隔离以控制访问的设备，如工业控制防火墙、工业控制安全隔离网闸、工业控制安全防护网关；对工业控制网络实施监测功能，如工业控制安全监控系统；对工业控制网络进行综合管理的，如工业控制综合管理平台、工业控制堡垒机；对工业控制网络脆弱性进行风险评估以辅助安全建设的，如工业控制漏洞挖掘与扫描系统。

1. 工业控制防火墙技术

工业控制防火墙是针对工业控制网络安全的具体应用环境独自开发的安全产品，应用于工业控制环境，在除满足传统防火墙的功能要求外，还能够识别/或深度检测至少一种工业控制协议，通过对网络数据包的深度解析，并可制定相应的访问控制策略，从而实现面向工业控制环境的网络访问控制设备。该设备可对工业控制系统边界或工业控制系统内部不同控制区域之间进行边界保护，同时满足特定工业环境和功能要求。

根据部署的节点不同，可以将工业控制防火墙分为以下三类。

（1）网络级：工业控制防火墙部署在整个工业控制网络和企业管理网络之间，实现工业控制系统网络各层级间的安全逻辑隔离。

（2）车间级：工业控制防火墙部署在工业控制系统内部不同车间网络之间，实现同层级网络不同控制域间的安全逻辑隔离。

（3）现场级：工业控制防火墙部署在现场控制设备和集中控制区之间，对现场控制层设备进行安全隔离。

在国内市场上，工业控制防火墙是目前比较普遍的安全产品，可实现分区分域的逻辑隔离，但目前普遍存在的问题是，工业控制防火墙缺乏与其他安全设备的联动性，并且多数产品是在传统防火墙的基础上进行改装，增加了对工业协议的解析模块，使许多用于传统信息系统的功能闲置，因此目前在工业控制系统环境的适用性欠佳。同时，由于没有与之联动的安全产品，而缺乏对未知网络协议漏洞造成的安全问题的有效解决方法，如果防火墙被攻破，将危及被保护网络的安全性。

2. 工业控制安全隔离技术

工业控制安全隔离通常采用如下技术：通过具有多种控制功能的专用硬件，根据有关策略，在非必要联网时切断网络连接，而在必要时，可以在网络间进行安全适度的数据交换。

工业控制安全隔离网闸（简称工业网闸）是工业控制安全隔离技术的一种实现。它使用专用安全操作系统作为软件支撑系统，通常部署在生产控制区与生产管理区的边界处，采用"双主机 + 隔离卡"系统架构，实现内外网间的物理隔离；同时，对经过的数据流进行协议剥离、流量还原与重组、特征值匹配等，采用专用映射协议代替原网络协议实现系统内部的纯数据传输，消除一般网络协议可被利用的安全漏洞，从而有效地抵御病毒、木马、黑客等通过各种形式发起的对生产控制区的恶意破坏和攻击活动，保护生产控制区的安全。

工业控制安全隔离网闸广泛应用于政府、军队、电力等领域，可结合工业控制防火墙、工业控制安全监控系统、VPN 等安全设备运行，形成综合网络安全防护平台。但是，在工业控制防火墙、VPN 等安全设施的多重构架环境中，工业控制安全隔离网闸产品的加入使网络趋于复杂化，正常的访问连接越来越多地被各种未知因素干扰和影响，已经配置好的各种网络产品和安全产品可能由于工业控制安全隔离网闸的配置不当而受到影响。因为电子开关切换速率的固有特性和安全过滤内容功能的复杂化，导致工业控制安全隔离网闸的传输性能存在很大的局限性。

3. 工业控制安全防护网关技术

工业控制安全防护网关包括传统工业安全网关和无线网关。传统工业安全网关用于支持主流工业协议的过滤，实现网络间传输文件的过滤，为数控加工网络与办公网络之间的互联互通提供有力支撑。无线网关支持 IEEE 802.1X 协议，定制特定客户端访问、多重加密机制，实现无线访问安全。

通常，工业控制安全防护网关内部的两端由两个独立的主机系统构成，两个主机系统都具有独立的运算和存储单元来实施计算与存储功能，并且独立运行各自的操作系统和应用系统。其中一端主机系统是控制端系统，任务是接入控制网络；另一端主机系统是信息端系统，任务是接入到信息系统，即外网。控制端主机系统与信息端主机系统之间由专用的网络隔离技术进行功能的实施和连接。网络隔离技术采用的物理层是利用专用的隔离硬件连接构成的，而链路层与应用层则使用私有的通信协议和加密的传输方式进行连接通信。网络隔离传输借由实际的物理隔离状态和专有的隔离传输技术，在此基础上，对数据实现自我定义、自我审查和自我解析等功能。基于这种传输机制，可以过滤非法数据，保护控制系统免遭入侵和攻击。

另外，一些厂商在设计工业控制安全防护网关时，采用双层网关，前置作为防火墙，后置作为安全通信服务器，防火墙用于过滤非法的业务数据，安全通信服务器用于与客户端建立安全通道。

10.6.6　工业控制安全监控技术

工业控制安全监控是指依照一定的安全策略，通过软、硬件，采用数据镜像方式采集大量工业控制网络数据并进行分析，对网络、系统的运行状况进行监视，最终发现各种网络异常行为、黑客攻击线索等。利用工业控制安全监测系统，相关人员能够了解工业控制网络实时通信状况，及时发现潜在的攻击前兆、病毒传播痕迹及各类网络异常情况。该系统是对工业控制防火墙的补充。

工业控制安全监控系技术常以"旁路"方式接入工业控制网络中，可避免以串联方式接入而给工业控制网络带来的未知风险，工业控制安全监控系统通过抓取工业控制网络白名单样本，基于工业控制协议设置操作白名单规则，由于规则策略都是基于已知操作，所以造成了工业控制安全监控系统普遍存在的虚警率和监测可信度问题，这一直是技术实现上需要突破的瓶颈。一般情况下，厂商会在其中取折衷，以适应不同的网络环境。

另外，工业控制安全监控系统本身也存在安全漏洞。攻击者如果利用系统漏洞对工业控制安全监控系统进行攻击，则可以直接导致报警失灵，其后的入侵者行为无法被记录。

10.6.7　工业控制堡垒机技术

工业控制堡垒机是一个主机系统，其自身经过了一定的加固，具有较高的安全性，通过单点登录、账户管理、资源授权、访问控制、操作审计等功能，将需要保护的信息系统资源与安全威胁的来源进行隔离，从而实现对工业控制网络运维人员操作行为的监管与审计功能。

工业控制堡垒机可根据实际网络情况部署在各控制区域间，以及控制网和 MES 系统、控制网和上层信息网之间，实现 MES 系统与控制网的纵向隔离、控制网和上层信息网的纵向隔离及各区域边界隔离等应用功能。

目前，工业控制堡垒机大多适用于多台服务器集中部署的情况，而在工业控制网络现实环境中需要运维的设备或服务器往往非常分散。如果在每个点部署一台堡垒机，则成本昂贵且安全性不可控；如果在总部部署一台堡垒机，各个分点的运维人员通过 VPN 等方式连接到总部，再通过总部堡垒机，同样再次通过 VPN 方式连回各分点的设备进行运维，成本相对比较低，但 VPN 方式普遍存在通信速率低、经常断线的情况，会极大地影响工作效率。因此，工业控制堡垒机目前亟待解决的问题是如何高性价比地解决分布式运维。

10.6.8　工业控制漏洞挖掘与扫描技术

工业控制漏洞挖掘与扫描，是一种对工业控制网络风险进行评估的辅助工具，主要由基础平台层、系统核心层、系统接入层三个部分组成。基础平台层使用专用的硬件平台，辅助系统运行的必需软件，在支持传统网络协议的基础上，支持工业网络协议；系统核心层主要是漏洞扫描引擎，融入传统 IT 主机的扫描核心功能，以及 DCS、PCS、SCADA 系统、PLC 设备的识别功能；系统接入层负责系统自身和任务下发的接入管理。

通过远程安全检测的方式，批量发现工业控制设备、工业控制软件及支撑它们运行的服务器、数据库、网络设备的安全风险，实现对工业控制系统中上位机的安全评估、对工业控制系统中所特有的设备/系统（如 SCADA、DCS、PLC 等）进行扫描，并对一些关键系统的安全配置进行评估，以呈现工业控制系统的安全风险。

由于工业控制网络大都涉及国计民生的基础设施产业，业务的连续性、健康性至关重要，因此，对于工业控制漏洞挖掘与扫描系统的使用比较谨慎，以防止操作不慎而引起网络瘫痪，甚至更严重的安全事故。

10.6.9　工业控制网络黑白名单技术

目前，针对工业控制主机的安全防护主要采用"应用程序白名单"技术。"应用程序白名单"技术主要指使用一组应用程序名单列表，只有此列表中的应用程序允许在系统中运行，之外的任何程序都不允许运行。

"白名单"技术意味着阻断一切与白名单记录不匹配的程序进程，以此避免工业控制网络受到未知漏洞威胁，同时还可以有效地阻止操作人员异常操作带来的危害。但是，这需要

"白名单"具有完备性，即预先设定的"白名单"毫无遗漏地包括所有工业控制软件进程。如果有哪个软件或进程没有预先列在"白名单"中，则不能运行。

为了避免"白名单"不完备造成的问题，可以使用机器学习的思想，让基于"白名单"的检测设备试运行一段时间（学习过程），将试运行阶段发现的所有不在"白名单"中的软件进程记录下来，由人工分析，判断是否存在合法的被"白名单"遗漏的进程，从而添加到白名单中。这个过程可以反复进行，即动态更新白名单，然后继续试运行。过一段时间后，再严格按照"白名单"执行。

但是，试运行过程不能太长，否则会影响安全检测的及时性；也不能太短，否则虽合法但不常用的软件进程可能还尚未被捕捉到，从而没有被添加到"白名单"中，但后期出现这种软件进程时就会被阻挡。

为避免这种遗漏，一种更为灵活的检测技术是同时使用"黑名单"和"白名单"。"黑名单"列有一些已知的病毒软件，"白名单"如前所述。若遇到与"白名单"匹配的软件进程，则正常运行；若遇到与"黑名单"匹配的软件进程，则阻止；若遇到不在两个名单的软件进程，则报警，先由人工分析判断，然后根据判断结果更新"白名单"或"黑名单"。这种两面夹击的防护技术更可靠、更有效、更灵活。

10.6.10 工业物联网大数据态势感知技术

工业物联网应用系统是一个复杂系统，多采用分布式数据存储和计算技术，涉及多种平台、系统、中间件、应用软件、网络设备等，通常需要在云平台部署安全态势感知系统，称为云安全态势感知系统。该系统具有层次化的多维数据（安全状态、事件、威胁情报、安全知识等）汇集、大数据关联分析等能力，可将动态风险评估及安全态势进行可视化展示，结合专家互动分析技术，实现统一的物联网安全展示、监控、运维、应急处理和调度管理。

工业网物联网大数据态势感知技术涉及数据采集、网络探测、关联分析、智能学习、风险评估、应急响应等多种技术和服务。

1. 数据采集

数据采集以主动或被动的数据采集方式，使用分布式任务调度引擎，自动采集相关安全数据，通过基于缓存的分布式消息队列进行实时处理，根据规则引擎及决策引擎针对安全数据进行识别、转换、处理和传输。

2. 网络探测

通过主动探测方式，及时获得网络上设备、系统和应用的运行状态及资产信息，既能够时刻知晓最新的安全防护范围，有效调整安全防护策略，又能结合外部的威胁情报，对网络安全趋势做出第一时间的分析和判断。

3. 关联分析

采用安全模型和算法对多源异构数据从时间、空间、协议等多个方面进行关联与识别，通过大数据平台能力对网络安全状况进行综合分析与评估，形成网络安全综合态势图，借助态势可以精确定位网络脆弱部位并进行威胁评估，发现潜在攻击、预测未知风险，提高全局网络安全防御能力和反击能力。

4. 智能学习

使用机器学习和数据挖掘技术，基于各种安全数据实现对网络行为、主机行为、应用行为的特征学习，通过大数据构建出网络环境中的各种行为模型，从而识别出正常和异常、趋势和对比等信息，实现自动学习、自动适应和自动规则生成，降低人员操作失误风险，提高安全响应速度。

5. 风险评估

对物联网、信息网络上的恶意代码、漏洞、攻击方法等进行搜集、整理和分析，并对探测的漏洞与权威漏洞库进行关联评测，根据漏洞严重性、影响范围等综合因素给出量化评估，并结合网络中实际产生的攻击数据，按照科学的指标体系开展全面的风险度量。

6. 应急响应

基于深度学习的专家分析和准确及时的威胁情报支持，将严重安全事件、高危安全威胁、重大损失等进行预判，通过安全通告、实时信息推送等方式提供安全警报，并提醒用户采取相应的防范应对措施。

7. 合规检查、评估报告

将标准合规、安全检查、风险评估、安全报警、应急响应等日常安全工作有机地融为一体，实现安全制度和工作流程的平台化、自动化、标准化，明确安全工作考核和衡量方式，落实安全工作责任和工作内容，满足相关安全标准和监管检查的管理要求。

10.7 工业物联网的相关标准

为避免资源浪费和重复生产，产品标准化是工业领域的有效工作机制。在工业物联网方面，物联网相关国际标准化组织积极推动工业物联网标准的制定。国际电信联盟电信部门（ITU-T）于 2015 年 6 月成立了新的物联网标准化研究组 SG20；国际标准化组织/国际电工委员会 ISO/IEC JTC1 在 2016 年 11 月成立了物联网及相关技术委员会 SC41，其下设多个工作组，其中之一为工业物联网研究组。

国内也成立了物联网基础工作组，并已发布了多个物联网相关国家标准。国内标准化技术委员会包括 SAC/TC124 工业过程测量控制和自动化、SAC/TC78 半导体器件、SAC/TC103 光学和光学仪器、SAC/TC104 电工仪器仪表等标准化技术委员会，发布的有关工业物联网相关的标准包括 GB/T 33899—2017《工业物联网仪表互操作协议》、GB/T 33904—2017《工业物联网仪表服务协议》、GB/T 33901—2017《工业物联网仪表身份标识协议》、GB/T 33900—2017《工业物联网仪表应用属性协议》等。

国际电工委员会 IEC 的 SC65B 制定的 IEC 61131-X《可编程序控制器》系列标准，强调了功能安全等内容。

在工业物联网安全及相关方面，全国信息安全标准化技术委员会 SAC/TC260 已经发布了多个国家标准，包括 GB/T 22239—2019《信息安全技术 网络安全等级保护基本要求》、GB/T 25070—2019《信息安全技术 网络安全等级保护安全设计技术要求》、GB/T 28448—2019《信息安全技术 网络安全等级保护测评要求》，其中都增加了工业控制系统安全扩展要求相关内容；GB/T 32919—2016《信息安全技术 工业控制系统安全控制应用指南》。全国过程策略控制和自动化标准委员会 SAC/TC124 于 2016 年发布了 GB/T 33009 系列 DCS 安全方面的标准，包括防护要求、管理要求、评估指南、风险与脆弱性检测要求等。

10.8　小结

工业物联网是物联网应用的重点，其所涉及的安全问题不仅是信息系统的安全问题，还有控制系统的安全问题。网络攻击形式从早期的个人攻击发展到黑客组织发起的攻击，甚至出现网络战争武器的苗头，而工业物联网很可能是网络战争的攻击目标，因为工业物联网关系到工业生产、社会生活、基础设施等重要方面，针对工业物联网进行的网络攻击可以影响社会安全乃至国家安全。在过去发生的针对工业控制系统的网络攻击中，震网病毒对伊朗核电站造成的破坏影响了伊朗的国家安全。这类网络攻击已经远远超出信息安全的范畴，是典型的物联网 OT 安全问题。

第11章

物联网安全标准及部分
安全指标的测评技术

11.1　引言

在物联网安全架构中，有一个纵向支撑是"安全测评与运维监督"。该支撑的技术核心是安全测评，而运维监督侧重管理。安全测评的目的是，通过技术和管理手段来评价一个物联网系统是否达到预期的安全设计。安全测评的实施只针对安全指标是否符合技术设计要求，即符合性测评，而不测评系统是否安全，因为确定一个系统是否安全不仅包括技术因素，还包括环境因素（是否被敌手关注）、人为因素（是否存在内部攻击）、管理因素（关键设备是否有专人管理，系统口令是否符合安全要求）等。在实际应用中，符合性测评可以规范物联网系统的安全等级，也起到重要监督和管理作用。

为了规范网络安全行为，正确指导相关企业在网络安全产品和服务方面使用恰当的安全保护措施，更好地进行监督和管理，近年来国家发布了多个与网络安全相关的法律法规和标准规范。相关的法律法规包括《中华人民共和国网络安全法》《中华人民共和国密码法》《中华人民共和国数据安全法》《中华人民共和国个人信息保护法》《关键信息基础设施安全保护条例》《汽车数据安全管理若干规定（试行）》等。法律法规一般覆盖面较广，不专门针对物联网安全，显然也适用于物联网安全。

近年来发布的有关物联网安全的国家标准有多个，其中以下三个信息安全等级保护相关标准规范在产业领域具有重要影响。

（1）《GB/T 22239—2019 信息安全技术网络安全等级保护基本要求》（2019 年 5 月 10 日正式发布，2019 年 12 月 1 日起施行）。

（2）《GB/T 25070—2019 信息安全技术网络安全等级保护安全设计技术要求》（2019 年 5 月 10 日正式发布，2019 年 12 月 1 日起施行）。

（3）《GB/T 28448—2019 信息安全技术网络安全等级保护测评要求》（2019 年 5 月 10 日正式发布，2019 年 12 月 1 日起施行）。

这三个信息安全等级保护标准都在更新版本中增加了云计算、移动互联、物联网和工业控制系统等领域的特殊安全要求。本章主要关注这些相关标准中对物联网的安全要求的相关测评要求。

11.2　物联网安全标准制定的背景和必要性

物联网设备安全问题突出的原因有很多，一方面是这类设备的智能化、网络化发展速度快，另一方面对这些设备的信息安全保护技术发展不够成熟，没有安全保护和检测标准。因此，当前的现状是许多物联网终端设备面临很大网络安全风险。

在电子通信领域中，许多标准规范的诞生是在相关技术和产业基本成熟后，为约束小众、鼓励互联互通而形成的，是一种水到渠成的结果。例如，TCP/IP 通信协议标准是计算机数据通信领域的行业标准，逐步成为默认的国际标准，导致后来国际标准化组织提出的 OSI 标准框架模型很少有人用。

随着物联网技术和产业的发展，物联网安全问题逐渐成为影响物联网产业健康发展的关键瓶颈，物联网安全标准不能在行业的相关技术和产品成熟后再制定。一方面，这个等待周期会很长，其间的物联网安全问题会对物联网产业发展有严重影响；另一方面，行业自行发展的物联网安全技术会出现百花齐放的局面，那时再发布标准，对那些不符合标准的产品来说是一种打击，也是研发投入的巨大浪费。

一段时间后很难区分哪个好哪个差，而且后期标准的出台可能导致一些自身的安全保护技术已经成熟的物联网设备，这对生产厂商来说是不公平的。因此，物联网安全标准应该尽早制定。

为此，国家标准委员会等相关机构，组织了物联网等新技术领域的标准制定工作。仅在物联网方面的标准就有多个，包括已发布的标准 GB/T 33474—2016《物联网参考体系结构》和 GB/T 33477—2017《物联网术语》。在物联网安全方面的多个国家标准也在制定中，这些标准草案今后对物联网设备和物联网系统的安全保护无疑将起到重要的指导作用。这些标准一旦发布，就会进入实施阶段。因此不久之后，物联网系统的安全测评和安全防护将依据国家标准执行。虽然国家标准在执行过程中会有一个过渡阶段，也会在执行中有一些微小的调整，包括对实施技术的调整和实施细则的调整，但这些小的变化都不影响物联网安全标准作为指导物联网产业和产品遵照国家标准进行安全保护和安全测评的发展趋势。北京匡恩网络科技有限责任公司作为提供物联网安全服务安全产品的专业企业，特此提出自己的见解和建议，帮助物联网企业为自己产品的安全和系统的安全，提前做好准备。

随着物联网安全标准体系的发展与完善，一些新的标准会逐步被提出。为了防止将来在标准制定方面过于细化，物联网安全标准应有界限，不宜覆盖太多的技术细节，应该以安全性能为标准的目的，放宽对具体实现技术的标准化要求。

11.3　网络安全等级保护国家标准中的物联网安全相关要求

信息安全技术等级保护标准分为三部分：基本要求、设计技术要求和测评要求。其中，基本要求主要从原理上阐述需要哪些安全保护，侧重安全需求的条款化描述；设计技术要求主要从技术方面阐述实现方式，侧重安全需求的技术方法；测评要求则针对基本要求的安全需求，规范如何进行测试，以验证被测评的目标系统是否与安全需求相符合，是一种可以量化的符合性测评，即测评结果与安全目标有多大的符合程度，包括某一安全要求的符合程度和总体有多少测评单元符合要求。因此，测评要求标准中的测评单元是对基本要求中相关要求的具体化，而且直接关系到测评结果是否符合要求。从事网络安全类产品和服务的相关企业更关注对测评要求标准中有关测评单元的理解，从而避免因为实现方法不当导致所采取的安全保护措施不合规的情况出现。

在《GB/T 28448—2019 信息安全技术网络安全等级保护测评要求》中，针对某项安全要求可以有多种技术方法实现，但如何选择一种合适的技术方法，使安全保护不因测评工具的升级而降低安全等级，而且在一定代价之内，是一个需要研究的问题。过度的安全保护容易造成资源浪费，包括硬件成本、软件成本、通信成本和管理成本，但是，仅应对安全测评的技术方法，很容易在下一次测评中因为测评工具的升级而不再满足要求。因此，安全保护技术应该科学合理。本章在讨论技术方法时本着节约资源的原则，但不一定适合具体的物联网应用系统，因为本章讨论的方法没有充分考虑具体物联网应用系统的资源情况。

在《GB/T 28448—2019 信息安全技术网络安全等级保护测评要求》中，有关物联网安全扩展要求第三级安全测评要求的部分测评单元如下，可以作为设计物联网安全防护方案时的重要参考：

> 8.4.2.1.1　测评单元（L3-ABS4-01）
> 应保证只有授权的感知节点可以接入；

该测评要求的目的是检测对感知节点的身份鉴别机制，使用渗透测试。渗透测试包括身份伪造（使用假的身份发送数据，检测系统能否识别）或身份假冒（假冒合法身份发送数据，检测系统能否识别）。在许多情况下，允许感知节点的接入就是接受感知节点发送的数据，并按照协议进行响应（如果需要响应的话）。

> 8.4.2.2.1　测评单元（L3-ABS4-02）
> 应能够限制与感知节点通信的目标地址，以避免对陌生地址的攻击行为；

该测评单元检测感知节点能否在被黑客入侵后成为僵尸网络的一个节点。僵尸网络的特点是可以向任何控制者指定的目标发起 DDoS 攻击。如果感知节点配置了与之通信的目标地址，则不能参与对任意网络地址的 DDoS 攻击。

测试实际包括两个方面：（1）通过网络控制感知节点后，能否让其向任意网络地址发送网络连接请求（或其他数据）；（2）通过网络控制感知节点后，能否修改其配置使其可以向任意网络地址发送网络连接请求（或其他数据）。

应对第（1）条测试很容易，只要给感知节点一个列表，使其进行网络连接时对比列表的地址，若在列表中，则允许连接；否则拒绝连接。

应对第（2）条测试要麻烦一些，因为控制感知节点后可以修改这个地址列表，甚至修改其连接策略。前者只需要修改文件，后者则需要更新软件，显然前者更容易实现。即使入侵者不知道地址列表文件的内容，只要知道格式，如果权限允许，就可以改写此地址列表文件，使感知设备成为攻击者可能发起 DDoS 攻击的僵尸网络的一个节点。

> 8.4.2.2.2　测评单元（L3-ABS4-03）
> 应能够限制与网关节点通信的目标地址，以避免对陌生地址的攻击行为；

该测评单元与上述测评单元（L3-ABS4-02）的测评目标一样，但测评对象是网关节点。网关节点通常直接连接互联网，更容易成为黑客入侵的目标，因此该测评单元的实际意义更大。

> 8.4.3.1.1　测评单元（L3-CES4-01）
> 应保证只有授权的用户可以对感知节点设备上的软件应用进行配置或变更；

对软件应用进行配置或更新需要登录一个合法账号，这是传统信息系统的安全要求。一些物联网设备也有较高的信息处理能力，也应该符合这种安全要求。许多成熟的技术可以满足此测试要求。

8.4.3.1.2 测评单元（L3-CES4-02）
应具有对其连接的网关节点设备（包括读卡器）进行身份标识和鉴别的能力；

该测评单元的测评对象是感知节点设备，目的是避免非法设备以网关节点的名义与其连接。身份标识能力意味着能识别是否为合法身份，使用一个身份标识列表就可以解决；身份鉴别能力意味着要对与列表内身份匹配的身份标识做进一步检查，避免攻击者假冒合法网关节点。该项内容的测试方法一般为渗透性测试，即假冒某个合法网关节点的身份与感知节点设备进行连接，当多次尝试失败后，表明所测试的设备满足身份标识和身份鉴别能力要求。实现技术是身份鉴别技术。但考虑到有些物联网感知节点设备资源受限，因此应该使用轻量级身份鉴别机制。

8.4.3.1.3 测评单元（L3-CES4-03）
应具有对其连接的其他感知节点设备（包括路由节点）进行身份标识和鉴别的能力；

该测评单元与上述测评单元（L3-CES4-02）的内容基本一致，同样是身份标识和鉴别能力，区别是该测评单元针对其他设备而不是网关节点。

8.4.3.2.1 测评单元（L3-CES4-04）
应设置最大并发连接数；

该测评单元针对网关节点，确保网关节点不超载。测试方法是模拟许多并发连接，并检查目标网关节点是否仍然都能连接。如果是，则说明目标设备不符合该项测试要求。

针对该项测评要求的技术方法比较容易。例如对每个新的连接请求，查看已有的连接数量。如果已经超过上限，则拒绝连接请求。

8.4.3.2.2 测评单元（L3-CES4-05）
应具备对合法连接设备（包括终端节点、路由节点、数据处理中心）进行标识和鉴别的能力；

该测评单元的测评对象是网关节点设备，测评目标是身份标识和鉴别能力。

8.4.3.2.3 测评单元（L3-CES4-06）
应具备过滤非法节点和伪造节点所发送的数据的能力；

该测评单元的测评对象是网关节点设备，测评目标是数据来源的合法性。如果数据的安全保护（如机密性、完整性）与消息来源的身份鉴别融为一体，则该单元的测试方法与身份标识和鉴别的测试方法可以合为一体；否则，需要测试数据与指定的某个来源是否有某种不可修改的绑定关系。

8.4.3.2.4 测评单元（L3-CES4-07）
授权用户应能够在设备使用过程中对关键密钥进行在线更新；

该项测评单元的测评对象是感知节点设备，测评的目标是感知节点设备是否具有在线更新密钥的功能，这里主要指对称密钥。但该项测评不包括密钥更新方式是否安全。尽管如此，实际实现该功能时也应该考虑如何保证密钥更新过程不泄露任何秘密信息，包括新旧密钥。

8.4.3.2.5 测评单元（L3-CES4-08）
授权用户应能够在设备使用过程中对关键配置参数进行在线更新；

该项测评单元的测评对象是感知节点设备，测评的目标是感知节点设备是否具有在线更新某些关键配置参数的功能，以及参数更新是否有效。更新配置参数不需要机密性保护，但需要完整性保护。该项测评不包括更新方式是否提供完整性保护。尽管如此，实际实现该功能时也应该提供拟配置参数的完整性保护。

8.4.3.3.1 测评单元（L3-CES4-09）
应能够鉴别数据的新鲜性，避免历史数据的重放攻击；

该项测评单元的测评对象是感知节点设备，测评的目标是感知节点设备是否具备检验数据新鲜性的功能。测评方法就是模拟数据重放攻击，如果成功，则测评结果为不符合要求。

8.4.3.3.2 测评单元（L3-CES4-10）
应能够鉴别历史数据的非法修改，避免数据的修改重放攻击；

该项测评单元是上述测评单元（L3-CES4-09）的扩展，测评对象仍然是感知节点设备，测评的目标是感知节点设备是否具备识别数据修改攻击的功能。测评方法是模拟数据修改重放攻击，如果成功，则测评结果为不符合要求。注意，数据修改重放攻击可以有多种修改方法，模拟攻击前可以掌握数据的格式和提供数据新鲜性的工作机制，以便使修改攻击更有效。这表明对同样的测评单元，测评工具可以升级，这次通过测评的设备，下一次测评因为测评工具的提升可能就不能通过。

8.4.3.4.1 测评单元（L3-CES4-11）
应对来自传感网的数据进行数据融合处理，使不同种类的数据可以在同一平台被使用；

该项测评单元的测评对象是物联网应用系统，测评的目标是对来自不同感知节点设备的数据是否具有数据融合能力，以及对来自不同种类的感知节点设备的数据是否具有数据融合能力。这种能力的实现一般落实在网关节点和边缘计算平台，而云计算平台基本都具备数据融合能力。

11.4　如何对身份鉴别功能进行测评

信息安全三要素是机密性（Confidentiality）、完整性（Integrity）和可用性（Availability），也称为 CIA 信息安全三要素。

信息安全等级保护标准是非常重要的一个标准体系。其中，基本要求和技术要求都由企业负责落实。等级保护标准系列中有一个信息安全测评要求标准，这个标准是检验基本要求和设计技术要求实现情况的一种间接手段，也是对系统信息安全程度提供监督保障的重要依据。

在信息系统和网络环境中，数据的保密性、完整性和设备身份鉴别被认为是网络安全中最基本的三个要素，物联网安全自然也包括这三要素。物联网安全等级保护的测评标准也包括对应这三要素的测评要求。

11.4.1 对可用性的测评要求

机密性是对数据内容的保护，通常使用数据加密算法来实现；完整性是对数据格式的保护，通常使用消息完整性算法来实现；可用性是对信息系统整体服务的要求，包括提高服务的平台可用性、网络可用性、数据可用性和服务可用性。体现在服务可用性方面，就是能为合法的用户提供服务，拒绝为非法的用户提供服务。这种可用性的最基本要求是能进行身份鉴别（Identity Authentication），即验证身份的真伪。其他方面的可用性包括多种方法，涵盖许多方面，包括访问控制、数据库管理、系统安全、网络冗余、数据备份、系统恢复等安全技术、安全策略和安全机制。因此，身份鉴别可以理解为可用性的弱化和基本要求。

在等级保护安全测评标准中，不同等级的安全要求基本都对身份鉴别提出了明确要求。例如，等级保护安全测评标准中针对系统可用性的测评要求如下。

8.1.2.1.5 测评单元（L3-CNS1-05）

该测评单元包括以下要求：

a) 测评指标：应提供通信线路、关键网络设备和关键计算设备的硬件冗余，保证系统的可用性；

b) 测评对象：网络管理员和网络拓扑；

c) 测评实施：应核查是否关键网络设备、安全设备和关键计算设备的硬件冗余（主备或双活等）和通信线路冗余；

d) 单元判定：如果以上测评实施内容为肯定，则符合本测评单元指标要求。否则不符合本测评单元指标要求。

系统的可用性主要体现在硬件冗余，因为每个备份硬件都安装完整的系统和应用软件。虽然可用性还包括其他许多方面，但鉴于测评标准的可执行性，对硬件冗余的测评相对比较容易实施。

11.4.2 对身份鉴别的测评要求

身份鉴别是最基本的安全技术之一，是一个系统通信安全的核心组成部分，也是系统可用性的部分内容。即使是资源受限的物联网设备，通常也需要具有双向身份鉴别功能。这种功能要求能提供自身身份鉴别的证据，也能对与之通信的其他设备的身份进行鉴别。

在等级保护安全测评标准中，不同等级的安全要求基本都对身份鉴别提出了明确要求。例如，等级保护安全测评标准中针对物联网网关设备提出的身份标识与鉴别的能力的测评要求如下。

> 9.4.3.1.2 测评单元（L4-CES4-02）
>
> 该测评单元包括以下要求：
>
> a) 测评指标：应具有对其连接的网关节点设备（包括读卡器）进行身份标识
>   和鉴别的能力；
>
> b) 测评对象：网关节点设备（包括读卡器）；
>
> c) 测评实施包括以下内容：
>
>   1）应核查是否对连接的网关节点设备（包括读卡器）进行身份标识与鉴别；
>   是否配置了符合安全策略的参数；
>
>   2）应测试验证是否不存在绕过身份标识与鉴别功能的方法。
>
> d) 单元判定：如果1）和2）均为肯定，则符合本测评单元指标要求。
>   否则不符合或部分符合本测评单元指标要求。

该单元虽然提出了"应测试验证是否不存在绕过身份标识与鉴别功能的方法"的要求，但是却没有明确如何进行这项测试。事实上，如何对身份鉴别进行测试是一个技术问题。

由于实现身份鉴别的方法很多，要求用于测评的设备实现所有这些可能的身份鉴别方法是不现实的，因此实际测评时应使用渗透性测试方法，即测试假冒身份或伪造身份是否成功，而不应该测试实现身份鉴别的任何一种具体技术（如数字签名）。

对物联网设备身份鉴别的检测可使用渗透测试方法。首先假定身份标识问题已经解决（否则身份鉴别没有意义），而且测评者已经知道数据包中哪些字段为设备的身份标识。下面分两种情况进行讨论。

（1）**情况 1**：假设与被测设备（设备 T）进行通信的设备有两台或以上，包括设备 A 与设备 B。在这种情况下，捕获设备 A 与设备 B 的数据包，将两个数据包中表示身份标识的字段进行互换，然后分别发给设备 T。如果任何一个修改后的数据包被接受，则对身份鉴别的检测失败；如果这样的检测重复多次，都没有检测失败的情况，则表示符合对身份鉴别的测评要求。

（2）**情况 2**：假设与设备 T 进行通信的设备只有一台（设备 E）。在这种情况下，捕获设备 E 发给设备 T 的数据包，将数据包中表示身份的那些字段用随机产生的字段替换，然后将修改后的数据包发给设备 T。如果修改后的数据包被接受，则表示对身份鉴别的检测失败；如果这样的检测重复多次，都没有检测到失败的情况，则表示符合对身份鉴别的测评要求。

上述给出的测试方法是一种渗透性测试，即使用伪造的或假冒的身份进行访问，如果被接受，则说明不具备身份鉴别功能。

11.5 如何对数据保密性进行测评

数据保密性是网络安全的最基本指标之一，因此对数据保密性几乎在物联网的各个逻辑层都有要求。等级保护安全测评标准从第二级安全保护测评要求中，就提出了对保密性的测评要求，但通常以第三级安全要求为重要参考。等级保护安全测评标准在数据保密性方面有多个测评单元，其中一个测评单元如下所述。

该测评单元包括以下要求：

a) 测评指标：应采取密码技术保证通信过程中数据的保密性；

b) 测评对象：提供密码技术功能的设备或组件；

c) 测评实施包括以下内容：

    1) 应核查是否在通信过程中采取保密措施，具体采用哪种技术措施；

    2) 应测试验证在通信过程中是否对数据进行加密；

d) 单元判定：如果1) 和2) 均为肯定，则符合本测评单元指标要求。

    否则不符合或部分符合本测评单元指标要求。

 该测评单元要求物联网数据在传输过程中应采取加密处理，测评实施过程中需要对有关安全管理人员或系统设计人员进行访谈，查看能对数据保密性处理的有关技术资料，并应该进一步对实际捕获的数据进行检测。

 为了应对该测评单元的执行，需要提供数据加密机制。结合其他标准规范，加密所需密码算法还必须是国家密码管理局授权批准的，即需要使用国家密码算法标准。将这些国家标准的不同要求结合起来，就可以建立物联网数据安全保护的技术方案，然后再检查这一方案是否符合等级保护中的基本要求和设计技术要求。如果不符合，则需要修改具体技术方法，这种具体化的修改不会影响其对设计时所参考的其他国家标准的符合性。可以看出，不同标准中的要求可能从不同侧面规范技术的实施。一种好的安全技术方案可以满足几乎所有安全标准的要求。

 从直观上理解，数据保密性测评就是验证用户提供的密文数据与明文数据是否匹配。为了使这一测评更客观，应该现场捕获被测数据进行检测。为了检查明文数据（用户提供或被测设备可以显示）与密文数据（现场捕获）匹配，需要被测设备的用户提供加密密钥，检测设备也应该有正确的解密算法，才能完成这种检测。这种测评实际是对数据保密性是否匹配密码算法的验证，即数据保密性之正确性测评。

11.5.1　数据保密性之正确性测评方法

 给定数据的明文、密文、加密密钥，以及所用的加密算法，测评的过程就是将明文和密钥输入算法，检查加密算法的输出是否与所给的密文相同。若相同，则通过测评，即符合测评单元的指标要求；否则说明不符合指标要求。

 但是，在实际实施中，如何获得明文及对应的密文可能需要一些额外的措施。如果仅依赖用户提供的数据进行测评，则测评结果的可信度不高。应该对实际的业务数据进行检测，这通常需要捕获通信数据、解析通信协议、剥离业务数据，从而可以根据用户提供的密钥和对应的明文，验证数据加密是否正确。也可先对捕获的业务数据进行解密，然后根据解密后的数据是否有意义，就可以判断业务数据是否使用所述密码算法进行了加密。

11.5.2　数据保密性之存在性测评方法

 但有时候，用户的实际业务数据有保密要求，不方便提供解密密钥。在这种情况下，只能针对被检测的数据本身进行分析。在这种情况下，对数据保密性的检测实际是检测保密性技术是否真实存在，也就是对保密性之存在性的检测。

在物联网系统中，要检测一个数据包中的数据是否是经过加密处理的，不是一件容易的事。因为很多传感器的数据量很小，用几字节就能表示。例如，使用 4 字节表示抄表数据和一些传感器数据就足够了。如何根据数据本身去判断是否已经被加密了？这视检测者是否掌握正确的加密密钥而定。因此，对数据的保密性检测分为两种情况，即保密性之存在性检测和保密性之正确性检测了。

数据保密性之存在性检测，即在不掌握密钥信息的情况下判断数据是否已被加密，也就是说判断传输的数据是明文还是密文。假设数据字段在捕获的数据包中的位置是明确的，因为标准通信协议中很容易确定负载数据（payload）的位置，而对使用私有通信协议的情况，被检测部门有义务告知检测机构具体的业务数据位置。假定被检测的数据已经从捕获的数据包中分离出来了，因此对保密性之存在性的检测问题就是检测这段数据是明文数据还是密文数据。

检测是明文还是密文的方法是判断数据有没有实际意义。一个传感器的数据量很小，而且本身具有一定的随机性，例如，高精度温湿度检测设备可能经常得到不同的检测数值。抄表类数据更是如此，随着对水、电、气消费的进行，抄表数据一直在发生变化。而且，由于数据量比较小，特别是一些更短数据（有时只需 2 字节即可）的情况，加密后的数据偶尔与有意义的数据格式相同的概率也很高，因此出现漏报（没有加密的明文数据被当作密文数据对待）和误判（加密后的密文数据被误判为明文数据）的概率可能是个不可忽略数值。但是，对于等保测评标准，不允许有误判的情况，而且漏报概率越低越好。

传统的检测数据随机性的方法是随机性检验，有着多个不同的指标，其前提是需要较大的数据量，否则检测结果的错误率会很高。但针对物联网数据，一般情况下不能获得用于随机性检测所需的数据量，因此传统的随机性检测方法不再适用，应该针对特殊应用提出新的小数据量的随机性检测方法。

11.6 如何对数据完整性进行测评

数据完整性也是网络安全最基本的指标之一。在等级保护安全测评标准中，第二级安全保护测评就给出了对数据完整性的测评要求。例如，等级保护安全测评标准中有如下测评要求。

8.1.2.2.1 测评单元（L3-CNS1-06）

该测评单元包括以下要求：

a) 测评指标：应采取校验技术或密码技术保证通信过程中数据的完整性；

b) 测评对象：提供校验技术或密码技术功能的设备或组件；

c) 测评实施包括以下内容：

   1）应核查是否在数据传输过程中使用校验技术或密码技术来保证其完整性；

   2）应测试验证密码技术设备或组件能否保证通信过程中数据的完整性；

d) 单元判定：如果1）和2）均为肯定，则符合本测评单元指标要求。

   否则不符合或部分符合本测评单元指标要求。

该测评单元类似于保密性安全测评要求，需要访谈安全管理员或系统设计人员，而且要检查重要数据在传输中是否实施了数据完整性保护的证明，需要被测评的单位和相关安全管理负责人提供具有说服力的证据资料。

从该测评单元不难看出，没有明确对数据进行捕获并进行检测。其原因可能是提供数据完整性的方法很多，甚至不一定使用密码学意义的杂凑函数（Hash 函数）或消息认证码来实现数据完整性保护，因此这方面的测评结论以数据完整性保护的技术证据为主。

11.6.1 数据完整性之正确性测评方法

传统信息系统对数据完整性保护方法通常使用消息校验（如 CRC 校验码）或消息认证码。如果数据完整性保护的目标是恶意篡改，一般使用密码学中的消息认证码技术来实现。如果被测试数据的用户提供消息认证码使用的密钥 k，则可以按照如下步骤进行测评：消息认证码产生的消息校验字段也具有很好的随机性，因此在这种情况下，对数据完整性之存在性的检测，同样可以使用类似于对密文的随机性检测方法来检测消息认证码的随机性，其基本步骤如下。

（1）根据相关资料了解业务数据完整性校验码所在的字段位置。

（2）捕获充分多的通信数据，从中提取校验码字段所承载的数据。

（3）使用 MAC 算法和用户提供的密钥 k 检查标注数据完整性的字段数据是否正确。若正确，则通过测试，否则说明未通过测试。

11.6.2 数据完整性之存在性测评方法

与数据机密性测试所遇到的情况一样，有时候，测试者不能得到对数据进行完整性保护所使用的密钥，甚至提供数据完整性保护的方法也不一定使用密码学中消息认证码 MAC。例如，可用加密算法将数据完整性保护与数据机密性保护融为一体，认证加密算法（Authenticated Encryption）就具有这种性质。

因此，对于数据是否存在完整性保护的测评，最通用的方法就是渗透性测试，即尝试用不同的方法篡改合法数据，然后发送给收信方。如果数据被接受，说明收信方没有发现消息完整性问题，即数据完整性保护测试失败。这种破坏消息完整性的渗透性测试需要执行多次，每次以不同的方式破坏消息的完整性，通过这样的方法来检测被测系统是否具有消息完整性保护功能。如何规范渗透性测试方法，需要进一步研究，这种方法可以适合对所有类型的数据完整性保护的检测。

注意，消息被收信方接收并不意味着数据被收信方接受。接收数据是在数据处理之前发生的，数据完整性是否遭破坏，在对数据进行检验后才能发现。在测试系统中，接受或拒绝（丢弃或报警）一个数据都应该有明确的信号，否则无法进行测评。

11.7 如何对数据新鲜性进行测评

消息/数据重放攻击是对物联网系统的严重攻击方式。因为物联网系统多采用无线通信方式，攻击者容易获得合法数据。如果对数据没有采取安全保护，则攻击者可以随意伪造数据或假冒某个合法身份发送恶意伪造的数据。但如果对数据采取了安全保护措施，则假冒攻击和伪造攻击都很困难，但重放攻击却相对比较容易。虽然重放攻击对传统信息系统不是一种严重攻击方法，但对物联网系统的重放攻击会导致严重后果。例如，重放控制指令相当于在错误的时间发送了某个历史指令数据，而在当前时刻，该指令数据可能会导致严重问题。例如，水坝的控制指令包括"开"和"关"，在错误的时间发送"开"或"关"的指令可能带来严重的安全事故。

数据新鲜性保护是抵抗重放攻击的有效方法，在物联网系统中有重要的需求，因此等保安全测评标准中，明确对抗重放攻击能力的测评要求。例如，以下的测评要求。

9.4.3.3.1　测评单元（L4-CES4-09）

该测评单元包括以下要求：

a）测评指标：应能够鉴别数据的新鲜性，避免历史数据的重放攻击；

b）测评对象：感知节点设备；

c）测评实施包括以下内容：

　1）应核查感知节点设备鉴别数据新鲜性的措施，是否能够避免历史数据重放；

　2）应将感知节点设备历史数据进行重放测试，验证其保护措施是否生效。

d）单元判定：如果1）和2）均为肯定，则符合本测评单元指标要求。

　　否则不符合或部分符合本测评单元指标要求。

9.4.3.3.2　测评单元（L4-CES4-10）

该测评单元包括以下要求：

a）测评指标：应能够鉴别历史数据的非法修改，避免数据的修改重放攻击；

b）测评对象：感知节点设备；

c）测评实施包括以下内容：

　1）应核查感知层是否配备检测感知节点历史数据被非法篡改的措施；
　　　在检测到被修改时是否能采取必要的恢复措施；

　2）应测试验证是否能够避免数据的修改重放攻击。

d）单元判定：如果1）和2）均为肯定，则符合本测评单元指标要求。

　　否则不符合或部分符合本测评单元指标要求。

上述两项单元分别测评数据能否抵抗重放攻击和修改重放攻击。重放攻击的特点是，对捕获的数据不加任何修改，只选择另外时间段进行重放。抵抗重放攻击的方法通常是使用计数器的值或时间戳，即在传输数据时附带计数器的值或时间戳信息。收信方根据计数器的值或时间戳，就可以判断数据是否为原始数据或被重放的数据。

但是，简单地附加计数器的值或时间戳并不能抵抗修改重放攻击，因为攻击者可以将时间戳替换为系统当前的时间，或将计数器的值 R 替换为 $R+1$，保留原始数据不变，然后再重放，这时收信方很可能会接受数据，即修改攻击仍然可以成功。因此，测评标准要求在这两种情况下都提供抗重放攻击的能力。事实上，如果能抵抗修改重放攻击，则也能抵抗没有修改的重放攻击。

为了抵抗修改重放攻击，应该将用于保护数据新鲜性的计数器或时间戳的值放在数据安全保护之内，例如将时间戳或计数器的值与数据一起被加密，或将数据完整性保护也覆盖到时间戳或计数器上。

11.8 如何对关键数据进行在线更新

对物联网设备来说，有时需要对某些关键参数进行在线更新。一个参数是否为关键参数，需要根据具体应用来确定。但一般来说，用于确定设备唯一身份标识的参数、确定通信地址的参数、某些公钥证书（如根证书）、长期密钥等都是关键数据。当然，密钥是一种特殊的关键数据，不仅重要，而且需要保密。

在等级保护安全测评标准中，对如何在线更新关键数据提出了测评要求，而且将密钥这种关键数据单独列出。例如，等级保护安全测评标准中有如下测评要求。

9.4.3.2.4　测评单元（L4-CES4-07）

该测评单元包括以下要求：

a) 测评指标：授权用户应能够在设备使用过程中对关键密钥进行在线更新；

b) 测评对象：感知节点设备；

c) 测评实施：应核查感知节点设备是否对其关键密钥进行在线更新；

d) 单元判定：如果以上测评实施内容为肯定，则符合本测评单元指标要求。
　　否则不符合本测评单元指标要求。

9.4.3.2.5　测评单元（L4-CES4-08）

该测评单元包括以下要求：

a) 测评指标：授权用户应能够在设备使用过程中对关键配置参数进行在线更新；

b) 测评对象：感知节点设备；

c) 测评实施：应核查是否支持对其关键配置参数进行在线更新及在线更新方式是否有效；

d) 单元判定：如果以上测评实施内容为肯定，则符合本测评单元指标要求。
　　否则不符合本测评单元指标要求。

对关键参数的在线更新可以通过一个特殊的指令格式来完成。例如在通信协议中，一个特殊的字头意味着某个参数更新指令，之后的数据符合一定规则，就可以完成对某个参数的更新。这种参数更新可以具有通用性，不同的参数更新只需要对应不同的字头参数即可。

为了确保参数更新指令来自合法用户，必须对参数更新指令进行安全保护。对一般参数来说，参数更新时不需要机密性保护，但需要基于密钥的完整性保护。如果合法用户与被更新参数的系统有一个共享密钥，则可以使用密码学中的消息认证码 MAC 来保护参数更新指令数据，包括指令字头。当设备收到消息后，使用共享密钥验证 MAC 是否正确，就可以判断参数修改指令是否来自合法用户；如果合法用户使用公钥，被更新参数的系统则应该有用户的公钥，在这种情况下，用户使用数字签名算法对参数更新指令进行签名。当设备收到消息后，使用用户的公钥验证数字签名是否正确，就可以判断参数修改指令是否来自合法用户。

当要修改的参数是密钥时，参数更新指令不仅提供完整性保护，还需要数据机密性保护。根据之前介绍的方法，巧妙使用加密算法可以同时提供数据机密性和数据完整性。如果需要更新的密钥是对称密钥，则使用旧的对称密钥进行机密性保护；如果需要更新的密钥是非对称密钥（如私钥），则可以使用收信方的旧公钥进行加密，同时使用合法用户的私钥对指令数据（或其中的部分数据）进行数字签名。

11.9　小结

本章描述了物联网安全相关标准的重要性，特别针对国家标准《GB/T 28448—2019 信息安全技术网络安全等级保护测评要求》中与物联网安全相关的部分技术条款进行了介绍。希望这种介绍有助于物联网安全设计者、实施者和运维者理解测评的目的，设计合理安全的保护方案，既能通过安全测评，也具有实际安全保护作用，从而可以不用考虑测评工具是否升级。

本章进一步对照信息安全三要素，以及对照安全三要素的测评标准中的相关测评单元，阐述了如何对数据进行机密性保护、完整性保护、新鲜性保护，以及如何对关键参数进行在线更新，并确保在线更新过程的正确性和安全性。

参 考 文 献

[1] BIHAM E, DUNKELMAN O. Cryptanalysis of the A5/1 GSM Stream Cipher [C]. In: Roy B., Okamoto E. (eds) Progress in Cryptology-INDOCRYPT 2000. LNCS 1977, Springer, 2000: 4351.

[2] BLACK J. Authenticated encryption, encyclopedia of cryptography and security [M]. Berlin: Springer, 2011: 52-61.

[3] BOGDANOV A, KNUDSEN L R, LEANDER G, et al. PRESENT: an ultra-lightweight block cipher [C]. In: Proceedings of 9th International Workshop on Cryptographic Hardware and Embedded Systems-CHESS 2007, LNCS 4727, Springer 2007: 450-466.

[4] CHANG K C, ZAEEM R N, BARBER K S. Enhancing and evaluating identity privacy and authentication strength by utilizing the identity ecosystem [R]. UTCID Report #19-03, 2019, The University of Texas.

[5] CHAUM D. Security without identification: transaction systems to make big brother obsolete [J]. Communications of the ACM, 1985, 28: 1030-1044.

[6] CHAUM D, HEYST E. Group Signatures [C]. In: Davies D.W. (Eds), Advances in Cryptology-EUROCRYPT'91. LNCS 547, Springer 1991: 257-265.

[7] CHOW S, EISEN P, JOHNSON H, et al. White-box cryptography and an AES implementation [J]. Springer, 2002: 250-270.

[8] DEAMEN J, RIJMEN V. The design of Rijndael: AES–the advanced encryption standard [M]. Berlin: Springer, 2002.

[9] DIFFIE W, HELLMAN M E. New directions in cryptography [J]. IEEE Transactions on Information Theory, 1976, 22: 644-654.

[10] ELGAMAL T. A public key cryptosystem and a signature scheme based on discrete logarithms [J]. IEEE Transactions on Information Theory, 1985, 31(4): 469-472.

[11] EVERETT C. Cloud computing: a question of trust [J]. Computer Fraud Security, 2009, 9: 5-7.

[12] FERRAIOLO D F, KUHN D R, CHANDRAMOULI R. Role-based access control [M]. 2nd ed. Artech House, 2007.

[13] HUANG J, NICOL D M. Trust mechanisms for cloud computing [J/OL]. Journal of Cloud Computing, 2013. https://doi.org/10.1186/2192-113X-2-9.

[14] KHAN K, MALLUHI Q. Establishing trust in cloud computing [J]. IT Professional, 2010, 12(5): 20-27.

[15] KNUDSEN L R. CLEFIA [M]. In: van Tilborg H.C.A., Jajodia S. (eds) Encyclopedia of Cryptography and Security. Springer, Boston, MA, 2011.

[16] MCFARLANE D, GIANNIKAS V, LU W. Intelligent logistics: Involving the customer [J]. Computers in Industry, 2016, 81: 105-115.

[17] MILLER V. Uses of elliptic curves in cryptography [C]. Advances in Cryptology—CRYPTO'85, LNCS 218, Springer-Verlag, 1986: 417-426.

[18] GAJJAR M. Sensor security and location privacy [M]. Chapter 9 of Mobile Sensors and Context-Aware Computing, Elsevier, 2015: 223-265.

[19] KRAWCZYK H, BELLARE M, CANETTI R. HMAC: Keyed-Hashing for Message Authentication. IETF RFC2104 [R/OL]. DOI:10.17487/RFC2104.

[20] LAI X, MASSEY J L, MURPHY S. Markov ciphers and differential cryptanalysis [C]. Advances in Cryptology-Eurocrypt '91, Springer-Verlag, 1992: 17-38.

[21] KOBLITZ N. Elliptic curve crystosyestems [J]. Mathematics of Computation, 1987, 48: 203-209.

[22] KOBLITZ N, MENEZES A, VANSTONE S. The state of elliptic curve cryptography [J]. Designs, Codes and Cryptography, 2000, 19: 173-193.

[23] KUKUSHKIN A. Introduction to Mobile Network Engineering: GSM, 3G-WCDMA, LTE and the Road to 5G [M]. Hoboken: Wiley, 2018.

[24] LI X, LU Y, FU X, QI Y. Building the Internet of Things platform for smart maternal healthcare services with wearable devices and cloud computing [J]. Future Generation Computer Systems, 2021, 118: 282-296.

[25] MARESCAUX J. Transatlantic robot-assisted telesurgery [J]. Nature, 2001, 413: 379-380.

[26] MARTIN J L, VARILLY H, COHN J, et al. Preface: technologies for a smarter planet [J]. IBM Journal of Research and Development, 2010, 54(4): 1-2.

[27] MARR D T, MODRAK V, ZSIFKOVITS H. Industry 4.0 for SMEs: challenges, opportunities and requirements [M]. London: Palgrave Macmillan, 2020.

[28] OHKUBO M, SUZUKI K, KINOSHITA S. RFID privacy issues and technical challenges [J]. Communications of the ACM, 2005, 48(9): 66-71.

[29] RIVEST R L, SHAMIR A, ADLEMAN L. A method for obtaining digital signatures [J]. Communications of the ACM, 1978, 21(2): 120-126.

[30] RIVEST R, SHAMIR A, TAUMAN Y. How to leak a secret [C]. In: C.Boyd (eds), Advances in Cryptology-ASIACRYPT 2001. LNCS 2248, Springer, 2001: 552-565.

[31] RIVEST R, SHAMIR A, TAUMAN Y. How to leak a secret: theory and applications of ring signatures [J]. Theoretical Computer Science, Essays in Memory of Shimon Even, LNCS 3895, Springer, 2006: 164-186.

[32] SCHNEIER B. Applied cryptography: protocols, algorithms, and source code in C [M]. Hoboken: John Wiley & Sons, 1996.

[33] SCHNORR C P. Efficient signature generation by smart cards [J]. Journal of Cryptology, 1991, 4(3): 161-174.

[34] SHAH-MANSOURI H, WONG V W S. Hierarchical fog-cloud computing for IoT systems: a computation offloading game [J]. IEEE Internet of Things Journal, 2018, 5(4): 3246-3257.

[35] SHARMA S E, WANG S A, ENGELS D W. RFID systems and security and privacy implications [C]. In: Proceedings of the International Workshop on Cryptographic Hardware and Embedded Systems (CHES 2002), LNCS 2523, Springer, 2003: 454-469.

[36] SHIRAI T, SHIBUTANI K, AKISHITA T, et al. The 128-bit blockcipher CLEFIA (extended abstract) [C]. In: Fast software encryption, Proceedings of 14th international workshop (FSE 2007), LNCS 4593, Springer, Berlin, March 2007: 181-195.

[37] STALLINGS W. Cryptography and network security: principles and practice [M]. Seventh edition. London: Pearson, 2016.

[38] VIGLIAROLO B. WannaCry: a cheat sheet for professionals [R/OL]. https://www.techrepublic. com/article/wannacry-the-smart-persons-guide.

[39] WU C. Internet of Things security: architectures and security measures [M]. Berlin: Springer, 2021.

[40] WU M, LU T-J, LING F-Y, et al. Research on the architecture of internet of things [C]. In: Proceedings of the 3rd International Conference on Advanced Computer Theory and Engineering (ICACTE '10), IEEE, Chengdu, China, August 2010: V5-484-V5-487.

[41] WU W, ZHANG L. LBlock: a lightweight block cipher [C]. In: Proceedings of 9th International Conference on Applied Cryptography and Network Security, LNCS 6715, Springer 2011: 327-344.

[42] XIAO Y, JIA Y, LIU C, CHENG X, YU J, LV W. Edge Computing Security: State of the Art and Challenges [J]. Proceedings of the IEEE, Vol.107, No.8, August 2019: 1608-1631.

[43] ZHANG W, BAO Z, LIN D, et al. RECTANGLE: a bit-slice lightweight block cipher suitable for multiple platforms [J]. Science China information Sciences, 2015: 1-15.

[44] ZHAO W. Intrusion tolerance techniques [M]. In: Encyclopedia of Information Science and Technology, Fourth Edition, IGI Global, 2018: 4927-4936.

[45] Data Encryption Standard, FIPS PUB 46 [S]. National Tech. Infor. Service, VA, 1977.

[46] National Institute of Standards and Technology, Digital Signature Standard (DSS), FIPS PUB 186-4 [S], 2013.

[47] An Addendum to the ZUC-256 Stream Cipher [R/OL]. https://eprint.iacr.org/2021/1439.pdf.

[48] The SM4 block cipher algorithm and its modes of operations [S/OL]. IETF draft, March 2018. https://tools.ietf.org/id/draft-crypto-sm4-00.html.

[49] X.509: Information technology-Open Systems Interconnection-The Directory: Public-key and attribute certificate frameworks [S/OL]. International Telecommunication Union, 2008. https://www.itu.int/rec/T-REC-X.509.

[50] Tempered-Networks, a new approach to safeguarding your industrial control systems and assets [R/OL]. Technical White Paper, June 2015. http://www.temperednetworks.com/.

[51] Symantec, roots of trust for the internet of things [R/OL]. White paper, 2016. http://www. symantec.com/rot/.

[52] Tempered-Networks, Identity-Defined Network (IDN) Architecture [R/OL]. White paper, Version 1.0, June 2017. https://www.corporatecomplianceinsights.com/wp-content/uploads/2017/11/Tempered-Networks-Identity-PCI-white-paper-8.17.17.pdf.

[53] 武传坤. 物联网安全技术[M]. 北京：科学出版社，2020.

[54] 章睿，薛锐，林东岱. 海云安全体系架构[J]. 中国科学：信息科学，2015, 45(6): 796-816.

[55] 中国电子技术标准化研究院，工业物联网白皮书（2017 版）[R]. 2017.

[56] 国家信息安全漏洞共享平台 [OL]. http://www.cnvd.org.cn/.

[57] U.S. Department of Homeland Security. NCCIC/ICS-CERT FY 2015 Annual Vulnerability Coordination Report [R]. 2015.

[58] U.S.Department of Homeland Security. STRATEGIC PRINCIPLES FOR SECURING THE INTERNET OF THINGS (IoT), Version 1.0 [R]. 2016.

[59] 全国信息技术标准化技术委员会. 物联网参考体系结构：GB/T 33474—2016[S]. 北京：中国标准出版社，2017.

[60] 全国信息技术标准化技术委员会. 物联网术语：GB/T 33477—2017[S]. 北京：中国标准出版社，2017.

[61] 全国信息技术标准化技术委员会. 信息安全技术网络安全等级保护基本要求：GBT22239—2019[S]. 北京：中国标准出版社，2019.

[62] 全国信息技术标准化技术委员会. 信息安全技术网络安全等级保护安全设计技术要求：GB/T 25070—2019[S]. 北京：中国标准出版社，2019.

[63] 全国信息技术标准化技术委员会. 信息安全技术网络安全等级保护测评要求：GB/T 28448—2019[S]. 北京：中国标准出版社，2019.

[64] 全国信息技术标准化技术委员会. 信息安全技术物联网感知终端应用安全技术要求：GB/T 36951—2018[S]. 北京：中国标准出版社，2018.

[65] 全国信息技术标准化技术委员会. 信息技术传感器网络第 602 部分：信息安全：低速率无线传感器网络层和应用层传输安全：GB/T 30269.602—2017[S]. 北京：中国标准出版社，2017.

[66] 全国信息技术标准化技术委员会. 信息安全技术物联网数据传输安全技术要求：GB/T 37025—2018[S]. 北京：中国标准出版社，2019.

[67] 全国信息技术标准化技术委员会. 信息安全技术物联网感知层接入通信网的安全要求：GB/T 37093—2018[S]. 北京：中国标准出版社，2018.

[68] 全国信息技术标准化技术委员会. 信息安全技术物联网感知层网关安全技术要求：GB/T 37024—2018[S]. 北京：中国标准出版社，2019.

[69] 全国信息技术标准化技术委员会. 信息安全技术物联网安全参考模型及通用要求：GB/T 37044—2018[S]. 北京：中国标准出版社，2018.

[70] 全国信息技术标准化技术委员会. 信息安全技术二元序列随机性检测方法：GB/T 32915—2016[S]. 北京：中国标准出版社，2017.

[71] 朱思义，李琳. 随机性检测综述[J]. 电信技术研究，2016(1): 47-54.

反侵权盗版声明